LabVIEW
物联网通信程序
设计实战

杨帆 张彩丽
王乐忠 雷涛 编著

U0262349

人民邮电出版社
北京

图书在版编目（CIP）数据

LabVIEW物联网通信程序设计实战 / 杨帆等编著. --
北京：人民邮电出版社，2023.7
ISBN 978-7-115-60196-4

Ⅰ．①L… Ⅱ．①杨… Ⅲ．①物联网－通信技术－研
究 Ⅳ．①TP393.4②TP18

中国版本图书馆CIP数据核字(2022)第207444号

内 容 提 要

　　本书以 LabVIEW 为开发平台，讲述物联网应用中通信组网基本原理、应用开发技术和程序设计
方法。全书共 7 章，第 1 章简要介绍物联网的方法和技术，概述常用的物联网通信技术；第 2 章介绍
LabVIEW 程序设计方法，包括开发平台简介、LabVIEW 中的数据类型、LabVIEW 程序设计基础及
其应用程序典型设计模式；第 3～7 章，分别介绍了串行通信技术、互联网通信技术、近距离无线通
信技术、远距离无线通信技术 4 类典型通信技术，以及物联网的定位与识别技术，涵盖 RS232、RS485、
TCP、UDP、HTTP、MQTT 协议、蓝牙、Wi-Fi、ZigBee、GSM/GPRS、NB-IoT、LORA、GPS、RFID
等协议或技术。本书结合真实应用场景，使用 LabVIEW 图形化程序设计语言、电子系统开发中常用
的通信模块和电子模块，给出相应的物联网系统的技术原型开发与实现的详细过程。通过学习本书，
读者可以快速达成物联网应用开发入门与进阶实战的目标。

　　本书可作为物联网工程、电子信息工程、仪器仪表、自动化、机械电子工程等专业学生的专业课
程教材，或实践类课程如课程设计、综合实验、毕业设计、创新创业训练的教材或教学参考书，也适
合拟进行物联网应用开发的相关工程技术人员参考借鉴。

◆ 编　著　杨　帆　张彩丽　王乐忠　雷　涛
　　责任编辑　蒋　艳
　　责任印制　王　郁　胡　南
◆ 人民邮电出版社出版发行　　北京市丰台区成寿寺路 11 号
　　邮编　100164　　电子邮件　315@ptpress.com.cn
　　网址　https://www.ptpress.com.cn
　　涿州市京南印刷厂印刷
◆ 开本：787×1092　1/16
　　印张：18.75　　　　　　　　　2023 年 7 月第 1 版
　　字数：469 千字　　　　　　　 2023 年 7 月河北第 1 次印刷

定价：79.80 元

读者服务热线：(010)81055410　印装质量热线：(010)81055316
反盗版热线：(010)81055315
广告经营许可证：京东市监广登字 20170147 号

前言

随着"互联网+"、云计算、移动互联网、大数据、人工智能等新兴技术的迅猛发展，社会生产方式正在以不可抗拒的方式发生着巨变，各行各业的生产效率得到极大的提高。在这个生产力得以巨大释放的时代，电子信息产业的支撑作用日益凸显，其地位和影响力达到了前所未有的高度。

无论是传统产业的信息化升级改造，还是电子信息系统自身的技术扩展和跃迁，物物互联，数据共享，都已经成为目前的标准配置。以万物互联为宗旨的物联网技术作为复杂技术系统的核心技术之一，前端连接传统的感知、变换、采集等技术，后端连接热门的信号处理、人工智能等应用技术，发挥着承前启后的重要作用。物联网产业作为战略性新兴产业，已经受到高度重视。物联网技术通过发挥新一代通信技术的优势，与传统产业深度融合，将传统产业中产生的各类数据经过各类计算平台采集之后，借助物联网通信技术实现数据的物联网化，进而实现数据基础上的产业智能化改造。因此，物联网通信技术的发展和广泛应用对于促进传统产业的数字化转型具有重大的现实意义。

但是物联网涉及的通信技术种类繁多，相应的技术架构从早期的一对一通信到后来的一对多通信、多对多通信，再到近年来出现的物联网云平台，"云、网、端"和"云、网、端、边"等技术架构开始成为物联网应用系统的主流。新技术层出不穷，颇有一种"乱花渐欲迷人眼"的景象，使得读者产生望而生畏的心理。

为了使读者能够快速掌握物联网通信技术，实现传统技术系统的网络化改造，进而为后续智能化升级奠定坚实基础，本书结合来自真实应用场景的丰富实例，从有线通信到无线通信、从近距离通信到远距离通信，全面、系统地介绍目前主流的物联网通信组网基本原理、典型通信模块及其使用方法，并基于典型物联网通信模块，以 LabVIEW 为开发平台，介绍点对点、一对多等通信过程，以及物联网云平台下应用系统开发与实现的详细过程。

本书遵循工程问题解决的一般过程，基本按照背景知识、设计要求、模块简介、通信测试、硬件连接、程序实现、结果测试的体例进行内容组织，通过典型问题解决过程的完整呈现，可以使读者从知识学习到技能训练"一站式"全部达成目标。通过本书的学习，读者既可精通 LabVIEW 程序设计基本方法和高阶的设计模式，还能系统地掌握物联网通信领域的主流技术应用。更重要的是本书结合真实应用场景的物联网通信程序进行编写，这对读者工程思维的形成、设计思维的训练以及基本工程能力的提升具有显著的促进作用。

本书具有以下 4 个显著特点。

（1）学用结合。将理论知识和应用系统开发实践相结合，在介绍基本原理的同时，借助实际项目的"Step By Step"实现过程，帮助读者快速深入掌握基于主流通信技术的物联网应用系统开发技能。

（2）软硬兼顾。所有通信技术实践项目在展示通信程序实现完整过程的同时，还提供基于典型电子模块的计算机通信系统电路连接，达到使读者同时熟悉物联网应用系统中的软硬件设计的目的。

（3）案例实操。书中提供的物联网应用系统实例均具有一定的实用价值，大部分项目可以直接用于真实应用场景，或者进行一定的功能扩充就可以转化为课程设计、综合实验、毕业设计或者创新创业项目，甚至可以转化为实用的商业化项目。

（4）技术融通。书中实例既有 LabVIEW 程序设计方法和通信程序综合，实现程序设计模式与物联网应用的有机融合的实例，也有多种通信技术综合，从传感网到物联网云平台，形成复杂物联网通信网络的实例。

本书第 1～2 章由张彩丽编写，第 3 章由王乐忠编写，第 4～6 章由杨帆编写，第 7 章由雷涛编写，全书由杨帆统稿。本书编写过程中，刘鑫、兀赛两位同学参与了部分技术测试与实验工作，并参与了书稿校对工作，在此表示诚挚感谢。编者在本书编写过程中得到了陕西成和电子科技有限公司、上海恩艾仪器有限公司、北京曾益慧创科技有限公司等的鼓励和大力支持，在此表示衷心感谢！此外，本书得到了 2019 年教育部产教合作协同育人项目（编号：201901198034、201901107061）和陕西省科技厅社会发展项目（编号：2016SF-418）支持。

为了便于读者使用，本书提供全部实例的程序代码以及教学 PPT，有需要的读者可在异步社区下载相关资源。本书内容涉及技术面较为宽广，编者水平所限，难免出现疏漏之处，欢迎广大读者批评指正，读者可以通过邮箱 sustei@163.com 与编者联系。

编者

2022 年 8 月于西安

资源与支持

本书由异步社区出品，社区（https://www.epubit.com）为您提供相关资源和后续服务。

配套资源

本书提供如下资源：
- 本书实例的程序代码；
- 本书配套教学 PPT。

要获得以上配套资源，请在异步社区本书页面中点击 配套资源，跳转到下载界面，按提示进行操作即可。注意：为保证购书读者的权益，该操作会给出相关提示，要求输入提取码进行验证。

提交勘误

作者和编辑尽最大努力来确保书中内容的准确性，但难免会存在疏漏。欢迎您将发现的问题反馈给我们，帮助我们提升图书的质量。

当您发现错误时，请登录异步社区，按书名搜索，进入本书页面，单击"提交勘误"，输入勘误信息，单击"提交"按钮即可。本书的作者和编辑会对您提交的勘误进行审核，确认并接受后，您将获赠异步社区的 100 积分。积分可用于在异步社区兑换优惠券、样书或奖品。

扫码关注本书

扫描下方二维码，您将会在异步社区微信服务号中看到本书信息及相关的服务提示。

与我们联系

我们的联系邮箱是 contact@epubit.com.cn。

如果您对本书有任何疑问或建议，请您发邮件给我们，并请在邮件标题中注明本书书名，以便我们更高效地做出反馈。

如果您有兴趣出版图书、录制教学视频，或者参与图书翻译、技术审校等工作，可以发邮件给我们；有意出版图书的作者也可以到异步社区在线提交投稿（直接访问www.epubit.com/ contribute 即可）。

如果您是学校、培训机构或企业用户，想批量购买本书或异步社区出版的其他图书，也可以发邮件给我们。

如果您在网上发现有针对异步社区出品图书的各种形式的盗版行为，包括对图书全部或部分内容的非授权传播，请您将怀疑有侵权行为的链接发邮件给我们。您的这一举动是对作者权益的保护，也是我们持续为您提供有价值的内容的动力之源。

关于异步社区和异步图书

"异步社区" 是人民邮电出版社旗下 IT 专业图书社区，致力于出版精品 IT 技术图书和相关学习产品，为作译者提供优质出版服务。异步社区创办于 2015 年 8 月，提供大量精品IT 技术图书和电子书，以及高品质技术文章和视频课程。更多详情请访问异步社区官网https://www.epubit.com。

"异步图书" 是由异步社区编辑团队策划出版的精品 IT 专业图书的品牌，依托于人民邮电出版社近 40 年的计算机图书出版积累和专业编辑团队，相关图书在封面上印有异步图书的 LOGO。异步图书的出版领域包括软件开发、大数据、AI、测试、前端、网络技术等。

异步社区　　　　　　　　微信服务号

目录

第 1 章

物联网通信技术概述

学习目标：
- 了解物联网的起源、主要技术，物联网技术的实践意义；
- 了解物联网通信技术分类，掌握典型通信架构的特点；
- 了解通信协议的基本概念，熟悉物联网应用开发中常用的几种通信协议。

1.1 物联网与物联网技术

本节从物联网的基本含义出发，简要介绍物联网技术的基本内容与主要技术，分析物联网技术在生产、生活中的典型应用，对物联网技术的进一步融合发展趋势进行探讨，指出物联网应用开发技术学习与实践的重要意义。

1.1.1 物联网的起源

物联网（Internet of Things，IoT），即物物相连的互联网。它包含两层意思：一是互联网是物联网的基础；二是物物之间联网通信是以信息的交换和应用为目的。物联网的概念最早由美国麻省理工学院 Auto-ID 实验室提出——所有物品通过射频识别（Radio Frequency Identification，RFID）设备等信息传感设备与互联网连接起来，实现智能化识别和管理的网络，就是物联网。

随着物联网不断发展，其技术体系逐渐丰富。一般而言，物联网就是利用识别技术、传感技术、定位技术，将物体的 ID 信息、状态信息、位置信息，按照规定的协议，在任何时间、任何地点实现人与人、物与物、人与物之间的连接，并进行信息交换，形成智能化识别、定位、跟踪、监测、控制和管理的庞大网络系统。

物联网在 2005 年之后开始受到世界各国和地区的高度关注，各国和地区纷纷发布物联网战略，将物联网作为重点发展领域。物联网作为新一代信息技术的高度集成和综合运用，具有渗透性强、带动作用大、综合效益好的特点，是继计算机、互联网、移动通信网之后信息产业发展的又一推动者。物联网的应用和发展，有利于促进生产生活和社会管理方式向智能化、精细化、网络化方向转变，极大提高社会管理和公共服务水平，催生大量新技术、新产品、新应用、新模式，推动传统产业升级和经济发展方式转变，并将成为未来经济发展的增长点。

目前，随着技术的发展，物联网已经从最初的以物联网设施和数字设施融合前提下的感知为中心，变为融合人工智能、大数据、云计算等技术，在"互联网+"领域大放异彩——智能制造、智能农业、智慧能源、智慧物流、智能交通等新业态层出不穷，这恰恰从另一个方面说明物联网相关技术掀起了一股"产业革命浪潮"。

1.1.2　物联网的特征及主要技术

一般认为，物联网具有以下显著特征。

（1）全面感知。物联网综合利用 RFID、二维码、无线传感器、全球定位系统（Global Positioning System, GPS）等多种技术，全面感知物体身份信息、状态信息、位置信息等，实现对物体信息的精准掌握。

（2）可靠传输。物联网综合利用多种通信技术，将传感器网络（简称传感网）和互联网有机融合，尤其是将无线传感网与传统互联网和移动互联网有机融合，使得感知信息可以可靠传输至几乎任何地方。

（3）智能处理。物联网充分利用云计算、人工智能、数据挖掘、模式识别等技术，对感知的数据、接收的数据或者存储的海量数据进行分析、处理，挖掘数据背后的规律，进而根据需要实施相关控制。

按照物联网的特征，可将其相关技术划分为感知层、网络层、应用层 3 个层次。各层涉及的主要技术如下。

（1）感知层由数据采集子层、传感网技术和协同信息处理子层组成，旨在解决感知层与多种应用平台间的兼容问题，就是把采集到的数据转换成不同平台均适用的有效信息。这一层涉及的技术是物联网基础技术。

（2）网络层作为感知层和应用层的介质，主要实现将采集到的信息通过基础承载网络高效、准确地传输到应用层的功能。物联网的传输技术主要采用无线通信技术，但是并不排斥传统的有线通信技术。常见的无线通信技术包括近距离无线通信技术（蓝牙、ZigBee、NFC、RFID、Wi-Fi 等）、移动通信技术（2G/3G/4G/5G、NB-IoT 等）等。这一层涉及的技术是物联网的支撑性技术。

（3）应用层根据底层采集的数据，形成与业务需求适应、可实时更新的动态数据库，实现物联网信息资源的利用。主要的意义在于挖掘并高效利用采集的数据来解决生产和生活中人们遇到的痛点问题。这一层涉及的技术是物联网"最具活力"的技术。

1.1.3　物联网技术应用及其实践意义

随着物联网应用的普及，传统基础设施与新型数字设施有机融合，物理信息系统逐渐被业内接受并深入发展，由此带来的以产业变革、领域融合为代表的技术创新层出不穷，不同应用场景（如智能可穿戴设备、智能家电、智能网联汽车、智能机器人、智慧医疗、智能农业、智慧市政等）数以万亿计的新设备将接入网络。这些应用正在爆发式增长并将生成海量数据，有利于促进生产生活和社会管理方式进一步智能化、精细化和网络化，推动经济社会发展更加智能、高效。

目前，物联网与窄带物联网（NB-IoT）、云计算、大数据、人工智能、区块链和边缘计算等新一代信息技术正在加速向各领域渗透，推动产业分工格局的重大变革。由于前景可观，世界各国都在加速抢占物联网产业发展先机。

在产业层面，相关大型企业纷纷制定物联网发展战略，并通过合作、并购等方式快速进行重点行业和产业链关键环节布局，提升企业在整个产业中的地位。国内华为、阿里巴巴、百度、腾讯等知名企业均推出物联网系统解决方案和开放平台，国外的亚马逊、苹果、英特尔、高通等企业，也都从不同环节和层面布局物联网。

在生产层面，物联网对工业、农业影响深远。工业领域物联网技术应用场景极为丰富，基于物联网技术将各种具有传感、识别、处理、通信、驱动和联网功能的制造设备的无缝集成，实现远程监视、控制设备以及智能业务分析处理。比如通过 RFID 等技术对相关生产资料进行电子化标识，实现生产过程及供应链的智能化管理；利用传感器等技术加强生产状态信息的实时采集和数据分析，提升效率和质量，促进安全生产和节能减排；采用智能感知和嵌入式监测系统对生产过程或设备状态进行实时监控与故障预测，同时积累大量的工业数据并结合人工智能技术以便对工业设备的异常状态和剩余寿命进行分析及预测。农业领域物联网应用近年来同样受到广泛重视，通过物联网技术收集种植环境的温度、降雨量、湿度、风速、病虫害和土壤含量的数据，实现耕种智能处理和决策。甚至可以将物联网获得的数据应用于精确施肥、浇水、喷洒农药等工作，最大程度地减少风险和浪费，同时减少管理农作物所需的工作量。

在生活中，家居、交通、医疗健康等都是物联网的用武之地。家居领域物联网技术将信息技术与室内物品设施、人的室内生活、安全防护等各方面融合协同，推进家居和安防服务信息化、智慧化。交通领域物联网技术能够应用于车内和车外通信、智能交通控制、智能停车、电子收费系统、车辆管理控制等多种场景。医疗健康领域物联网技术随时随地检测患者有关病理参数，传输至诊断中心，进而实现健康状况的预警管理、实时诊断等功能。

总而言之，无论是生产过程还是日常生活，目前都可以看到物联网技术带来的创新性变革，而且物联网设备每天都在产生海量的数据，这些数据经过处理和清洗后，即可成为人工智能应用的优质训练数据，而训练出的人工智能应用模型可以重新部署在物联网应用系统之中，进而形成"数字化→网络化→信息化→智能化"的良性发展态势。从这个角度看，物联网是连接传统数字化和当前智能化的纽带，发挥着承前启后的重要作用，是工程技术人员系统性解决原有技术系统网络化改造或新建网络化应用系统的关键性技术，也似乎是工程技术人员系统性解决工程技术系统信息化或智能化的前置基础性技术。

1.2 物联网通信技术

通信技术是物联网应用中承上启下的关键性技术，本节对物联网常用通信技术进行概述，指出通信技术在物联网应用中举足轻重的地位，着重介绍物联网通信技术分类、常见物联网通信架构，以及常用物联网通信协议。

1.2.1 物联网通信技术分类

从某种程度上讲，一切数据通信技术的成果均可应用于物联网技术领域。实际上通信技术是物联网中最具有决定性因素的基础性核心技术之一。主要有如下两个原因。

一是通信技术的发展是物联网得以发展的前提，在物联网应用中具有承上启下的重要作用——向上对接各类服务和应用，向下与终端设备、传感器直接相连。从某种意义上讲，在物联网领域中，只有以精通物联网通信技术为突破口，才能具备系统级应用开发的可能性。

二是通信技术是物联网产品创新发展的需要。当前物联网领域硬件产品功能的同质化是一个非常普遍的现象，而物联网通信技术种类繁多，新型通信技术的引入总能给传统产品带来新的突破，有望使功能更加丰富的新型物联网产品诞生。

物联网涉及的通信技术复杂，种类众多，既有传统的通信组网技术，也有新兴的通信组网技术。主流应用一般都会综合使用传感网通信技术、互联网通信技术、移动通信技术等多种通信技术，因此，物联网通信技术一般具有显著的多网融合、多网协同的特点。其技术分类也有多种分类方法，如按照通信距离、按照通信介质、按照组网方式、按照频谱资源分类等。

由于篇幅所限，这里只介绍从通信介质的角度进行分类，将物联网通信技术分为有线通信技术和无线通信技术两大类。

1. 有线通信技术

有线通信技术是指利用金属导线、光纤等有形的介质传送信息的技术。物联网有线通信技术起源于早期的计算机通信或者计算机网络通信技术。虽然各类文献中均认为物联网的主流通信技术为无线通信技术，但是有线通信技术至少在安全、性能、可靠性以及历史因素等方面具有不可比拟的优势，因此一些领域对传统有线通信技术依旧"不离不弃"，坚持使用。典型的有线通信技术如下。

- 串行通信技术：RS232、RS485 等，是早期仪器设备广泛使用的通信技术。
- 载波通信技术：物联网中应用比较广泛的是电力载波通信技术。
- 网络通信技术：如以太网通信技术，即铺设网线，建设专用以太网进行数据通信。

2. 无线通信技术

无线通信技术是指利用电磁波信号在空间中直接传播而进行信息交换的通信技术，进行通信的两端之间无须有形的介质连接。常见的无线通信方式有连接蓝牙设备、连接商用的移动通信网络、连接 Wi-Fi 热点、连接自组织传感网等。还有一些前沿的通信方式，如可见光通信和量子通信等。广泛使用的物联网无线通信技术主要分为两类。

- 近距离无线通信技术，如蓝牙、ZigBee、NFC、Wi-Fi 等，它们的通信协议各异，特点是通信距离有限，但速率较快。
- 广域网无线通信技术，包括低功耗广域网（Low Power Wide Area Network，LPWAN）、移动通信技术的 2G/3G/4G/5G 通信技术、NB-IoT 以及 LORA、SigFox 远距离无线通信技术。

1.2.2 常见物联网通信架构

通信技术是物联网中极其重要的一环，毕竟"物联网"这 3 个字中，"联网"指的就是通信。早期的物联网指的就是任何物体或者设备能够连接到互联网，后来则进一步发展到机器对机器（Machine to Machine，M2M），将物联网发展到物物相连的境界。而云计算的出现以及普及，才使得物联网的架构真正完整。只有掌握各类通信接口与通信架构，才能真正理解物联网运行和工作的原理，才能在众多通信技术中自由地选择恰当的通信技术实现物联网应用。

当前主流的通信架构根据通信过程主设备之间对应关系分为一对一、一对多、多对多 3 种典型通信架构，如表 1-1 所示。

表 1-1 典型通信架构

名称	特点	形态
一对一	又称点对点通信架构,两台设备之间以同样的方式直接进行消息传递。通信距离根据选择的通信方式而有显著不同	
一对多	又称主从式通信架构,网络中任何时间只能有一个设备"发号施令",其他设备则等待接收命令并对命令进行响应。其中发号施令的设备称为主站,接收命令的设备称为从站。硬件实现通常采取总线方式,如 RS485、SPI、CAN 等	
多对多	又称网状通信架构,通信系统中的设备个数大于 2 时,设备之间两两连接,可以相互发送和接收,通信距离与选择的通信方式有关	

总体上讲,通信架构无优劣之分,往往需要根据应用场景、设备数量的不同,选择合适的通信架构。

1.2.3 常用物联网通信协议

1. 通信协议概念

通信协议是指通信各方完成通信或服务所必须遵循的规则和约定。通过通信信道和设备互连起来的分布在多个不同地理位置的数据通信系统,要使它们能协同工作,实现信息交换和资源共享,它们之间必须具有共同的语言。交流什么、怎样交流及何时交流,都必须遵循某种互相都能接受的规则。这个规则就是通信协议。

在计算机通信中,通信协议是用于实现计算机与网络连接的标准,网络如果没有统一的通信协议,计算机之间的信息传递就无法实现。通信协议指定通信各方事前约定的通信规则,可以简单地将其理解为各计算机之间进行会话所使用的共同语言。两台计算机在进行通信时,必须使用相同的通信协议。

通信协议主要由以下 3 个要素组成。

■ 语法。即如何通信,包括数据的格式、编码和信号等级(表现为电平的高低)等。
■ 语义。即通信内容,包括数据内容、含义以及控制信息等。
■ 定时规则(时序)。即何时通信,明确通信的顺序、速率匹配和排序。

物联网通信协议一般分为两大类,一类是接入协议,另一类是通信协议。接入协议一般负责设备的组网接入方式(ZigBee、蓝牙、Wi-Fi 等);通信协议主要负责组网设备之间的数据交换及通信方式(TCP、UDP、HTTP、MQTT 协议等)。

2. 物联网应用中常用的通信协议

在物联网应用中,常用的通信协议(协议栈、技术标准)包括 Modbus 协议、TCP、UDP、HTTP、MQTT 协议、CoAP 等。

(1)Modbus 协议。

通常认为 Modbus 协议只是使用串行方式进行通信的应用层协议标准,它并不包含电气方面的规范。Modbus 协议最初是 Modicon 于 1979 年为使用可编程逻辑控制器(PLC)通信而提出的,后来衍生出 Modbus RTU、Modbus ASCII 和 Modbus TCP 这 3 种模式,前两种所用的物理接口是串行通信端口,后一种使用 Ethernet 接口。Modbus 协议最初也是工业领域最受欢迎的通信协议之一，它采用主从（Master/Slave）方式通信，即一对多的方式连接，一个主控制器最多可以支持 247 个从属控制器。Modbus 协议支持多种电气接口，如串口和 Ethernet 接口等，支持多种传输介质，如双绞线、光纤、无线等。Modbus 协议帧格式简单、紧凑，通俗易懂，易开发、易用。但是网络规模有限，从属控制器数量限制了网络规模，而且安全性差，无认证、无权限管理，明文传输使得它在非受控环境下是非常有风险的。

（2）TCP

TCP（Transmission Control Protocol，传输控制协议）是一种面向连接的、可靠的、基于字节流的传输层通信协议。TCP 支持多网络应用的分层协议层次结构，为计算机通信网络中互连的计算机中成对的进程之间提供可靠的通信服务。TCP 实际上属于 TCP 通信协议簇中的一员，协议簇内还包括 IP、UDP、ARP、ICMP 等。TCP 凭借其实现成本低、在多平台间通信安全可靠以及可路由性等优势迅速发展，并成为互联网中的标准协议。TCP 通信过程中要求设备必须时刻保持连接状态，导致功耗比较大，限制了其使用的范围和场景。

（3）UDP

UDP（User Datagram Protocol，用户数据报协议）是一个无连接的传输协议，提供面向事务的简单、不可靠信息传送服务。当强调传输性能而不是传输的完整性时，UDP 是最好的选择。UDP 主要用于不要求分组顺序到达的数据传输的应用中，通常情况下音频、视频等多媒体数据传输时，多采用 UDP 通信方式。与 TCP 相比，UDP 通信不需要连接，速度快，不需要应答，因此 UDP 更适合对功耗要求低、可靠性要求不算高的场合。

（4）HTTP。

HTTP（Hyper Text Transfer Protocol，超文本传送协议）是基于"客户端-服务器"模式，且面向连接的（建立在 TCP 之上）。典型的 HTTP 事务处理一般经历以下过程：客户端与服务器建立连接；客户端向服务器提出请求；服务器接受请求，并根据请求返回相应的文件作为应答；客户端与服务器关闭连接。HTTP 缺点显著：必须由客户端主动向服务器发送请求，服务器无法主动通知客户端；要实现 HTTP 需要更多的硬件资源（硬件成本更高）。但是在跨系统整合应用中，HTTP 不失为最简单的一种解决方案。

（5）MQTT 协议。

MQTT（Message Queuing Telemetry Transport，消息队列遥测传输）协议是一个基于"客户端－服务器"的消息发布/订阅传输协议。MQTT 协议简约、轻量，易于使用，特别适合带宽低、网络延迟高、网络通信不稳定等受限环境的消息分发；MQTT 协议能在处理器和内存资源有限的嵌入式设备中运行，而且由于使用发布/订阅消息模式，提供一对多的消息发布，可以解除应用程序之间的耦合，因而在物联网应用中得以广泛应用。在某种程度上讲，MQTT 协议俨然已经占据了物联网通信协议中的"半壁江山"。

（6）CoAP。

CoAP（Constrained Application Protocol）是一种在物联网世界的类 Web 协议，译为"受限应用协议"。CoAP 网络传输层采用的是 UDP。它基于 REST（Representational State Transfer，描述性状态迁移），服务器的资源地址和互联网一样也有类似 URL 的格式，客户端同样用 POST、GET、PUT、DELETE 方法来访问服务器。CoAP 可视为 HTTP 简化的结果。CoAP 是二进制格式的，HTTP 是文本格式的，CoAP 比 HTTP 更加紧凑。CoAP 具有轻量化的特点，CoAP 最小长度仅 4B。CoAP 支持可靠传输、数据重传、块传输，能确保数据可靠到达。同时 CoAP 支持 IP 地址多播，即可以同时向多个设备发送请求，但是 CoAP 属于非长连接通信，适用于低功耗物联网场景。

第 2 章

LabVIEW 程序设计方法

学习目标:

- 熟悉 LabVIEW 开发平台的起源、特点、开发环境;
- 掌握 LabVIEW 应用程序编写的基本流程、主要程序调试方法;
- 掌握 LabVIEW 中提供的基本数据类型、复合数据类型及其应用方法;
- 掌握 LabVIEW 中循环、条件、顺序、事件等典型程序结构,能够根据实际需求恰当地选择、组合运用基本程序结构,完成特定的程序功能;
- 熟悉子 VI 创建方法,能够针对实际工作需求,设计对应的子 VI;
- 掌握 LabVIEW 中局部变量、全局变量的概念,能够根据需要创建局部变量或全局变量;
- 掌握 LabVIEW 中属性节点、功能节点的概念,能够根据需要创建属性节点,访问或设置属性值;能够根据需要创建功能节点,调用相关功能;
- 熟悉轮询、事件响应、标准状态机、主从架构、生产者/消费者等典型 LabVIEW 程序设计模式基本原理、程序结构组成以及应用方法。

2.1 LabVIEW 开发平台简介

本节简要介绍 LabVIEW 程序设计语言的由来、特点,以 LabVIEW 2018 为对象,详细说明开发环境的操作界面、主要术语和 3 类重要选板,并结合实例说明 LabVIEW 语言程序设计的基本流程、程序运行与调试的基本方法。

2.1.1 图形化编程与 LabVIEW

1. 图形化编程与 G 语言

使用字符编程语言如 C、Basic、Java、Python 等进行软件开发时,编程者不仅要熟悉牢记基本语法规则和应用技巧,而且需要熟悉程序设计语言相关功能库及其调用方法。在使用这类字符编程语言来设计程序时,虽然可以最大限度地欣赏编程的抽象美,但是经常会因为不熟悉语法规则、不掌握应用技巧、不清楚库函数功能而感觉无从下手。

图形化编程语言（Graphical Programming Language，G 语言）以可视化的程序设计方式，尽可能利用了技术人员、科学家、工程师所熟悉的专业术语和概念，以图标表示程序中的对象，以图标之间的连线表示对象间的数据流向。用 G 语言进行程序设计类似于绘制程序流程图，从根本上改变了传统的编程环境。设计过程直观、简便、易学易用，开发效率得到巨大提升。据报道，一般编程者用 G 语言开发软件的工作效率可比 C 等字符编程语言提高 4～10 倍。

LabVIEW 是 G 语言的典型产品，其完整的名称为 Laboratory Virtual Instrument Engineering Workbench，即实验室虚拟仪器工程平台。LabVIEW 不仅具备一般字符编程语言的基本功能，而且还提供强大的函数、仪器驱动等高级软件库支持，便于快速编写应用程序解决专业领域相关问题，尤其适合快速开发测试测量领域的应用软件。

2. NI 与 LabVIEW

美国国家仪器有限公司（National Instruments，NI）自 20 世纪 80 年代提出 "软件就是仪器" 的口号，开辟了 "虚拟仪器" 的崭新测量概念。LabVIEW 正是 NI 公司针对虚拟仪器设计需要而推出的一种图形化开发平台。LabVIEW 集成 GPIB、VXI、RS232 和 RS485 协议的硬件及数据采集卡通信的全部功能，内置便于应用 TCP/IP、ActiveX 等软件标准的库函数，功能强大且应用方式灵活，可以快速建立虚拟仪器应用系统，能够帮助测试、控制、设计领域的工程师与科学家解决从原型开发到系统发布过程中所遇到的种种挑战。

LabVIEW 一经发布，就被工业界、学术界和研究实验室广泛接受，经过近半个世纪的发展与持续创新，LabVIEW 从最初单纯的仪器控制已经发展到包括数据采集、控制、通信、系统设计在内的各个领域，为科学家和工程师提供了高效、强大、开放的开发平台。目前 LabVIEW 的应用范围已经远远超出传统的测试测量行业范围，在航空航天、自动控制、计算机视觉、嵌入式、集成电路测试、射频通信、机器人等领域，也深受工程技术人员喜爱。

2.1.2　LabVIEW 2018 开发环境

使用 LabVIEW 之前，首先完成 LabVIEW 开发平台的安装。可借助 NI 公司发布的光盘文件安装，亦可通过 NI 公司网站下载安装最新版本试用版。本书所有讲解基于 Windows 10 操作系统下安装的 LabVIEW 2018 中文专业版。

1. LabVIEW 操作界面

LabVIEW 安装完毕，单击 Windows 操作系统菜单中 "开始→所有程序→NI LabVIEW 2018"，启动 LabVIEW（亦可通过桌面快捷方式启动 LabVIEW）。

启动 LabVIEW 2018 后，首先出现启动

图 2-1　LabVIEW 2018 启动界面

界面，如图 2-1 所示。启动 LabVIEW 并完成初始化后，进入欢迎界面，如图 2-2 所示。在 LabVIEW 欢迎界面菜单栏中，选择 "文件→新建 VI"，并在出现的窗口菜单栏中单击 "窗口→左右两栏显示"，显示 LabVIEW 2018 的操作界面，如图 2-3 所示。界面左侧为 LabVIEW 程序前面板设计区域（类似于字符程序设计中的程序界面设计环境），右侧为 LabVIEW 程序框图设计区域（类似于字符程序设计中的程序代码设计环境）。前面板和程序框图虽然功能不同，但是却具有内容基本相同的菜单栏，如图 2-4 所示。

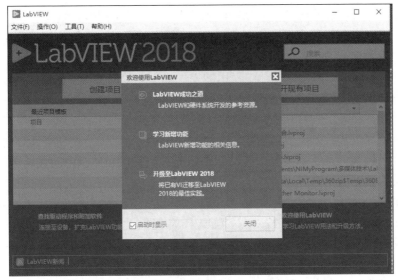

图 2-2 LabVIEW 2018 欢迎界面

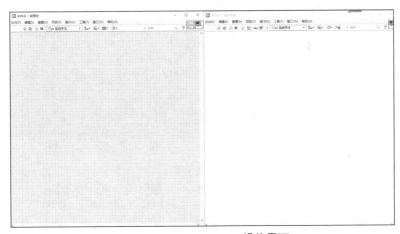

图 2-3 LabVIEW 2018 操作界面

图 2-4 LabVIEW 2018 菜单栏与工具栏

由于篇幅所限，这里不一一赘述各选项的功能，请读者自行查阅资料进行进一步了解。

2. LabVIEW 中的主要术语

LabVIEW 作为一种图形化编程语言的应用平台，与常用的字符编程语言的应用平台有很大的不同。LabVIEW 中一些常用专业术语如下。

- 前面板。前面板指的是 LabVIEW 提供的图形化程序界面，是人机交互的窗口，类似于传统仪器的操作面板。前面板中以各种控件、对象完成交互功能，包括输入和输出两类对象。

- 程序框图。程序框图类似于传统字符编程语言中的源代码，只不过 LabVIEW 中为图形化源代码。程序框图由节点、端口、图框和连线构成。

- 图框。图框实际上是控制程序结构的图形化结构体，包括顺序结构图框、循环结构图框、条件结构图框、事件结构图框等。

- 连线。连线代表着程序中数据的流向，指的是数据/信号从宿主到目标流经的通道。
- 节点。节点是指程序框图中对 LabVIEW 提供的函数、功能的调用，在程序框图中以对应功能/函数的图标形式出现。
- 端口。端口指的是程序设计中使用的控件输入参数或输出参数接线端子，以及相关函数/功能对应的输入参数或输出参数接线端子。
- 数据流。数据流是图形化编程语言中控制节点执行的一种机制。与传统的字符编程语言顺序处理机制不同，数据流要求节点中可执行代码接收到全部必需的输入数据后才可以执行，否则将处于等待状态，而且当且仅当节点中的代码全部执行完毕，才会有数据流出节点。

3. LabVIEW 中的 3 类重要选板

针对程序设计频繁使用的编程对象，LabVIEW 提供了 3 类选板，分别是"控件"选板、"函数"选板、"工具"选板。

（1）"控件"选板。

"控件"选板位于前面板中，提供创建前面板设计中需要的各类对象。右击前面板空白处，即可查看 LabVIEW 前面板提供的"控件"选板，如图 2-5 所示。

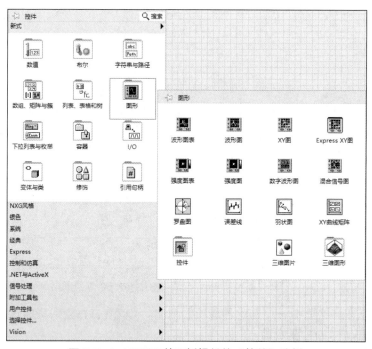

图 2-5　LabVIEW 前面板提供的"控件"选板

LabVIEW 提供的控件分为新式、NXG 风格、银色、系统、经典等多个类别（具体类别数量与安装过程中选配的工具包有关）。每一个类别中都提供了若干子选板，每一个子选板又包含多个控件或者子选板。

（2）"函数"选板。

"函数"选板位于程序框图中，提供了程序设计中需要的各类函数节点和 VI（Virtual Instrument，虚拟仪器，类似于字符编程语言中提供的函数）。右击程序框图空白处，即可查看 LabVIEW 程序框图提供的"函数"选板，如图 2-6 所示。

图 2-6　LabVIEW 程序框图提供的"函数"选板

　　LabVIEW 提供的函数分为编程、测量 I/O、仪器 I/O、视觉与运动、数学、信号处理、数据通信、互连接口、控制和仿真等多个类别（具体类别数量与安装过程中选配的工具包有关）。每一个类别中都提供了若干子选板，每一个子选板又包含多个函数或者子选板。

　　（3）"工具"选板。

　　在前面板和程序框图中均可打开"工具"选板。"工具"选板是 LabVIEW 提供给开发者于程序开发过程中创建 VI、修改 VI、调试 VI 等的一系列工具。单击 LabVIEW 主菜单栏"查看→工具"，即可查看 LabVIEW 提供的"工具"选板，如图 2-7 所示。

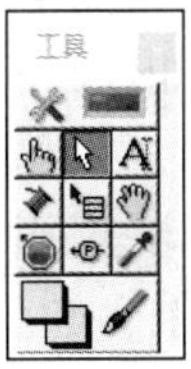

图 2-7　LabVIEW 提供的"工具"选板

　　"工具"选板中各类工具的详细信息请查阅 LabVIEW 帮助获取。

2.1.3　LabVIEW 程序设计初识

　　简单 LabVIEW 程序的设计包括前面板设计和程序框图设计 2 个方面的内容。

- ■　前面板设计又称界面设计，主要进行程序运行的人机交互方式设计。需要构思程序运行界面布局、人机交互所需各类控件及其呈现方式，包括大小、位置、颜色等。进一步地，可根据需要设置控件的相关属性参数。
- ■　程序框图设计又称程序代码/功能设计。与字符编程语言不同，LabVIEW 中的程序设计是指将前面板中控件对应的数据，利用系统或者用户自定义的函数节点，按照特定的逻辑以连线的方式进行基于数据流的程序功能设计。

　　这里设计一个简单的 LabVIEW 程序，用以介绍 LabVIEW 程序设计基本流程。

　　设计目标：程序界面中用户可以输入字符串，且提供"确定"和"停止"两种按钮，用户单击"确定"按钮，将输入的字符串进行反转，并通过字符串显示控件显示；用户单击"停止"按钮，结束程序运行功能。

为了实现上述目标，前面板中使用的控件包括。

步骤 1：添加"字符串控件"（控件→新式→字符串与路径→字符串控件），设置标签值为"字符串"，用以输入字符串。

步骤 2：添加"字符串显示控件"（控件→新式→字符串与路径→字符串显示控件），设置标签值为"反转字符串"，用以显示反转后的字符串。

步骤 3：添加布尔控件"确定按钮"（控件→新式→布尔→确定按钮），设置标签值为"确定按钮"，用以触发字符串反转功能。

步骤 4：添加布尔控件"停止按钮"（控件→新式→布尔→停止按钮），设置标签值为"停止"，用以触发结束程序运行功能。

调整各个控件的大小、位置，程序前面板设计如图2-8所示。

对应的程序框图设计步骤如下。

步骤 1：设计程序框图总体上为 2 帧顺序结构。第 1 帧完成程序初始化，第 2 帧内嵌循环结构，循环检测按钮状态，

图2-8 程序前面板设计

如果"确定"按钮被单击（通过条件结构实现），则完成字符串反转功能；如果"停止"按钮被单击，直接退出程序。

步骤 2：在第 1 帧中，添加空字符串常量（函数→编程→字符串→空字符串常量），创建控件"字符串"局部变量（前面板中在该控件处右击，选择"创建→局部变量"），类似地，创建控件"反转结果"局部变量，并完成赋值操作。

步骤 3：添加 While 循环结构（函数→编程→结构→While 循环），内嵌条件结构（函数→编程→结构→条件结构）。条件结构的分支选择器连接"确定按钮"，条件结构"真"分支内调用函数节点"反转字符串"（函数→编程→字符串→附加字符串函数→反转字符串），函数节点输入端口连线控件"字符串"，函数节点输出端口连线控件"反转结果"。

步骤 4：将"停止"控件连接到 While 循环结构条件端子，实现单击"停止"按钮结束程序运行的目的。

最终完成的程序框图设计结果如图 2-9 所示。运行程序，输入字符串"123ABC"，单击"确定"按钮，程序运行结果如图 2-10 所示。

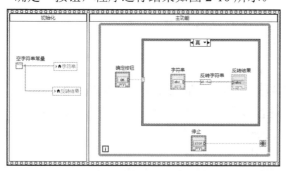

图 2-9 程序框图设计结果

图 2-10 程序运行结果

注	本例中选用的函数节点"反转字符串"，只能有效处理英文字符串，若处理中文字符串会出现乱码。

2.1.4 LabVIEW 程序运行与调试

1. LabVIEW 程序运行方式

LabVIEW 程序运行有两种典型方式：运行（单次）、连续运行。

（1）单击 LabVIEW 工具栏图标 ⇨，程序仅运行一次，运行过程中，图标 ⇨ 变为 ➡。

（2）单击 LabVIEW 工具栏图标 🔁，程序连续运行，工具栏图标变为 🔄。

如果程序运行中或者编写过程中，图标 ⇨ 变为 ➡，说明程序中存在错误。单击 ➡，弹出错误列表窗口，如图 2-11 所示。

窗口中第一栏列举程序中存在的错误名称；第二栏列举程序中错误和警告的节点以及原因；第三栏则给出详细的错误原因以及改正方法。单击"显示错误"按钮，则跳转至程序框图，并高亮显示错误位置节点及其连线，如图 2-12 所示。

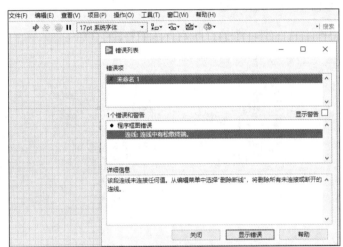

图 2-11 错误列表窗口

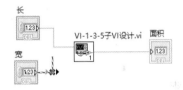

图 2-12 程序框图中错误位置显示

2. LabVIEW 程序调试手段

LabVIEW 开发平台提供了 3 种调试手段。

（1）高亮运行诊断。

程序框图中，单击 LabVIEW 工具栏图标 💡，当该图标显示状态为 💡 时，程序正常运行；单击图标，当其变为 💡，表示程序以高亮方式运行。以高亮方式运行时，程序框图中，数据以高亮方式在节点以及连线中间流动，开发者可以清晰地观察到数据流的产生、流向，进而判断程序是否存在错误。

注　选择高亮方式运行，程序运行速度会变得非常慢。

（2）添加断点诊断。

断点是指程序在执行中能够在某一指定位置暂停，以便观察运行的中间状态。右击程序框图中需要添加断点的位置选择"断点→设置断点"，完成断点添加，如图 2-13 所示。

设置断点之后，程序框图断点处出现小红点，如图 2-14 所示。

在程序运行过程中，当数据流经过断点时，程序将暂停运行，此时可以进一步观察程序运行的中间状态，以便诊断是否存在错误。

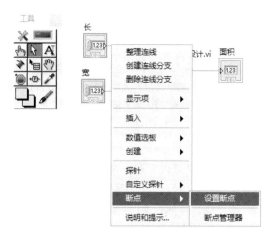

图 2-13　在程序框图中添加断点

不需要断点时，在程序框图中断点处右击，选择"断点→清除断点"或者"断点→禁用断点"，如图 2-15 所示。

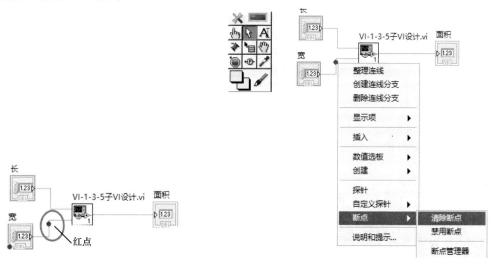

图 2-14　程序框图中的断点　　　　　　图 2-15　清除断点的操作方法

（3）添加探针诊断。

LabVIEW 提供的探针，能够在程序运行过程中当数据流经过探针位置时立即显示数据值。调试程序时，经常将断点和探针配合使用，以便精确判断程序运行的中间状态，进而准确定位程序错误。

在程序框图中需要观察运行中间状态值的位置（这里选择上例中断点位置）右击，选择"探针"，弹出探针监视窗口即探针观察器，运行程序，结果如图 2-16 所示。

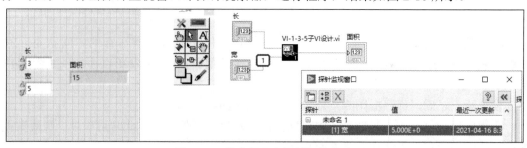

图 2-16　程序框图中探针加载方法

可以看到，程序暂停在断点处，而且通过探针观察器可以看出数据流取值为 5.000E+0，与前面板中当前输入一致。

当不需要探针时，与清除断点方法不同，只需要关闭探针监视窗口即可。

以上 3 种手段经常组合使用，以便开发者控制程序运行，实时观察运行中各种变量的取值，准确判断程序是否存在错误，并在出现错误时，能够准确定位错误。

2.2 LabVIEW 中的数据类型

本节主要介绍 LabVIEW 几种常用的数据类型，包括数值、字符串、布尔等基本数据类型以及数组、簇、波形等复合数据类型。

2.2.1 LabVIEW 数据类型概述

与其他编程语言一样，LabVIEW 也拥有丰富的数据类型，其基本数据类型包括数值类型、字符串类型、布尔类型、枚举类型，还包括复合类型（结构类型），如数组、簇数据、波形数据等。与字符编程语言不同，LabVIEW 中数据不是存放在已经声明的"变量"中，而是存放在前面板的控件中，并且在控件中可以进一步对数据的取值、类型进行设置。

2.2.2 数值类型

LabVIEW 以整数、浮点数、复数等类型表示数值类型数据。在前面板"控件→新式→数值"子选板中，提供了丰富多样的数值控件，包括用于输入的控件和用于输出显示的控件，如图 2-17 所示。

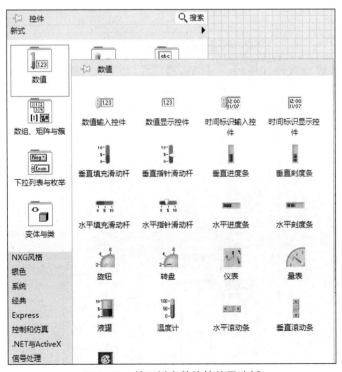

图 2-17 前面板中数值控件子选板

同样，前面板"控件→经典→数值""控件→银色→数值""控件→系统→数值""控件→NXG 风格→数值"子选板中，都提供了数值控件，它们之间并无本质不同，只是显示风格有所不同。

在程序框图中，按照"函数→编程→数值"或者"函数→数学→数值"，可以得到与数值类型数据相关的子选板。该子选板提供了数值类型数据常用的基本运算功能、类型转换功能、典型数值常量以及数值操作功能，如图 2-18 所示。

图 2-18　程序框图中数值函数子选板

在前面板中放置好数值控件后，可以右击控件，选择"表示法"，重新设置数据类型，如图 2-19 所示。

图 2-19　数值控件数据类型设置方法

2.2.3 布尔类型

布尔类型又称为逻辑型，取值只能是"true"或者"false"两种。布尔类型数据经常用来表示程序运行中的二值状态，如开/关、是/否等。在前面板"控件→新式→布尔"子选板中，可以观测到各类输入型、输出型的布尔类型数据对象，如图 2-20 所示。

如果布尔类型数据为输入型，则前面板创建对象之后，右击选择"属性"，在"操作"选项卡中选择输入型数据模拟工业领域 6 种真实开关控制特性其中的 1 种，如图 2-21 所示。

图 2-20　前面板中布尔控件子选板

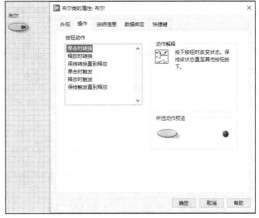

图 2-21　布尔控件机械动作设置

在程序框图中，按照"函数→编程→布尔"路径，可以得到布尔类型数据相关的子选板。该子选板提供了布尔类型数据常用的基本逻辑运算功能、类型转换功能、典型布尔常量功能等，如图 2-22 所示。

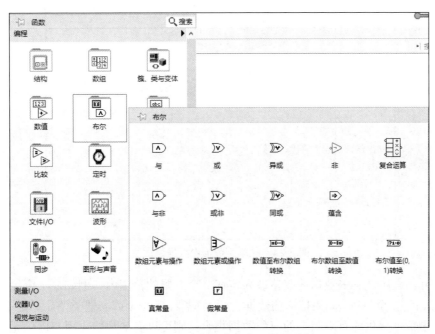

图 2-22　程序框图中布尔函数子选板

17

2.2.4　枚举类型

　　LabVIEW 中枚举类型数据其实并不是一种基本数据类型，而是数值类型的集合。在数值类型对象中，可以观测到枚举类型。程序框图中，按照"函数→编程→数值"或者"函数→数学→数值"选择路径，在"数值"子选板中可以查看枚举类型的常量，如图 2-23 所示。

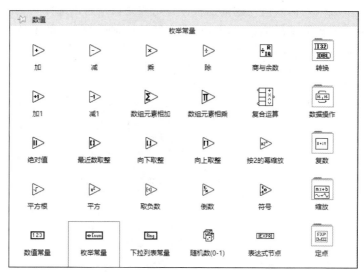

图 2-23　程序框图中"枚举常量"子选板

　　程序框图中放置"枚举常量"后，右击对象，选择"编辑项"，可进行枚举类型的数据项的增加、删除、排列等操作，如图 2-24 所示。

图 2-24　枚举型数据中数据编辑项

　　在实际问题中，有些数据的取值被限定在一个有限的范围内。例如，一个星期只有 7 天，一年只有 12 个月等。如果把这些数据说明为整型、字符型或其他类型显然是不妥当的。而枚举类型数据提供的有限状态的离散数据集合，则可以有效地防止用户提供无效值，也可使代码更加清晰，因此在程序设计中具有重要的作用。

2.2.5　字符串类型

字符串类型数据在 LabVIEW 应用程序开发中同样具有重要的作用，首先是各类信息显示都与字符串类型数据具有千丝万缕的联系。更重要的是，在通信程序编写中，LabVIEW 更是比以往任何一种字符编程语言都特殊——任何类型的数据传输都需要先转换为字符串类型才能进一步地发送和接收。

在 LabVIEW 前面板中，按照"控件→新式→字符串与路径"的选择路径，可以得到如图 2-25 所示的与字符串相关的控件子选板。

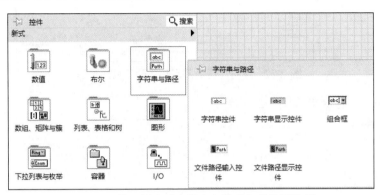

图 2-25　前面板中"字符串与路径"控件子选板

在程序框图中，按照"函数→编程→字符串"的选择路径，可以观测到 LabVIEW 提供的全部类别的字符串函数节点，如图 2-26 所示。

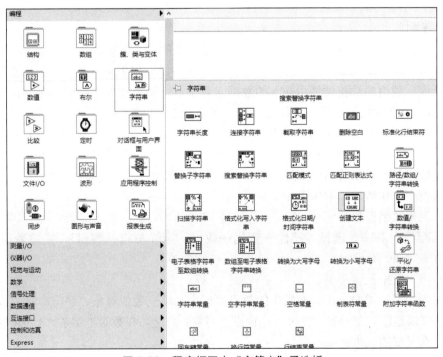

图 2-26　程序框图中"字符串"子选板

各类字符串函数节点的功能、使用方法参见 LabVIEW 帮助系统。

"字符串"子选板提供了应用程序开发中字符串相关的大部分常用功能，而且使用非常简单、方便。以下给出一个简单示例，说明常用的字符串函数节点的使用。程序拟实现的功能为调用函数节点"连接字符串"将 2 个输入的字符串以及指定的拼接符号连接在一起，形成新的字符串。对拼接结果再调用"匹配模式"节点，将其拆分为 2 个字符串并显示。

程序前面板放置 3 个字符串控件，分别为拟拼接的字符串、字符串 2，以及拼接符号；同时放置 3 个字符串显示控件，分别为拼接结果、拆分结果 1、拆分结果 2。

程序框图中函数节点以及控件的连线如图 2-27 所示。

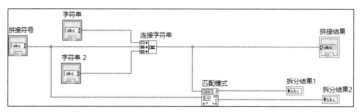

图 2-27　字符串函数节点功能验证程序框图

验证程序，运行结果如图 2-28 所示。

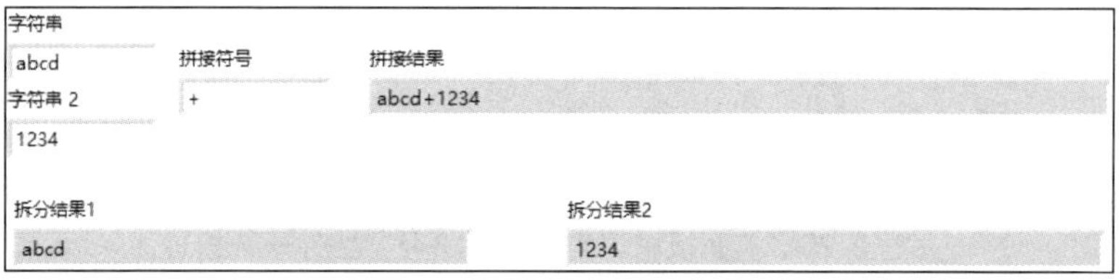

图 2-28　验证程序运行结果

更多功能测试，请读者自行编写程序验证。

2.2.6　数组

数组是同一类型数据元素的集合，这些数据元素的类型可以是数值类型、布尔类型、字符串类型、波形等。LabVIEW 中的数组相比于字符串编程更加方便——不需要预先设置数组的长度，数组的数据类型由输入的数据元素决定，不需要专门指定。在内存允许的情况下，LabVIEW 中的数组每一个维度可以存储高达 $2^{31}-1$ 个数据。

LabVIEW 中，数组由数据、数据类型、索引、数组框架 4 个部分组成，其中数据类型隐含在数据之中，即数组框架内填充的是什么数据，对应的数据类型就是什么。

创建数组既可以在前面板中进行，亦可在程序框图中进行。

前面板中创建数组基本步骤如下。

（1）创建数组框架。

在前面板中右击，选择"控件→新式→数组、矩阵与簇→数组"，完成数组框架的创建，如图 2-29 所示。

（2）确定数据元素及类型。

根据程序设计需要，在前面板中的数组框架中，填充数值对象、字符串对象或者布尔对象，既可以是输入型对象，也可以是输出型对象。总之，在数组框架放入什么类型对象，就创建什么类型的数组。

（3）设置数组维数。

默认情况下，创建的数组为一维数组。如果需要增加数组维度，最简单的方式就是右击数组对象，在弹出的快捷菜单中选择"增加维度"，即可将一维数组扩充为二维数组，重复操作，可以不断增加数组维度。

（4）进行数据初始化。

对于创建的数组既可以进行初始化，亦可不予理会。未曾初始化的输入型数组，其元素背景是灰色的，如图 2-30 所示。

而初始化操作需要人为指定数组每一个数据元素的取值，初始化后的数据元素背景转变为白色，尚未完成初始化部分则继续保持灰色背景，如图 2-31 所示。

图 2-29　前面板中创建数组框架

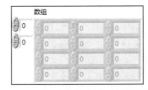
图 2-30　未进行初始化的数组控件

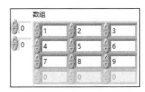
图 2-31　初始化后的数组控件

与前面板中创建数组不同，程序框图中虽然也可以创建数组，但是一般多用于创建数组常量，基本步骤如下。

（1）创建数组框架。

右击选择"函数→编程→数组→数组常量"，按住鼠标左键，将其拖曳至程序框图，完成默认维度为 1 的数组框架创建，如图 2-32 所示。

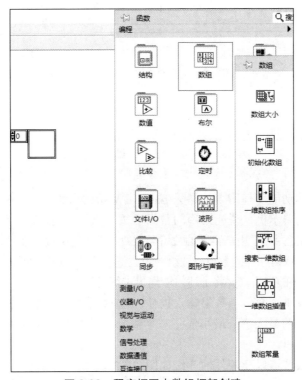
图 2-32　程序框图中数组框架创建

（2）为数组元素赋值。

数组框架创建完成，首先可以根据需要修改数组的维度，然后可以往框架内添加数值常量、字符串常量或者布尔常量，并可操作数组对象操作句柄，显示更多的数据元素，如图 2-33 所示。

图 2-33　数组常量的初始化

创建完数组，就可以对数组数据进行各种分析、处理。LabVIEW 提供的数组函数节点比较丰富。程序框图中，右击选择"函数→编程→数组"，可以查看 LabVIEW 提供的数组函数节点，如图 2-34 所示。

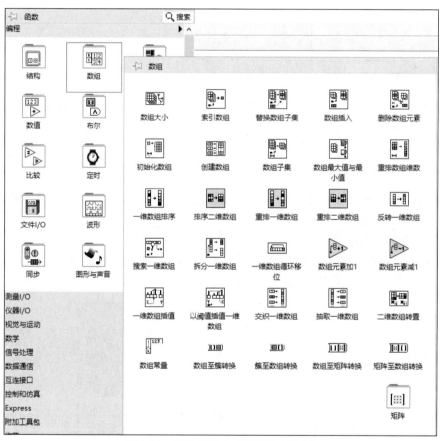

图 2-34　程序框图中"数组"子选板

各个函数节点的功能和使用方法参见 LabVIEW 帮助系统。

以下给出一个简单示例，说明常用的数组函数节点的使用。

程序拟实现的功能为对于用户输入的数值类型数组，调用函数节点"一维数组排序""数组最大值与最小值"，求取排序后的数组、数组中最大值取值及其在原数组中的索引、数组中最小值取值及其在原数组中的索引，并将上述求取结果进行显示。

程序前面板放置 1 个数值型数组输入控件，1 个数值型数组显示控件；2 个数值显示控件，用以显示数组中的最大值与最小值；2 个整数类型数值显示控件，用以显示最大值与最小值在数组中的索引。

程序框图中函数节点以及控件的连线如图 2-35 所示。验证程序，运行结果如图 2-36 所示。

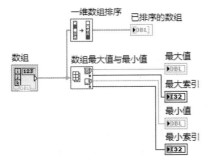

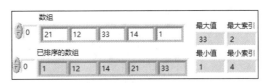

图 2-35 数组功能验证程序框图   图 2-36 数组功能验证程序运行结果

更多功能测试，请读者自行编写程序验证。

2.2.7 簇数据

簇数据是由不同类型的数据元素组合而成的一种新的数据类型，这一点与 C 语言中的结构体相似。与数组不同的是，簇中的数据可以类型相同，也可以互不相同，更多的时候是不同类型的数据元素的集合。

簇数据的创建与数组创建类似，也分为前面板中簇数据对象创建以及程序框图中簇数据常量创建，其中，前面板中簇数据对象创建分为以下两个步骤。

（1）创建簇框架。

右击，选择"控件→新式→数组、矩阵与簇→簇"，将其拖曳至工作区域，完成簇框架的创建，如图 2-37 所示。

（2）添加簇数据成员。

根据需求往簇框架中添加数值控件、字符串控件、布尔控件、路径

图 2-37 创建簇框架

控件等，完成簇中数据元素的创建。

> **注** 簇中数据元素要么统一为输入型控件，要么统一为输出型控件，输入、输出不能混搭。添加簇数据成员如图 2-38 所示。

可以右击簇数据对象，选择"自动调整大小→水平排列"，对前面板中簇数据对象结构进行美化，效果如图 2-39 所示。同样，如果选择"垂直排列"，则 LabVIEW 将初始创建的簇数据对象美化为如图 2-40 所示的对象。

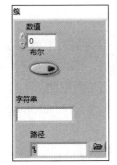

图 2-38 添加簇数据成员   图 2-39 水平排列的簇数据   图 2-40 垂直排列的簇数据

程序框图中，按照"函数→编程→簇、类与变体"路径操作，可以查看 LabVIEW 提供的簇数据相关函数节点和 VI，如图 2-41 所示。

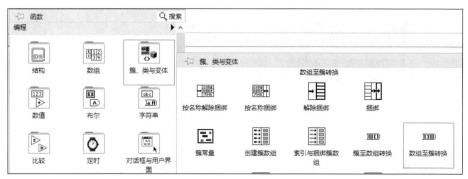

图 2-41　簇数据相关函数节点和 VI

簇数据相关函数节点和 VI 功能以及使用方法参见 LabVIEW 帮助系统。

以下给出一个简单示例，说明常用的簇数据相关函数节点的使用方法。

程序拟实现的功能是将数值型转速、布尔型开关、字符串型状态 3 个数据，通过调用函数节点"捆绑"，将其封装为簇数据，然后调用簇数据中的函数节点"解除捆绑"，获取簇中的数据元素并显示获取结果。

程序前面板放置数值控件"旋钮"、布尔控件"水平摇杆开关"、字符串控件，同时放置 1 个字符串显示控件、1 个布尔控件"圆形显示灯"、1 个数值显示控件。添加函数节点"捆绑""解除捆绑"。

程序框图中函数节点以及控件的连线如图 2-42 所示。

验证程序运行，结果如图 2-43 所示。

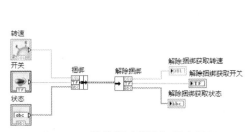

图 2-42　簇数据功能验证程序框图

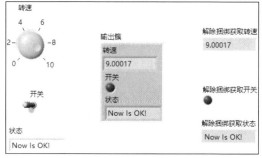

图 2-43　簇数据功能验证程序运行结果

更多功能测试，请读者自行编写程序验证。

2.2.8　波形数据

波形数据是 LabVIEW 提供给测试测量领域中的一种特殊的复合型数据，主要用于以时间序列方式显示测试测量数据的波形趋势图。波形数据类似于簇数据，即将多个不同类型的数据组合在一起。不同的是，波形数据中数据元素的类型和数量都是固定的。

波形数据中的数据元素包括起始时间 t0、时间间隔 dt、波形数据 Y 和属性 attributes，波形数据可以是一个数组，也可以是一个数值。

在程序框图中右击，选择"函数→编程→波形"，可以查看 LabVIEW 提供的波形函数节点和 VI，如图 2-44 所示。

波形函数节点和 VI 的功能、使用方法参见 LabVIEW 帮助系统。

下面给出 LabVIEW 中提供的波形函数节点和 VI"创建波形""获取波形成分""波形持续时间"的使用方法。

在前面板中添加波形图显示控件（控件→新式→图形→波形图），并调整其大小和显示位置。

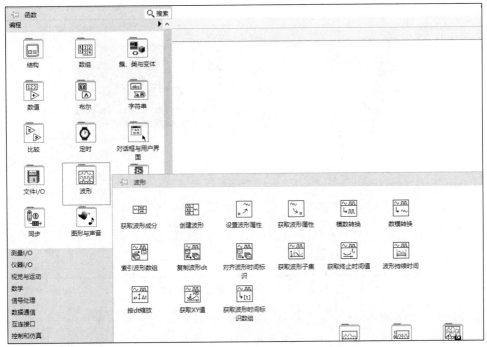

图 2-44 波形函数和 VI 子选板

在程序框图中完成以下操作。

- 创建数值型数组常量，数组数据元素设置为：1，2，3，2，1，0。
- 添加函数节点"获取日期/时间（秒）"[函数→编程→定时→获取日期/时间（秒）]。
- 添加数值常量，并设置值为 10。
- 添加函数节点"创建波形"（函数→编程→波形→创建波形），拖曳该节点对象操作句柄，并单击默认属性，分别修改为 Y、t0、dt，将节点的输出端口输出波形连接至波形图控件。
- 添加函数节点"获取波形成分"（函数→编程→波形→获取波形成分），拖曳该节点对象操作句柄，并单击默认属性，分别修改为 Y、t0、dt；在各个成分的输出端口右击，选择"创建→显示控件"，完成波形成分数据的显示。
- 添加 VI "波形持续时间"（函数→编程→波形→波形持续时间），在节点输出端口"持续时间"右击，选择"创建→显示控件"，完成波形持续时间的显示。

其他节点之间的连线如图 2-45 所示。

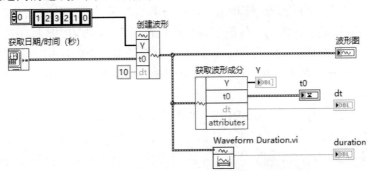

图 2-45 波形函数节点和 VI 功能验证程序框图

前面板中，右击波形图控件，选择"忽略时间标识"（默认按照数组索引序号作为 x 轴坐标），以便波形能够按照设定的参数 t0、dt 自动生成波形图 x 轴坐标数据，如图 2-46 所示。

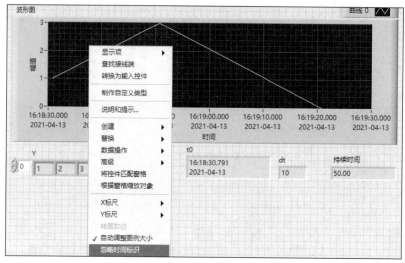

图 2-46　波形数据功能验证程序前面板

程序运行结果如图 2-47 所示。

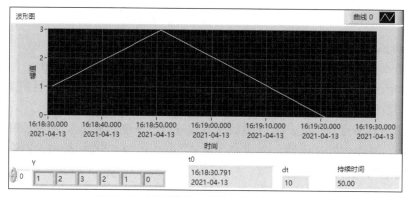

图 2-47　波形数据功能验证程序运行结果

更多功能测试，请读者自行编写程序验证。

2.3　LabVIEW 程序设计基础

LabVIEW 虽然是一种图形化编程语言，但是其程序设计能力依然极其强大。除了 2.2 节提到的丰富的数据类型，相比于传统字符程序设计语言，LabVIEW 程序设计不但支持传统的循环结构、条件结构、顺序结构，还提供了事件结构、定时结构、公式节点、禁用结构等。LabVIEW 中同样存在变量，也分为局部变量和全局变量。其中全局变量支持在不同的程序之间共享数据。

和字符程序设计语言一样，LabVIEW 也提供了函数（子 VI）封装功能，应用程序的模块化设计技术支持不输于字符程序设计语言。除此之外，LabVIEW 还提供了面向对象程序设计相关的技术手段，比如属性节点、功能节点等。LabVIEW 支持的上述功能，极大地增强了程序设计的灵活性。

2.3.1 循环结构

1. For 循环

在程序框图中右击，选择"函数→编程→结构"，可以查看 LabVIEW 提供的全部程序结构控制节点，如图 2-48 所示。

将"For 循环"拖曳至程序框图，完成程序中 For 循环节点的创建。单击节点，For 循环结构边框出现 8 个实心小矩形的操作句柄，操作这些句柄，可以对 For 循环结构大小进行调整。

For 循环节点由循环体（节点框架）、循环计数接线端、循环总数接线端 3 部分组成。其中 N 表示循环执行的总数；i 表示循环计数器，取值范围为 0～N−1。如果期望观测 For 循环执行过程中循环计数器 i 取值的变化以及取值范围，可在循环体内放置"等待"（函数→编程→定时→等待）函数节点，实现循环中的延时等待功能，对应的程序框图如图 2-49 所示。

图 2-48 "结构"子选板

图 2-49 For 循环结构使用示例

程序运行时，可以看到数值显示控件"数值"显示内容为 For 循环计数器 i 的取值，从 0 开始，每隔 1s 刷新一次，当 i 取值为 19 时，程序退出，累计显示 20 次。

程序运行结果表明：N 的取值确定 For 循环执行的次数，循环每执行一次，i 从 0 开始对循环执行计数，i 取值为 N−1 时，累计执行 N 次，For 循环结束。

有时候 For 循环在执行中并不一定一直执行到预定的次数结束，而是当满足某一特定条件时也允许退出，可右击 For 循环边框，选择"条件接线端"，则 For 循环结构形态变为图 2-50 所示形态。

新增的图标为循环条件接线端，当接入布尔类型数据取值为"true"时，For 循环亦可结束，而无须等待至计数器 i 达到最大取值 N−1。在程序框图实现循环总数为 100 的前提下，逐次显示并测试计数器 i 取值，当计数器 i 取值既能被 3 整除又能被 7 整除时，退出循环。对应的程序框图如图 2-51 所示。

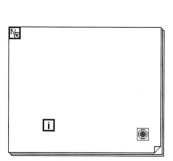

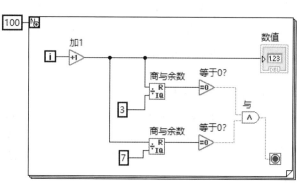

图 2-50　带条件端子的 For 循环　　　　　图 2-51　带条件端子的 For 循环使用示例

运行程序，可以观测到当计数器 i 取值为 21 时，For 循环就提前结束运行。可见添加了条件端子，For 循环可以进一步增强应用的灵活性。

2. While 循环

While 循环是一种典型的条件循环，当满足某种条件时，循环执行或者结束。右击程序框图，选择"函数→编程→结构"，可以查看到 LabVIEW 提供的 While 循环。

从其实现的角度看，While 循环实际上就是带有条件端子且无须指定循环总数的 For 循环。While 循环结构如图 2-52 所示。

While 循环也有两个固定接线端子，一是循环计数器 i，二是循环条件接线端。计数器 i 从 0 开始计数；条件接线端为布尔量输入接线端，程序每一次循环结束后都会检查该接线端，以便判断循环是否需要继续执行。循环条件接线端有 2 种形态，默认情况如图 2-52 所示，属于"真（T）时停止"（Stop if True）。右击循环条件接线端，选择"真（T）时继续"，则 While 循环结构改变为如图 2-53 所示形态。

图 2-52　While 循环结构　　　　　图 2-53　条件端子"真（T）时继续"结构

此时，循环将一直执行，直至循环条件接线端接收到布尔量取值为 false，即所谓的 Stop if False。

如图 2-54 所示的程序框图，实现基于 While 循环逐次测试从 1 开始的自然数，当计数器 i 既能被 3 整除又能被 13 整除时，退出循环，否则显示计数器的取值。

当 While 循环条件端子为"真（T）时继续"时，程序框图如图 2-55 所示。

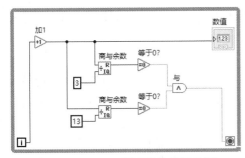

图 2-54 While 循环结构使用示例

[条件端子"真（T）时停止"]

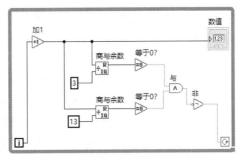

图 2-55 While 循环结构使用示例

[条件端子"真（T）时继续"]

3. 循环结构中的数据通道与数据交换

LabVIEW 中针对所有结构提供了一种名为"数据通道"的机制，分为输入和输出两种数据通道。任何结构只能通过数据通道实现结构内部和外部节点之间的数据交换。数据通道位于结构边框之上，其显示形式为小方格，颜色与其连接数据对象类型对应的系统颜色保持一致，比如，如果连接的是整数，则小方格为蓝色。循环结构中小方格分为实心和空心两种，实心表示循环结构针对外部数据源"禁用索引"（右击数据通道小方格，可选择对应菜单栏对应项进行设置），循环内部将外部数据一次性全部读入，然后根据需要处理。而空心小方格则表示循环结构针对外部数据源"启用索引"（右击数据通道小方格，可选择对应菜单栏对应项进行设置），循环内部将根据循环计数器 i 取值，每一次循环，读取外部数据源一个数据，直至读取完毕。For 循环中，如果数据通道启用自动索引，则不需要指定循环总数 N，外部数据源（一般为数组）访问完毕，循环结束。

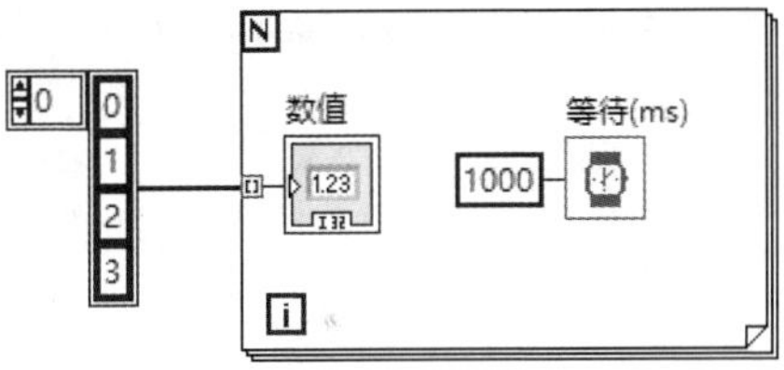

如图 2-56 所示的程序框图实现了基于 For 循环

图 2-56 For 循环索引方式访问数组

使用开启自动索引的数据通道逐一访问并显示数组数据元素，访问完毕，For 循环结束。

> **注** 这里 For 循环并未设置参数循环总数 N，而是借助自动索引限制循环的执行次数。为了便于观测，For 循环中添加了"等待"函数[函数→编程→定时→等待（ms）]，并设置等待时长为 1000ms（1s）。

类似地，输出数据通道亦可设置为"隧道模式→索引"或"隧道模式→最终值"。"隧道模式→最终值"状态下（实心），只输出最后一次循环访问的数据；"隧道模式→索引"状态下（空心），则将循环体内所有连接数据通道的数据合并生成数组，程序示例如图 2-57 所示。随机数范围为 0~1（图 2-57 中对应的是 0-1），书中类似情况不再赘述。程序运行结果如图 2-58 所示。

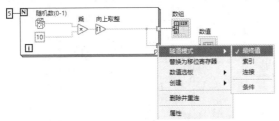

图 2-57 For 循环数据输出的最终值模式

图 2-58 For 循环最终值/索引输出结果

29

灵活运用数据通道中的索引模式，将会大大增强循环结构的应用性能，因此程序设计中应该给予足够的重视并反复进行练习。

4．循环结构中的移位寄存器

循环结构中还有一种极为重要的功能——移位寄存器。移位寄存器的主要功能就是将上一次循环的值传递至下一次循环，这一点在迭代算法设计中至关重要。移位寄存器往往以一对位于循环结构边框左右两侧的接线端的形式出现。无论是 For 循环还是 While 循环，右击循环结构边框，选择"添加移位寄存器"，即可完成一对移位寄存器的添加，如图 2-59 所示。

移位寄存器左侧一端为向下箭头，用于移位寄存器初始化赋值以及存储循环上一次执行时获得相关数据的取值；右侧一端为向上箭头，用于存储本次循环结束时相关数据的取值。移位寄存器可以传递各种类型的数据，但无论什么时候，左、右两侧移位寄存器的取值应为同一种数据类型。

如果循环过程中需要多个数据的上一次循环结果，则可以在循环结构中添加多个移位寄存器，如图 2-60 所示。

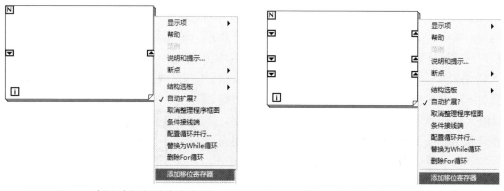

图 2-59　For 循环中添加移位寄存器　　　　图 2-60　添加多个移位寄存器

如前所述，位于循环结构左侧的移位寄存器可以保存循环前 1 次执行的结果，这一点对于迭代算法处理至关重要，但是很多时候，还需要保存循环结构前 2 次、前 3 次……甚至前 n 次执行结果。针对这种需求，LabVIEW 提供了一种称为层叠移位寄存器的解决方案。右击循环结构左侧移位寄存器，在弹出的快捷菜单中选择"添加元素"，左侧移位寄存器下方出现新的移位寄存器，但是此时右侧并未出现对应的移位寄存器，这种仅在左侧出现的移位寄存器称为层叠移位寄存器。层叠移位寄存器从上至下依次保存循环执行过程中的前 1 次、前 2 次……前 n 次执行结果，如图 2-61 所示。利用上述特性，设计程序框图如图 2-62 所示。

图 2-61　添加层叠移位寄存器

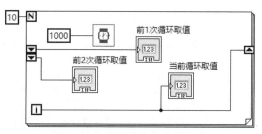

图 2-62　层叠移位寄存器应用

运行程序，结果如图 2-63 所示。

从运行结果可以看出，层叠移位寄存器能够以极为简单的方式实现多次循环执行数据状态的保持和应用。这种特性在电子信息类应用开发中应用广泛，比如典型的移动窗口滤波，就可以借助层叠移位寄存器轻而易举地实现。其程序框图如图 2-64 所示。

图 2-63　层叠式移位寄存器应用运行结果

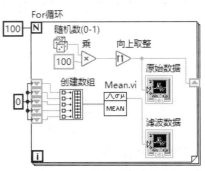

图 2-64　层叠移位寄存器实现移动窗口滤波

从图 2-64 可以看出，设置了 5 个层叠移位寄存器，即移动窗口宽度为 5，每个数据点与其相邻 4 个点的数据进行算术平均，作为当前点滤波后结果。运行程序，结果如图 2-65 所示。

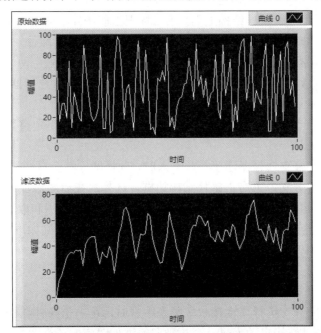

图 2-65　移动窗口滤波运行结果

从运行结果可以看出，相较于原始数据曲线，滤波后的曲线的高频变化部分得到较大抑制，这恰恰是移动平均滤波的低通效果。

2.3.2　条件结构

1. 基本条件结构

条件结构类似于字符编程语言中的 if…else、switch 语句，使用条件结构意味着程序根据条件的不同，存在多条不同的执行路径。条件结构位于程序框图 "函数→编程→结构" 子选板中，如图 2-66 所示。

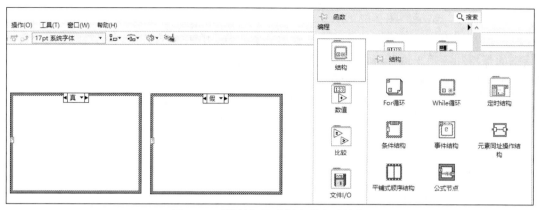

图 2-66　"结构"子选板中的条件结构

条件结构由以下 3 部分组成。

■ 　条件结构框架。以矩形区域确定条件结构，默认包含"真""假"两个条件分支的子程序框架，以层叠方式显示。

■ 　分支选择器。位于条件结构左侧，以"？"形式呈现，默认情况下接收布尔量输入，程序根据该布尔量取值确定执行路径。

■ 　选择器标签。位于条件结构上侧，用以标识当前条件下的程序框图。单击其中的向下箭头，可以查看当前逻辑下全部可供选择的程序执行路径。

条件结构均以层叠方式出现，即使默认状态下只有"真""假"两个执行路径，也只能看见其中一条路径，如欲查看另一条路径的程序框图，应单击"选择器标签"，重新设置条件分支，可查看对应条件分支下的程序框图。

条件结构中的分支选择器除了识别默认的布尔类型，还能识别整数、枚举、字符串等数据类型。

当条件结构中的分支选择器连接整数输入时，选择器标签会自动显示 0、1 两项子程序框图，如需添加更多分支，可右击条件结构边框，选择"在后面添加分支"或"在前面添加分支"。此时选择器标签取值可以是单个值，也可以是数值范围和取值列表。其中取值列表为逗号间隔的数值，取值范围使用连续的".."表示，具体规则如下。

■ 　10..20 表示 10～20 的所有整数，且包括 10 和 20。

■ 　..10 表示小于等于 10 的所有整数。

■ 　10..表示大于等于 10 的所有整数。

当条件结构中的分支选择器连接枚举类型数据时，可右击条件结构，选择"为每一个值添加分支"，则条件结构自动为每一个枚举取值添加对应的子框图。

当条件结构中的分支选择器连接字符串类型数据时，则必须手动为每一个可能的输入字符串建立对应的子程序框图，而且必须保证输入字符串和选择器标签页内容完全一致，否则程序编译将会出错。

注 在多分支的条件结构中，当从外部向条件结构输入数据时，每一个分支子框图都可以使用这个通道的数据，每一个通道内是否连接使用这个数据无关紧要。但是当向结构外部输出数据时，会在结构边框生成数据通道，每一个分支程序子框图都需要和该数据通道连接，否则程序会报错。只有每一个分支都连接数据通道，数据通道图标由空心方格转变为实心方格，程序方可正常运行。

　　为了验证条件结构使用方法，编写程序实现用户输入百分制考试转换为五分制考试成绩功能。输入考试成绩借助数值输入控件实现，成绩转换借助条件结构完成。根据常识，分支结构将具有 5 个子框图，选择器标签分别为“..59”“60..69”“70..79”“80..89”“90..100”。程序实现的各个子框图如图 2-67～图 2-71 所示。

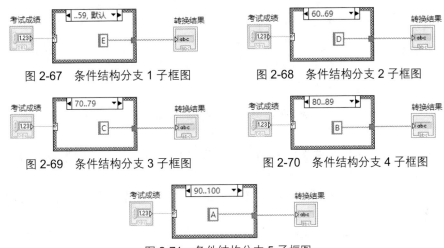

图 2-67　条件结构分支 1 子框图　　　　　图 2-68　条件结构分支 2 子框图

图 2-69　条件结构分支 3 子框图　　　　　图 2-70　条件结构分支 4 子框图

图 2-71　条件结构分支 5 子框图

2. 简易条件结构

　　条件结构中不同条件下的代码层叠显示，不便于整体性阅读、理解程序，在逻辑比较简单时，可以放弃选择使用标准的条件结构，而使用“选择”（函数→编程→比较→选择）函数，如图 2-72 所示。

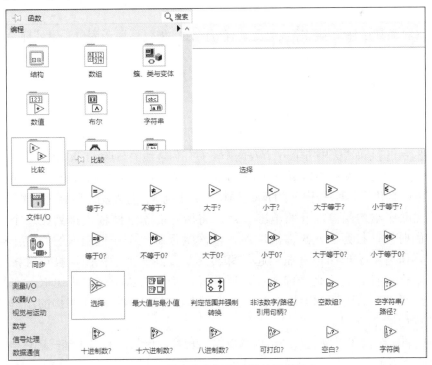

图 2-72　具有条件结构功能的选择节点

　　在该节点 3 个输入端口中，中间输入端口为布尔量，上面输入端口为布尔量取值为“真”

时期望的输出，下面输入端口为布尔量取值为"假"时期望的输出。

比如通过滑动杆开关控制量表的背景色，设计程序框图如图 2-73 所示。

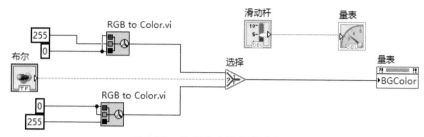

图 2-73 选择节点验证程序框图

运行程序，当滑动杆开关拨向右侧，取值为"真"时，量表的背景色设置为绿色，如图 2-74 所示。

当滑动杆开关拨向左侧，取值为"假"时，量表的背景色设置为蓝色，如图 2-75 所示。

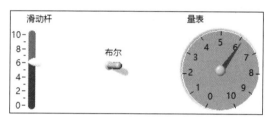

图 2-74 条件为"真"时选择节点输出结果

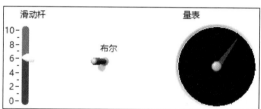

图 2-75 条件为"假"时选择节点输出结果

显然这种简易条件结构程序代码更具有可读性，但仅适用于简单逻辑处理。

2.3.3 顺序结构

1. 平铺式顺序结构与层叠式顺序结构

LabVIEW 中程序依据数据流的走向执行，所以程序框图中的节点及其数据连线限定了程序的执行路径。但是如果程序框图中存在两个没有任何连线的节点，LabVIEW 则会借助多线程技术并行执行。这种机制对需要按顺序依次执行的某些功能模块来说，就存在一些问题。因此，LabVIEW 提供了两种程序设计的顺序结构——平铺式顺序结构、层叠式顺序结构。

平铺式顺序结构就像展开的电影胶片，将所有的子框图依次排列在一个平面上，持续执行的时候，按照由左至右的顺序，依次执行每一个子框图内的程序；层叠式顺序结构则将所有的子框图重叠在一起，每次只能看到一个子框图，执行时按照子框图的编号顺序来进行。无论是平铺式还是层叠式，均可右击顺序结构边框，在弹出的快捷菜单中选择"在后面添加帧"或者"在前面添加帧"，增加顺序结构的子框图。平铺式顺序结构如图 2-76 所示。

平铺式顺序结构和层叠式顺序结构可以相互转换。比如，右击平铺式顺序结构边框，在弹出的快捷菜单中选择"替换为层叠式顺序结构"，则可以改变顺序结构的形式。

平铺式顺序结构转换为层叠式顺序结构后，呈现出一个带有"选择器标签"的一帧结构，其中选择器标签中可以选择原顺序帧中的指定序号帧，如图 2-77 所示。

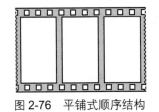

图 2-76 平铺式顺序结构

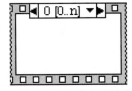

图 2-77 层叠式顺序结构

2. 帧间数据共享与局部变量创建

程序设计中经常需要不同帧之间共享数据。平铺式顺序结构很容易实现这一目标，通过不同帧间直接连接操作即可实现。但是层叠式顺序帧却必须借助于"局部变量"才能实现这一目标。

在层叠式顺序结构中，选择某一帧，右击顺序结构边框，选择"添加顺序局部变量"，鼠标单击位置出现小方格，如图 2-78 所示。

小方格的颜色会根据所连接的数据类型发生变化，图 2-78 中在第 0 帧创建了局部变量，该局部变量所连接的数据值，在后续的各个帧中都能访问到。一旦局部变量和数据连接，小方格内部会出现指向顺序结构外部的箭头，此时局部变量已经完成数据存储，如图 2-79 所示。而其他各帧边框则会出现指向顺序结构内部的局部变量箭头，表示在这一帧中具有可读的局部变量，直接连接即可访问局部变量的取值，如图 2-80 所示。

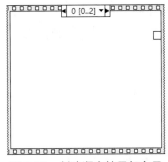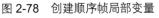

图 2-78 创建顺序帧局部变量

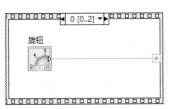

图 2-79 顺序帧局部变量赋值

图 2-80 顺序帧局部变量读取

显然，层叠式顺序结构中的局部变量虽然也能够实现帧间数据共享，但是会导致程序可读性较差（当有多个数据需要共享时，基本无法辨识），编写复杂程序时应该尽量避免。

3. 顺序结构应用实例

设计目标：创建层叠式顺序结构，使用顺序帧局部变量实现帧间数据共享。程序第 0 帧产生一个 0～100 的随机整数，并读取系统时间作为程序开始时间；第 1 帧中产生随机整数，并与第 0 帧中的数据进行比较，如果相等，则进入第 2 帧；第 2 帧取系统时间作为程序结束时间，计算两个时间之间的差，得出第 1 帧中两数相等所花费的时间。

具体实现过程如下。

（1）前面板设计。

右击，选择"控件→新式→数值→数值显示控件"，设置标签"时间差"；右击控件，选择"表示法→U32"。

（2）程序框图设计。

创建 3 帧的层叠式顺序结构。选择第 0 帧，完成以下操作。

■ 添加节点"时间计数器"（函数→编程→定时→时间计数器），获取系统当前时间，单位为 ms。

- 添加节点"随机数(0-1)"(函数→编程→数值→随机数(0-1)),添加节点"乘"(函数→编程→数值→乘),添加节点"数值常量",赋值 1000(函数→编程→数值→数值常量),添加节点"向上取整"(函数→编程→数值→向上取整)。
- 创建顺序结构局部变量,连线节点"向上取整"输出。
- 创建顺序结构局部变量,连线节点"时间计数器"输出。

实现 0~1000 随机整数的产生以及系统当前时间获取功能的第 0 帧程序子框图如图 2-81 所示。

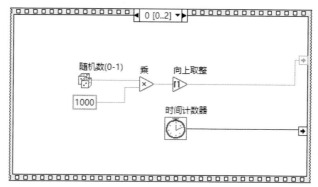

图 2-81　第 0 帧程序子框图

选择第 1 帧,创建 While 循环结构,并在循环结构内完成以下操作。

- 为了增强程序运行效果,添加节点"等待(ms)"(函数→编程→定时→等待(ms)),设置等待时长为 1ms。
- 产生 0~1000 随机整数。
- 读取顺序帧局部变量值,与上一步产生的随机数进行比较,如果相等则退出 While 循环结构。

实现数值比较功能的第 1 帧程序子框图如图 2-82 所示。

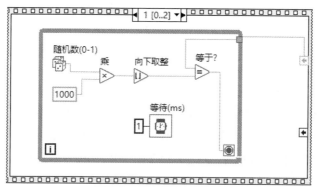

图 2-82　第 1 帧程序子框图

选择第 2 帧,完成以下操作。

- 添加节点"时间计数器"(函数→编程→定时→时间计数器),获取系统当前时间,单位为 ms。
- 添加节点"减"(函数→编程→数值→减),被减数设置为节点"时间计数器"输出,减数设置为顺序结构局部变量(蓝色,第 0 帧系统时间)读取结果。

实现帧间时间差功能的第 2 帧程序子框图如图 2-83 所示。

运行程序，结果如图 2-84 所示。

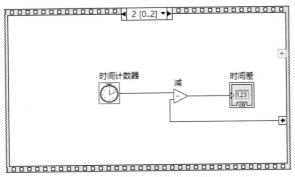

图 2-83　第 2 帧程序子框图　　　　图 2-84　层叠式顺序结构程序运行结果

这意味着包括延时 1ms，第 1 帧以产生随机数的方式猜测第 0 帧数据，需要 2487ms（这一数字并非固定不变，也是随机的）。

2.3.4　事件结构

1. 事件结构基本组成

事件结构主要用于通知应用程序发生了什么事件，并对这种事件进行响应。事件包括用户界面事件、外部 I/O 事件以及编程生成事件。LabVIEW 中常用的是用户界面事件，典型事件包括鼠标操作事件、键盘操作事件等。

LabVIEW 中的事件结构位于"函数→编程→结构"子选板内，与条件结构形态相仿，如图 2-85 所示。

事件结构各部分含义如下。

- 事件超时接线端。用来设定超时时间，接入数据为以 ms 为单位的整数类型数据。
- 事件选择器标签。标识当前程序子框图所处理的事件名称。
- 事件数据处理节点。为当前处理事件提供事件源相关数据。

事件处理机制的程序设计是由事件决定程序的执行流程。当某一事件发生时，执行该事件对应的程序子框图，应用程序执行的任何一个时刻，有且仅有一个事件被响应，即最多只有一个事件处理程序子框图被执行。如未有事件发生，则事件结构程序会一直等待，直至某一事件发生。为了连续响应事件，事件结构一般和 While 循环搭配使用。在 While 循环结构内部使用事件结构，以便程序能够及时、准确地响应每一个事件。如果没有 While 循环，事件结构只能响应第一个发生的事件，并且在处理完毕之后退出程序。

因此，事件结构实际应用形式如图 2-86 所示。

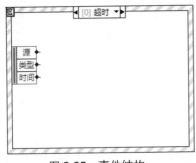

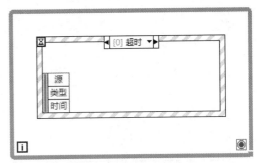

图 2-85　事件结构　　　　图 2-86　事件结构实际应用形式

37

2. 事件结构的创建与编辑

如前所述，LabVIEW 中常用的事件处理就是用户界面事件。这里以用户界面的 2 个布尔类控件"停止"按钮、"确定"按钮的事件处理为例，说明事件的创建和编辑。

右击图 2-86 所示创建的事件结构边框，弹出的快捷菜单如图 2-87 所示。

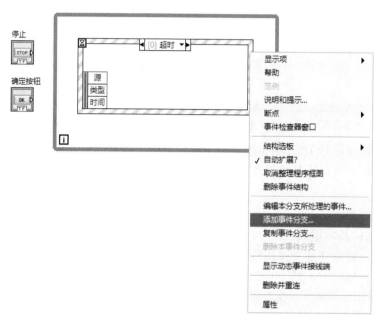

图 2-87　添加事件分支

选择"添加事件分支"，弹出编辑事件操作界面，如图 2-88 所示。

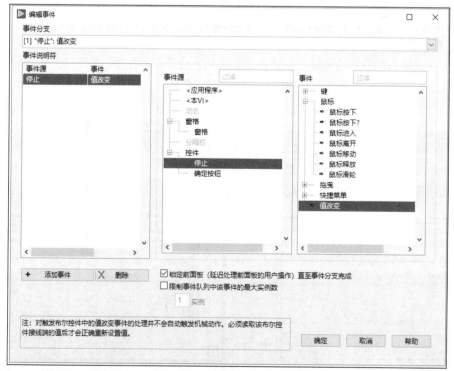

图 2-88　编辑事件操作界面

编辑事件操作界面中主要包括事件说明符、事件源、事件这 3 部分内容。其中事件源、事件的含义如下。

- 事件源。含有应用程序、本 VI、窗格、控件等，其中控件下包含当前程序界面中创建的控件。
- 事件。以列表框的形式给出了所有支持的事件种类及名称，如图 2-88 中针对选择的控件"停止"，支持的事件包括"键"（键盘操作类事件）、"鼠标"（鼠标操作类事件）、"拖曳"（控件操纵类事件）、"快捷菜单"（控件交互操作类事件）、"值改变"（控件取值发生变化）。根据程序设计需求，选择其中一种事件即可。这里选择了"值改变"，意味着只要程序前面板中的"停止"按钮取值发生变化，程序就进入该事件处理子框图。

"停止"按钮单击事件创建结果如图 2-89 所示。用同样的方式，可以完成针对"确定"按钮的"值改变"事件创建。如果希望改变创建好的某一事件，在事件结构标签选择器中选择该事件并右击，选择"编辑本分支所处理事件..."，重新进入编辑事件操作界面，可以重新设置处理事件。

3. 事件结构应用实例

设计目标：继续完善上文所述程序。用户界面中提供 2 个按钮，一为"确定"按钮，用户单击时弹出简单窗口；二为"停止"按钮，用户单击时退出程序。具体实现步骤如下。

（1）前面板设计。

- 右击，选择"控件→新式→布尔→停止按钮"，创建"停止"按钮。
- 右击，选择"控件→新式→布尔→确定按钮"，创建"确定"按钮。

（2）程序框图设计。

- 右击，选择"函数→编程→结构→事件结构"，添加事件结构。
- 右击，选择"函数→编程→结构→While 循环"，添加 While 循环结构。
- 右击事件结构标签选择器，选择"添加事件分支..."，按照前述方法，完成"停止：值改变"事件添加；完成"确定：值改变"事件添加。
- "停止：值改变"事件处理程序子框图如图 2-90 所示。

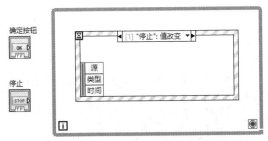

图 2-89 "停止"按钮单击事件创建结果

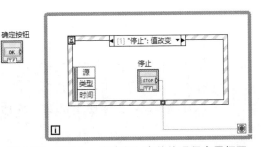

图 2-90 "停止：值改变"事件处理程序子框图

- "停止：值改变"事件处理程序子框图中，添加节点"单按钮对话框"（函数→编程→对话框与用户界面→单按钮对话框），配置"单按钮对话框"输入端口信息分别为"您单击了确定按钮""确定"。对应的事件处理程序子框图如图 2-91 所示。

运行程序，单击"确定"按钮，结果如图 2-92 所示。

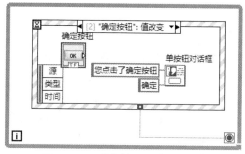
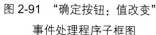

图 2-91 "确定按钮：值改变"　　　　　图 2-92 事件结构程序运行结果
事件处理程序子框图

单击"停止"按钮，程序结束运行。

事件结构在事件未发生时，程序一直处于等待状态，这样一来 CPU 可以处理其他任务；事件发生时，又能得到及时响应和处理，类似于硬件系统开发中的中断，对于保证程序执行效率具有重要意义。

2.3.5　子 VI 设计

子 VI 相当于字符编程环境下的子程序，是实现代码复用、程序模块化的重要手段。对于 LabVIEW 这种图形化编程环境，子 VI 还有大幅度减小代码占用面积、增强程序可读性的作用。

LabVIEW 中子 VI 的创建分为以下 3 个步骤。

- 创建 VI。如同编写普通 VI，完成期望功能的前面板设计、程序框图设计，形成一个完整可运行的 VI。
- 编辑子 VI 图标。构建子 VI 独特的图标，快速开发原型，这一步往往可以省略，只不过这会使子 VI 在程序框图中的可辨识度下降。
- 建立连接器端子。定义子 VI 至关重要的一步，确定子 VI 输入输出端口数量，并将每一个端口与前面板控件对象关联。

1. 子 VI 的创建

创建子 VI 的方法有两种，一为创建新 VI 实现，二为提取现有代码部分内容封装为子 VI。这里以计算长方形面积为例（已知长方形的长和宽），说明 VI 创建过程。

- 在 LabVIEW 开发环境下，单击"文件→新建 VI"，新建一个空白 VI。
- 在前面板中右击，打开"控件"选板，选择"控件→新式→数值"，添加 2 个数值输入控件、1 个数值显示控件，分别调整其大小及显示位置，如图 2-93 所示。
- 在程序框图中右击，打开"函数"选板，选择"函数→编程→数值→乘"，添加乘法计算节点，程序连线如图 2-94 所示。

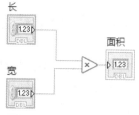

图 2-93 子 VI 前面板　　　　　图 2-94 子 VI 程序框图

- 指定子 VI 程序文件存储的路径和名称，完成子 VI 文件存储。

2. 子 VI 图标创建与编辑

在 VI 右上角图标 处右击或者双击该图标，在弹出的快捷菜单中选择"编辑图标"，弹出如图 2-95 所示的图标编辑器对话框。使用该工具可以设计自定义的子 VI 图标，使得子 VI 在调用过程中具有更好的可辨识度。

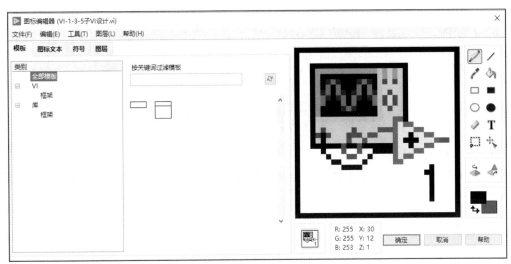

图 2-95　子 VI 图标编辑

图标编辑器的使用比较简单，这里不赘述，读者可以自行探索。

3. 子 VI 连接器端口设置

右击 VI 右上角图标 ，在弹出的快捷菜单中选择"模式"，显示 LabVIEW 提供的接线端子模板。由于长方形面积计算属于"2 输入 1 输出"类型的接线端子，所以选择如图 2-96 所示的连接器模板。

选择完成后，VI 图标变为如图 2-97 所示形式。

图 2-96　子 VI 连接端口设置

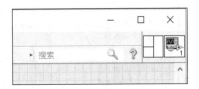

图 2-97　子 VI 连接端口设置结果

单击连接器连线端口，选择与该端口关联的前面板控件——建立起 2 个输入端口与前面板中数值输入控件（长和宽）之间的关联关系，然后建立连接器输出端口与前面板中数值显示控件之间的关联关系，用以表征长方形面积计算结果，如图 2-98 所示。

连接器端口颜色与其关联的控件数据类型对应的系统颜色一致，由于这里都是浮点类型数据，所以端口颜色为橘色。

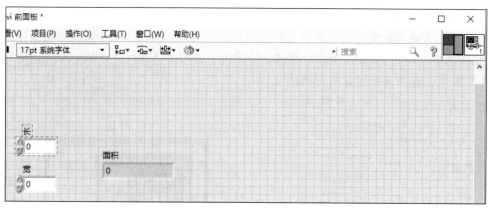

图 2-98　子 VI 设计完成后的端口连接器和图标

4. 子 VI 的调用

新建一个 VI，在程序框图中右击，选择"选择 VI..."，弹出选择需打开的 VI 对话框如图 2-99 所示。

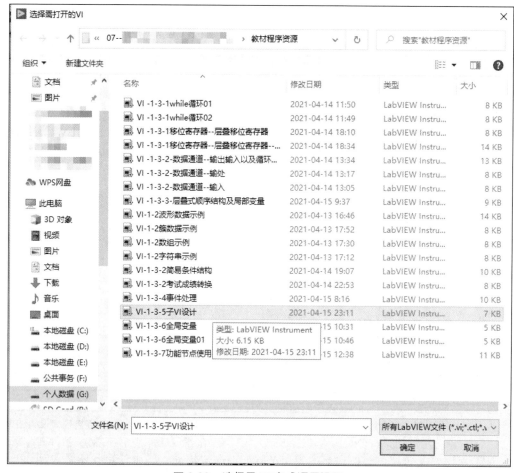

图 2-99　选择子 VI 完成调用设置

选择上例中设计的子 VI，单击"确定"按钮，完成计算机长方形面积的子 VI 调用。创建 2 个数值输入控件，修改标签分别为"长"和"宽"；创建数值显示控件，修改标签为"面积",与调用的子 VI 连线,程序框图如图 2-100 所示。

单击 LabVIEW 开发环境工具栏图标 ⚙,选择连续运行。当输入长方形的长、宽参数后,程序输出对应的面积,如图 2-101 所示。

图 2-100 子 VI 调用程序框图

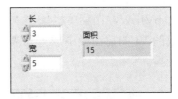

图 2-101 子 VI 调用程序运行结果

2.3.6 局部变量与全局变量

1. 局部变量的创建和使用

LabVIEW 中数据传输一般情况下都是通过连线方式实现的,但是当需要在程序框图的多个位置访问同一个数据时,连线会变得相当困难。类似于字符编程中的局部变量,LabVIEW 也提供了局部变量,主要用于在一个 VI 内部传递数据,局部变量既可以写入数据,也可以读取数据。

创建局部变量的方法有两种。

(1)右击前面板中的控件对象,在弹出的快捷菜单中选择"创建→局部变量",如图 2-102 所示。

创建后,在程序框图中可见局部变量对应的图标 ⬆旋钮 。

局部变量有两种状态,即写入型和读出型。局部变量可以读取,也可以写入,可以根据程序设计需求任意转换。默认状态下创建的局部变量是写入

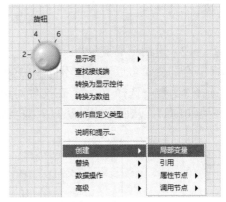

图 2-102 前面板中创建局部变量方法

型,可以为该局部变量进行赋值操作;如欲转换为读出型,右击局部变量,在弹出的快捷菜单中选择"转换为读取"即可,如图 2-103 所示。

(2)在程序框图中右击,选择"函数→编程→结构→局部变量",单击局部变量,选择局部变量关联的前面板对象,如图 2-104 所示。

图 2-103 程序框图中创建局部变量方法

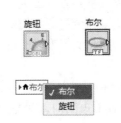

图 2-104 局部变量读写状态转换方法

2. 全局变量的创建和使用

局部变量与前面板的控件存在关联关系,用于同一个 VI 在不同位置访问同一个控件,

实现 VI 内部数据的共享。而全局变量则用于不同的程序之间进行数据共享。全局变量也是通过控件的形式存放数据的,但是其存放数据的控件与调用的 VI 相互独立,其创建的步骤如下。

（1）创建全局变量。

打开 LabVIEW,在菜单栏单击"文件→新建",在弹出的对话框中选择"全局变量",在自动生成的 VI 的前面板中放置与需要传递数据相同类型的控件。图 2-105 展示了创建数值型全局变量。

图 2-105　创建数值型全局变量

（2）引用全局变量。

全局变量可以实现在不同 VI 之间传递数据,在 LabVIEW 中新建一个 VI,从程序框图选择"函数→选择 VI...",在文件对话框中选择上一步创建的全局变量文件"VI-1-3-6 全局变量 01.vi",从而完成默认写入型全局变量的应用,如图 2-106 所示。

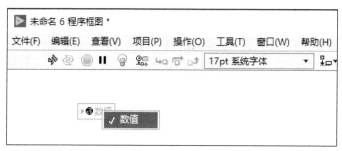

图 2-106　引用全局变量

全局变量使用方法与局部变量完全一致,只不过全局变量可以在不同 VI 之间共享数据,既可以设置其为读出类型,也可以设置其为写入类型。

局部变量和全局变量的概念超越了 LabVIEW 数据流执行模型的基本思想,使用时,程序框图可能会变得难以阅读,因此需谨慎使用。

2.3.7　属性节点与功能节点

1. 属性节点的创建和使用

LabVIEW 虽然是基于数据流的图形化编程环境,但是同时兼具面向对象程序设计特点。程序设计中无论是 VI 自身、窗口,还是程序中使用的控件,都有一系列的属性/状态可以操作,例如一个控件的背景颜色、尺寸大小、显示位置、是否可见等。这些与对象属性相关的数据,需要借助 LabVIEW 提供的"属性节点"进行访问。恰当地使用属性节点可以使得操作界面更加美观,运行状态可控。

属性节点的创建方法有两种。

(1) 前面板中创建属性节点。

前面板中选择拟访问其属性的控件,右击控件,在弹出的快捷菜单中选择"创建→属性节点",弹出的菜单中显示控件"数值"可访问的全部属性,如图 2-107 所示,可以根据程序设计需求进行选择。

图 2-107　前面板中创建属性节点

(2) 程序框图中创建属性节点。

在程序框图中选择需要访问的控件对象图标,右击图标,选择"创建→引用",创建一个控件的引用指针。在程序框图中右击,选择"函数→编程→应用程序控制→属性节点",并连接上一步创建的控件引用对象;单击属性节点中"属性",弹出全部可访问的属性列表,可根据程序设计需求进行选择。

属性节点同样也存在"读出""写入"两种状态，默认为读取状态。如需改变，可右击属性节点，选择"转换为写入"，完成属性节点状态转换，如图 2-108 所示。

图 2-108 属性节点读写状态转换

2. 功能节点的创建和使用

功能节点亦称调用节点，指访问或调用的是对象具有的功能、方法。调用节点可以通过编程设置来动态地操作对象方法，创建调用节点的方法和创建属性节点的方法类似，生成调用节点类似于生成一个函数。

调用节点是调用对象的一个函数或方法，实现某种特定的功能，有时候需要输入参数或者会有输出数据可供程序编写使用。调用节点位于程序框图中的"函数→编程→应用程序控制"子选板中，如图 2-109 所示。

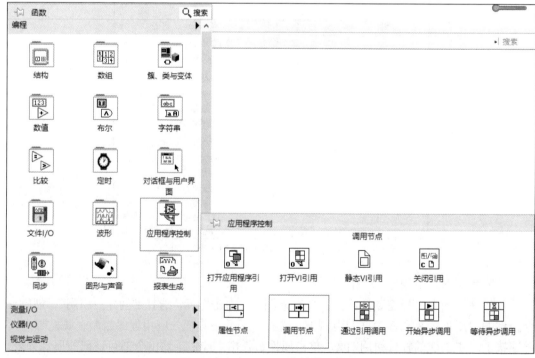

图 2-109 LabVIEW 中的调用节点

在 LabVIEW 中，基于 ActiveX 控件、调用节点等实现对网页浏览器的操纵，步骤如下。

（1）在前面板中，完成以下任务。

- 右击，选择"控件→.NET 与 ActiveX→网页浏览器"，将其拖曳至前面板。
- 右击，选择"控件→新式→字符串与路径→字符串控件"，添加字符串控件，用以输入浏览网页的地址。
- 右击，选择"控件→新式→布尔→确定按钮"，添加"确定"按钮，用以触发浏览网页事件。
- 右击，选择"控件→新式→布尔→停止按钮"，添加"停止"按钮，用以触发结束程序运行事件。

（2）程序框图中，添加 While 循环结构，在 While 循环结构内添加事件结构；在事件结构中添加"确定"按钮单击事件、"停止"按钮单击事件。

- "确定"按钮事件结构内完成以下任务。

将 WebBrowser、"确定按钮""字符串"拖曳至事件处理子框图，右击，选择"函数→编程→应用程序控制→调用节点"，其引用端口连接 WebBrowser 输出端口，单击"调用节点"下"方法"，选择"Navigate"；控件"字符串"连线调用节点"URL"参数端口，实现对 ActiveX 组件 WebBrowser 功能的调用，如图 2-110 所示。

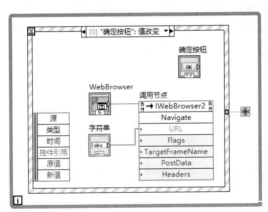

图 2-110 调用节点的引用程序子框图

- "停止"按钮事件结构内完成以下任务。

将"停止"按钮拖曳至程序子框图，其输出端口穿越事件结构连接 While 循环条件端子，程序子框图如图 2-111 所示。

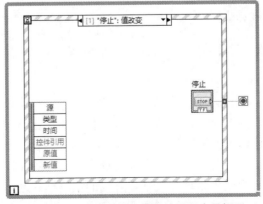

图 2-111 "停止"按钮事件处理程序子框图

运行程序，在字符串控件中输入网址，单击"确定"按钮，借助功能节点，即可打开并显示搜狐主页面，如图 2-112 所示。

图 2-112　程序运行结果

2.4　LabVIEW 应用程序典型设计模式

工程项目开发时，需要开发的软件往往功能比较丰富，多数情况下还具有多任务、并发执行，或者任务之间存在比较复杂的时序逻辑关系的特点，仅仅依靠基本的程序结构知识是无法完成这些复杂任务的。另外，图形化程序设计中还存在有限的计算机屏幕面积与复杂的程序功能之间难以调和的矛盾。如何在有限的程序设计工作区域内设计出可靠性高、稳定性好、可读性强的应用程序，是一个工程项目开发不得不考虑的严肃问题。

本节主要介绍项目开发实践中形成的多种成熟可靠的程序框架（设计模式）的基本原理、基本组成及其在程序设计中的典型应用。基于这些设计模式进行应用系统开发，既能极大地缩短开发周期，还能保证良好的程序设计风格，对于提高程序的可读性、可维护性、可重用性具有重要的实践意义。

2.4.1　轮询设计模式

1. 基本原理

轮询设计模式是 LabVIEW 早期常用的设计模式之一。在这种程序框架下，程序周期性地监测和判断相关控件、变量、部分代码或者子程序的执行结果的变化，并根据变化进行相应的处理。轮询设计模式就是针对这一类需求，提供一种成熟、可靠的程序设计框架。

轮询设计模式很容易进行程序设计，设计的程序易于理解和调试，其普遍用于监测、控制类应用程序设计，至今仍然是单片机软件开发的主流模式之一。但是，轮询设计模式下的程序设计需要在每一次循环中对所检测的对象进行访问和计算，极端情况下，可能仅仅为了等待某一个值的变化而执行成千上万次循环，而且在循环的过程中由于延时的引入，有时也会无法捕捉到某些检测对象的瞬时变化，导致程序执行效率比较低而且可靠性不高。所以轮询设计模式一般仅适合缓变监测对象的简单监控程序设计与开发。

2. 基本组成

轮询设计模式基本结构一般由以下几部分组成。

- While 循环结构。用来实现连续动作的执行或者功能。
- 移位寄存器。用来捕捉、传递每一次循环过程中的错误信息。
- 循环延时。为了避免 While 循环独占系统资源，降低程序的响应速度，为系统处理其他用户请求留出时间，一般应添加循环延时。
- 错误处理。一般在每一次循环中都会检测是否有错误发生，这里的错误通常包括软件运行错误、硬件设备错误等各种类型的不安全因素导致的程序异常，对于这些错误均予以检测和传递。当出现错误时，程序能够报告错误，并且自动退出。
- 停止条件。为了使程序能够"优雅"地退出，轮询设计模式采取组合逻辑判断决定是否退出程序。程序一般提供两种逻辑判断：一是借助"停止"按钮的动作判断，二是借助循环执行过程中传递的错误信息判断。当检测到错误状态或者"停止"按钮操作，循环停止执行。

典型轮询设计模式基本结构对应的程序框图如图 2-113 所示。

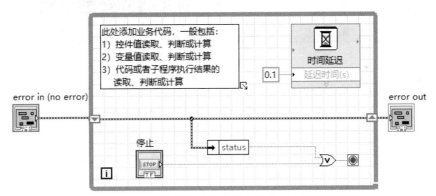

图 2-113 典型轮询设计模式基本结构对应的程序框图

3. 应用实例

（1）设计目标。

设计开发一个数据采集系统，具备以下功能。

- 数据采集功能——以指定范围随机数产生的方式模拟温度数据采集。
- 控制采集功能——具有数据采集启动开关，用户开启开关，启动数据采集；关闭开关，停止数据采集。
- 数据显示功能——能够显示采集数据的波形图，能够实时显示采集的数据值。
- 超限报警功能——当采集数据大于设定的阈值时，蜂鸣器报警、指示灯亮、显示超限数据；非报警模式下，超限数据默认显示 0。

（2）设计思路。

程序前面板提供开关控件，用以启停数据采集；提供布尔控件作为异常情况警示灯，红色为报警状态，绿色为默认状态；提供波形图表控件，实时显示采集数据的波形；提供数值显示控件，分别显示实时采集的数据、报警时的数据取值；提供"停止"按钮，用以关闭程序。

程序实现采用轮询模式设计。在 While 循环中，程序判断 3 类状态。

- 开关状态。如果开关打开，则以产生随机数的方式模拟数据采集工作（简化程序设计，此处重点在于轮询模式的应用），并实时显示每一次数据采集所获取的数据。如果开关关闭，则停止随机数产生，模拟数据采集工作暂停。
- 采集数据状态。当采集到数据后，程序借助波形图表显示采集数据的波形，并判断采集数据是否大于设定的阈值。如果大于则显示报警时采集数据的取值、警示灯亮并启动蜂鸣器报警，否则报警数据显示 0。
- 停止按钮单击状态。当用户单击"停止"按钮时，程序退出。

（3）程序实现。

按照程序设计功能要求以及问题解决思路，设计程序前面板如图 2-114 所示。

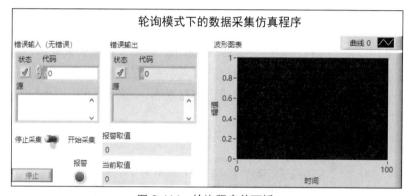

图 2-114　轮询程序前面板

While 循环实现对开关"采集数据"的状态检测，当开关打开时，程序子框图如图 2-115 所示。

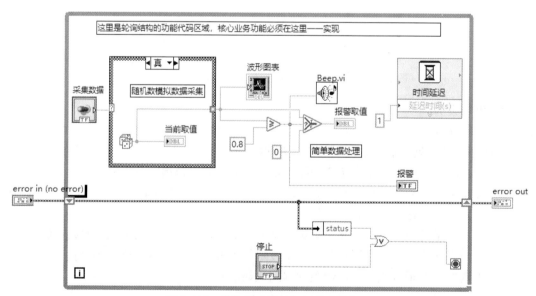

图 2-115　轮询程序开关打开程序子框图

当开关关闭时，程序子框图如图 2-116 所示。

50

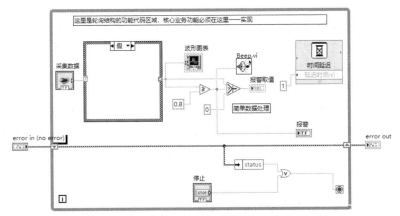

图 2-116 轮询程序开关关闭程序子框图

单击工具栏中的"运行"按钮 ⇨，测试程序功能。

程序启动后，操纵水平摇杆开关，拨动其至右侧"开始采集"，启动数据采集仿真程序（产生随机数），波形图表、数值显示控件"当前取值"实时显示采集的数据。当采集数据大于设定的阈值时，蜂鸣器报警，LED 指示灯亮，数值显示控件"报警取值"显示报警时采集的数据值。当采集数据小于设定的阈值时，LED 恢复至默认状态，数值显示控件"报警取值"显示 0。

程序运行结果如图 2-117 所示。

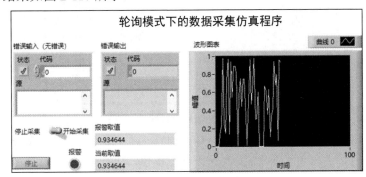

图 2-117 轮询程序运行结果

用户单击"停止"按钮后，程序可以"优雅"地退出。这说明轮询设计模式的基本结构是可靠的，可以在真实应用场景中借鉴使用。

2.4.2 事件响应设计模式

1. 基本原理

事件响应设计模式是 LabVIEW 中极其重要的、极为经典的一种设计结构。相比于轮询设计模式反反复复查询用户事件是否发生、执行效率极低的现象，事件响应设计模式则类似于"中断"，只有当事件发生之后，CPU 才会对事件进行处理，即响应事件，执行相关操作，实现程序相关功能。事件未发生时，CPU 处理进程相关事务，CPU 使用效率可高达 100%。事件响应设计模式相比于轮询设计模式最大的优势就是能够有效避免事件遗漏。

事件响应设计模式适合程序中人机交互比较频繁的应用程序设计。事件响应设计模式中特别需要注意细节，尤其是局部变量、共享变量的读写，处理不好容易发生锁死或者错误。作为一种设计模式，事件响应设计模式一般只是用来处理一些功能相互独立的、简单的应用程序设计。但是作为一种设计结构，事件响应设计模式的设计结构广泛应用于各种设计模式，使得程序设计更加简洁、功能更加强大。

注

在事件响应设计模式中，将应用程序分解为若干相对独立的"模块"，一类事件对应处理一组功能，使得应用程序的结构非常清晰、简洁易读。但是这种设计模式忽略了事件之间的逻辑关系，比如某一应用程序设计中，事件之间具有"互锁"特征，即 A 事件发生，其他事件一定不会发生。或者事件之间具有显著的时序特征，即 A 事件发生前，B 事件必须首先发生并且已经完成。在这类情境下，简单的事件响应设计模式编写程序往往会导致程序异常发生。所以，事件响应设计模式并不能"包打天下"。

2. 基本组成

事件响应设计模式一般由以下几部分组成。

- While 循环。用来持续执行事件的监测和对应的功能处理，循环中只需要一个事件结构。
- 事件结构。用来监测所有的用户事件，提供程序需要处理的各类事件分支处理框架，一般内嵌于 While 循环之中。

典型的事件响应设计模式程序结构如图 2-118 所示。

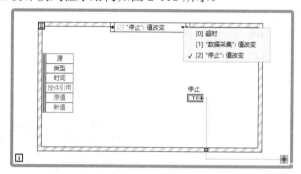

图 2-118　事件响应设计模式程序结构

如图 2-118 所示的结构中，程序需要循环监测并处理 3 类事件：超时事件（程序在指定的时间内没有发生任何人机交互动作而触发）；"数据采集：值改变"事件（控件"数据采集"取值发生变化而触发）；"停止：值改变"事件（控件"停止"取值发生变化而触发）。

若这 3 类事件不发生，程序不做任何其他处理。这 3 类事件中的任何一类事件发生，则程序进入对应的事件处理子框图，执行相应的业务代码，实现对应的业务功能。

事件响应设计模式将程序功能分解在几个不同的事件处理子框图中，提供了有限屏幕区域中更多代码编写、功能实现的可能，使得程序设计逻辑更加清晰、可读性更强。另外，相较于轮询设计模式，事件响应设计模式具有极高的执行效率。

3. 应用实例

（1）设计目标。

设计开发一个数据采集系统，具备以下功能。

- 数据采集——以指定范围随机数产生的方式模拟温度数据采集，每次连续采集 100 个数据。
- 异常检测——程序能够根据操作界面输入的高温阈值、低温阈值判断采集数据是否存在异常。
- 采集控制——具有数据采集、停止运行的操作按钮，用以启动数据采集、退出应用程序。
- 数据显示——能够显示采集数据的实时曲线，能够实时显示采集的数据值。

■ 文件存储——能够将采集温度数据的序号、数据值、异常情况等信息写入电子表格文件永久保存。

上述功能分解为数据采集以及停止程序 2 个典型事件，并在数据采集事件处理中实现程序的业务功能。

（2）设计思路。

程序前面板提供数值输入控件，用以设置高温阈值、低温阈值；提供数值显示控件，用以显示当前采集数据；提供圆形指示灯，用以指示是否发生高温警报、低温警报；提供字符串显示控件，用以显示报警信息；提供波形图表，用以显示采集数据的波形；提供按钮控件，用以启动数据采集、结束应用程序。

程序框图采用基于事件响应设计模式进行程序设计。

为了进一步贴近工程化应用，对基本事件响应设计模式进行优化处理，即借助顺序结构将程序分为 2 个部分的功能。

■ 初始化部分——顺序结构第 1 帧，模拟硬件初始化，设置电子表格文件的操作路径、程序界面显示信息的初始化。

■ 主程序部分——顺序结构第 2 帧，应用程序的主功能实现体现在这一帧，以事件响应设计模式处理用户界面的"数据采集"事件、"停止程序"等按钮操作事件，完成程序全部功能。

主程序中，当监测到"数据采集"按钮单击事件，程序以产生指定范围的随机整数方式模拟数据采集工作。程序连续采集 100 个数据，并根据操作界面用户输入的温度上限阈值、下限阈值判断数据是否异常。如果高于上限阈值，显示高温警报且高温警报指示灯亮；如果低于下限阈值，显示低温警报且低温警报指示灯亮，否则显示正常。采集完毕，所有采集的数据及其序号、异常情况 3 种信息形成点表格文件的记录。

当监测到"停止程序"按钮单击事件，程序结束运行。

（3）程序实现。

按照程序设计功能要求以及问题解决思路，设计前面板如图 2-119 所示。

程序初始化帧完成前面板显示控件的初始赋值，清空波形图表显示内容，生成采集数据存储的文件路径和文件名称，对应的程序子框图如图 2-120 所示。

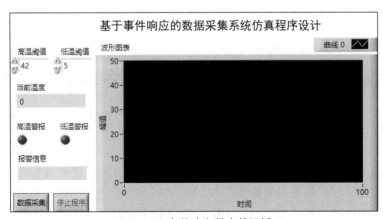

图 2-119 事件响应程序前面板

图 2-120 事件响应
程序初始化帧程序
子框图

程序初始化帧后的第 2 帧为主程序帧，由 While 循环结构内嵌事件结构组成，事件结构处理按钮"数据采集"事件以及按钮"停止"事件。

其中"数据采集：值改变"事件处理程序子框图如图 2-121 所示。

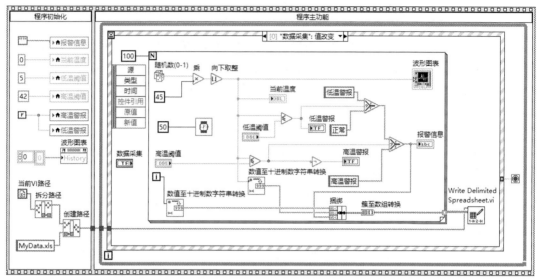

图 2-121 "数据采集；值改变"事件处理程序子框图

"停止：值改变"事件处理程序子框图如图 2-122 所示。

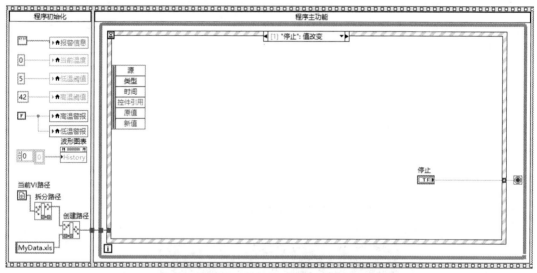

图 2-122 "停止：值改变"事件处理程序子框图

单击工具栏中的"运行"按钮，测试程序功能。

程序运行时默认高温阈值为 42，低温阈值为 5，用户可以在进一步操作之前修改阈值数据。初始状态，当前温度显示 0，高温警报、低温警报指示灯灭，报警信息显示为空，波形图表显示内容为空，程序运行初始界面如图 2-123 所示。

当单击"数据采集"按钮后，程序连续采集 100 个温度数据，并根据设定的阈值判断是否越限。如果越限，则对应的指示灯亮，报警信息显示越限情况，波形图表显示采集数据的实时曲线，如图 2-124 所示。

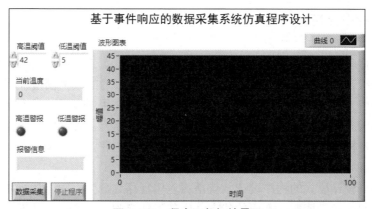

图 2-123　程序运行初始界面

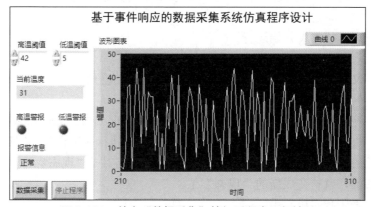

图 2-124　单击“数据采集”按钮后程序运行结果

单击“停止程序”按钮，在数据采集任务完成的情况下，程序可以“优雅”地退出。此时打开 VI 程序所在的文件夹，可以发现程序生成的电子表格文件“MyData.xls”。

打开电子表格文件，其内容如图 2-125 所示，正是程序设计中指定格式的文件信息，这说明程序所定义的全部功能均已正确实现。

	A	B	C
1	0	1	低温警报
2	1	8	正常
3	2	36	正常
4	3	37	正常
5	4	1	低温警报
6	5	26	正常
7	6	44	高温警报
8	7	33	正常
9	8	12	正常
10	9	44	高温警报
11	10	15	正常
12	11	34	正常
13	12	32	正常
14	13	32	正常
15	14	9	正常
16	15	26	正常
17	16	1	低温警报
18	17	16	正常
19	18	1	低温警报
20	19	29	正常

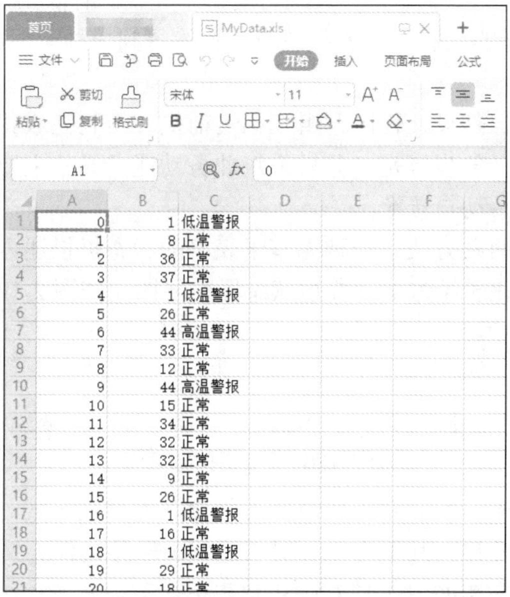

图 2-125　采集数据对应的文件存储内容

2.4.3 状态机设计模式

1. 基本原理

状态机又称有限状态机（Finite-State Machine，FSM），或称有限状态自动机。状态机是表示有限个状态以及在这些状态之间的转移和动作等行为的数学模型。

作为一种用来进行对象行为建模的工具，状态机的作用主要是描述对象在它的生命周期内所经历的状态序列，以及如何响应来自外界的各种事件。在计算机科学中，状态机早就被广泛用于建模应用行为、硬件电路系统设计、软件工程，以及编译器、网络协议等领域相关问题的研究。

基于状态机设计模式的程序设计，就是将应用程序划分为有限个运行状态，这些运行状态可以根据程序运行情况在不同的状态之间任意切换和反复执行，从而实现比较复杂的程序逻辑功能。状态机程序设计关键在于理解以下 6 种元素：起始、现态、条件、动作、次态（目标状态）、终止。

- 起始：表示状态机开始运行。
- 现态：表示当前所处的状态。
- 条件：又称为"事件"，当一个条件被满足时，将会触发一个动作，或者执行一次状态的转移。
- 动作：条件满足后执行的动作。动作执行完毕后，可以转移到新的状态，也可以保持原状态。动作不是必需的，当条件满足后，也可以不执行任何动作，直接转移到新状态。
- 次态：条件满足后要转移的新状态。"次态"是相对于"现态"而言的，"次态"一旦被激活，就转变成新的"现态"了。
- 终止：表示状态机结束运行。

设计程序时需要注意以下 2 个方面。

- 避免把某个"程序动作"当作一种"状态"来处理。那么如何区分"动作"和"状态"呢？"动作"是不稳定的，即使没有条件的触发，"动作"一旦执行完毕就结束了；而"状态"是相对稳定的，如果没有外部条件的触发，一个状态会一直持续下去。
- 划分状态时漏掉一些状态，导致跳转逻辑不完整。所以在设计状态机时，我们需要反复地查看设计的状态图或者状态表，最终得到一种无懈可击的设计方案。

（1）状态机的绘制。

清晰明了的状态图，是设计代码逻辑架构的前提。绘制完成状态图，再使用编程语言去实现。绘制状态图的一般步骤是：分析系统业务功能，寻找主要的状态，确定状态之间的转换，细化状态内的活动与转换。

绘制状态图一般有两种方法。一种为基于表格的状态机描述方法，另一种为图形化表示方法，常用的为图形化表示方法。描述状态图主要图元如图 2-126 所示。

图 2-126　状态图主要图元

实心圆表示状态起始，实心圆环表示状态终止，方格表示某一种状态，标注文字注释的有向线条表示状态的转移，其中文字一般表述状态转移条件。

基本图元构成的状态图如图 2-127 所示。

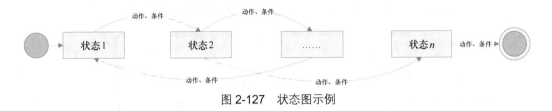

图 2-127　状态图示例

（2）状态机设计模式的含义。

状态机设计模式是 LabVIEW 中最得意的一种设计模式，其基本类型和各种变形模式最多，应用最为广泛，但也是在学习过程中最令程序员头疼的一部分。状态机设计模式中应用最为广泛的是标准状态机。

状态机设计模式是一种典型的"对象—行为"模式，这里的对象指的就是我们开发的技术系统、用 LabVIEW 编写的应用程序。状态机指的是具有指定数目状态的概念机，它在某一时刻仅处于其中的某一个状态。状态机状态的改变是由输入时间状态的变化引起的，作为对事件的响应，程序可能转移至不同或者相同的状态。

在项目开发中，可以将应用程序看作具有多种状态的"软机器"，这些状态相互连接，状态之间的转移通过某些事件的发生或者某些事件的结束（一般可以视为表征程序运行的参数的变化）触发。程序运行过程中允许自行根据内部状态的改变来修改程序的行为——这些行为包括处于"现态"需要完成的业务功能、"现态"中内部运行状态参数的检测和判断、根据运行状态确定需要转移的"次态"。

一般情况下，系统执行的过程中需要以某种形式互锁进行控制或者需要按照时间顺序进行有序控制，状态机设计模式提供了一种方便、快捷、灵活的程序框架，是十分有效的程序设计方法。

状态机设计模式在其发展过程中演化出顺序状态机、改进状态机、标准状态机、事件状态机、超时状态机等多种形式，其中标准状态机设计模式应用最为广泛。

（3）状态机设计模式的适用范围。

标准状态机使用循环结构的移位寄存器来选择需要执行的下一个状态，不需要与用户进行交互动作，在一些具有显著的时序特征的多任务应用中，经常使用标准状态机设计模式。

2．基本组成

标准状态机设计模式基本结构一般由以下几部分组成。

- While 循环结构。用来实现连续动作的执行或者功能。
- 移位寄存器。用来传递程序下一个需要执行的状态，While 循环中，左移位寄存器为程序执行的"现态"，右移位寄存器为程序执行的"次态"。
- 枚举常量。该常量包含系统所有可能的状态，每一次状态转移都会选择其中一个指定的状态。
- 条件结构。条件结构的每一个分支对应程序的一种可能的运行状态。在条件结构的每一个分支（程序的每一个运行状态）中，不仅需要编写对应的功能代码，还要确定该状态下程序满足何种条件转移至哪一种状态。
- 函数节点"选择"。这是一种比较运算节点，是典型的双分支执行路径判断，用来确定标准状态机从"现态"转移至哪一个"次态"。当满足某种条件时，程序转移至一种状态，否则程序转移至另一种状态（这里状态用枚举常量的不同取值表示）。

标准状态机程序设计框架如图 2-128 所示。

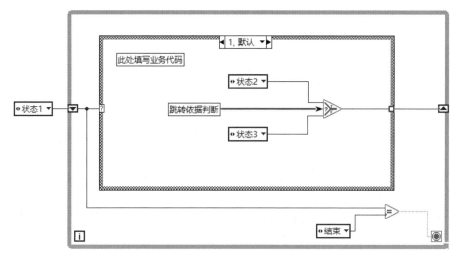

图 2-128　标准状态机程序设计框架

程序运行时，首先由 While 循环中左移位寄存器连接的枚举常量当前取值作为初始化参数，进入程序运行的第一个状态。图 2-128 所示的程序中，首先进入程序的"状态 1"，在程序运行的"状态 1"中，完成相关业务处理，检测程序状态参数，根据状态图描述的转移逻辑进行判断，进入不同的次态——"状态 2"或者"状态 3"。在持续的每一次循环中，左侧移位寄存器提供程序运行的"现态"，右侧移位寄存器存储程序即将执行的"次态"，并且每一次循环都判断"现态"是否为"结束"，如果不是，继续循环处理业务，如果是，则退出循环，结束程序运行。

使用状态机设计模式进行 LabVIEW 程序设计具有以下显著特点。

- 系统的所有状态和状态转移条件都是预先设定的，不是随机产生的。
- 系统的功能、动作取决于它所处的状态，并且想要实现不同的功能，完成不同的动作，必须处于不同的状态。
- 任何一个时刻，系统只能处于多个状态中的一个状态。
- 对象的有关操作涉及多个分支，而具体的执行路径取决于对象所处的"现态"。
- 并行处理任务由于程序在"同一时刻"处于多种状态，不适合采用状态机设计模式进行程序设计。
- 在状态机结构中，每一个状态都是封装起来的特定行为，只要触发条件成立，就可以转移至对应的新状态。这种显式的表达方式使得程序的可读性更强，便于编写功能更加强大、可靠性更好的应用程序。
- 状态机结构将特定的状态与和该状态相关的动作局部化，并且将不同状态的动作分隔开来。一个状态所有相关的动作都放置在一个分支里面，通过增加分支非常容易增加新的状态，而决定状态转移的逻辑分布于状态分支之间。

由于状态转移相关代码、状态相关的业务功能/动作代码都封装于一个分支中，避免了使用数量巨大的分支判断以及相关代码带来的程序结构混乱、可读性差的缺点，使得程序代码结构化表达，逻辑更加清晰。

在状态机设计模式中，如何系统地划分和定义状态，是程序设计最为关键的前提。在着手编程之前，首先需要确定系统的各种状态，绘制状态转移图，审查状态是否明确、全面、合理，转移是否符合系统真实运行情况，各个状态需要执行的代码是否均衡，是否便于未来需求的拓展。

总的来说，标准状态机具有结构简单，设计方便，无须人工干预接入，可以自行决定程序执行路径，可以在有限的区域内实现丰富的功能等显著优点。但是由于标准状态机要求系统的状态必须是一致的，且目前状态只能由上一个状态来决定，因此当系统需要进行人机交互或者其他复杂操作时，这种设计模式会无能为力，必须采取其他设计模式。

3. 应用实例

（1）设计目标。

设计开发一个数据采集系统，具备以下功能。

- 数据采集功能——以指定范围随机数产生的方式模拟温度数据采集；能够实时显示采集数据的波形图，能够实时显示采集的数据值。
- 采集数据分析——当采集数据大于设定的阈值时，指示灯亮、显示超限数据；非报警模式下，超限数据默认显示 0。
- 异常情况处置——当采集数据出现异常时，保存相关数据信息。

上述功能分为"数据采集""数据分析""数据记录""延时等待"4 个状态，程序运行后根据采集数据自动在 4 个状态中循环执行，实现连续数据采集工作。

（2）设计思路。

基于标准状态机进行程序设计。根据需求，将应用程序划分为 4 个状态。

- "数据采集"状态：以指定区间随机数产生的方式模拟数据采集，获取数据并完成数值显示、图表显示后，结束"数据采集"状态，程序自动进入"数据分析"状态。
- "数据分析"状态：根据指定的阈值（上限、下限）判断采集数据是否越限。如越限，根据越限情况生成报警信息并显示，程序转入"数据记录"状态；如无越限，程序转入"延时等待"状态。
- "数据记录"状态：取系统当前时间、采集数据值/以及报警信息等数据，合并生成一条数据记录，写入指定的文本文件中，完成任务后程序转入"延时等待"状态。
- "延时等待"状态：如果本次业务流程已用时间计时器到达指定的时间间隔，且用户未停止程序执行，则程序转入"数据采集"状态，开始新一轮业务流程，否则继续停留在本状态；当用户停止程序执行时，退出应用程序。

根据上述数据采集业务的状态划分以及跳转方案，设计状态机如图 2-129 所示。

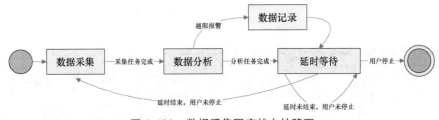

图 2-129　数据采集程序状态转移图

为了进一步贴近工程化应用，对基本状态机结构进行优化处理，即借助顺序结构将程序分为两个部分的功能。

- 初始化部分：顺序结构第 1 帧，模拟硬件初始化（温度显示 0，波形图表显示空，报警信息显示空字符串，计时控件重置为真），打开文本文件、程序界面显示的初始化信息。
- 主程序部分：顺序结构第 2 帧，应用程序的主功能实现体现在这一帧，以标准状态机模式完成程序全部功能。为了顺序实现状态转移过程中数据的传递，While 循环框架设置以下四组移位寄存器。

第一组移位寄存器：报警信息寄存器，初始值为空字符串常量。

第二组移位寄存器：实时数据寄存器，初始值为数值常量 0。

第三组移位寄存器：状态转移寄存器，初始值为枚举常量的"数据采集"选项。

第四组移位寄存器：计时控件重置信号寄存器，初始值为布尔常量"真"。

在各组移位寄存器完成"现态"到"次态"转移过程中，程序更新和传递有关数据。

（3）程序实现。

按照程序设计功能要求以及问题解决思路，设计程序前面板如图 2-130 所示。

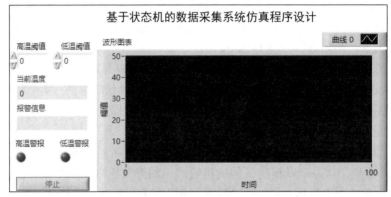

图 2-130　状态机设计模式程序前面板

对应的顺序帧框架下的程序框图总体结构如图 2-131 所示。

第 1 帧完成程序界面有关控件的初始化工作，打开程序运行过程中需要操作的文件对象，程序子框图设计结果如图 2-132 所示。

图 2-131　程序框图总体结构　　　　图 2-132　初始化帧程序子框图

第 2 帧为状态机实现的程序子框图，程序按照状态图在数据采集、数据处理、数据记录、延时等待 4 个状态中循环切换，其中"数据采集"状态对应的程序子框图如图 2-133 所示。

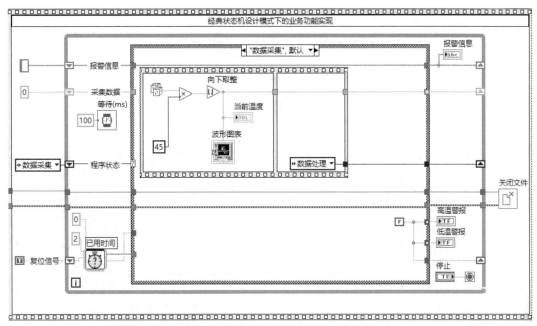

图 2-133 "数据采集"状态对应的程序子框图

第 2 帧中状态机在"数据采集"状态完成工作任务后，自动切换为"数据处理"状态，对应的程序子框图如图 2-134 所示。

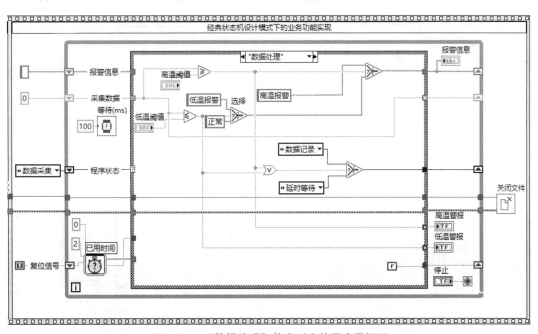

图 2-134 "数据处理"状态对应的程序子框图

第 2 帧中状态机在"数据处理"状态检查当前采集数据与设定阈值关系，未见异常则切换至"延时等待"状态，出现异常则切换至"数据处理"状态。

当状态机切换至"数据记录"状态时，将设定格式的报警数据写入文件，然后切换至"延时等待"状态，对应的程序子框图如图 2-135 所示。

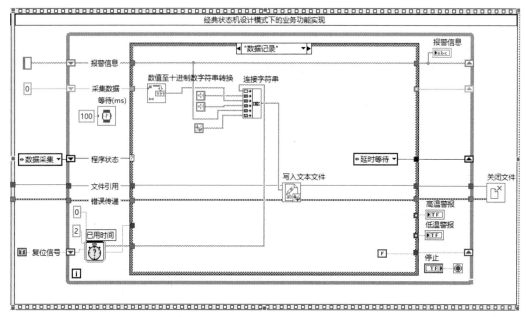

图 2-135　"数据记录"状态对应的程序子框图

第 2 帧中状态机切换至"延时等待"状态时，判断当前状态已用时间是否达到延时间隔。如果达到，则切换至"数据采集"状态，开启新一轮工作状态循环，否则继续处于"延时等待"状态，对应的程序子框图如图 2-136 所示。

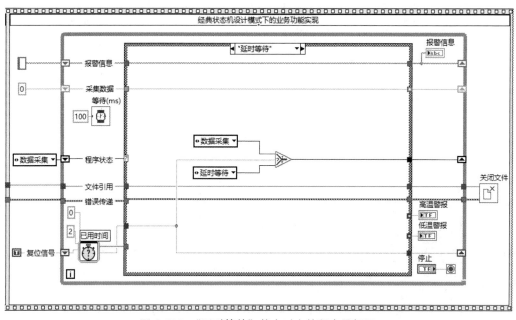

图 2-136　"延时等待"状态对应的程序子框图

单击工具栏中的"运行"按钮 ⬀，测试程序功能。

程序启动前，首先根据实验需要，设置高温阈值、低温阈值。程序启动后，自动进入"数据采集"状态，这里借助指定区间随机数的产生方法模拟数据采集，采集任务完成后自动进入"数据分析"状态。

"数据分析"状态下显示采集数据数值、显示曲线波形，并判断采集的数据是否高于上限或者低于下限。如果越限，则报警（显示报警信息、对应报警指示灯亮）并转至"数据记录"状态，否则转至"延时等待"状态。

"数据记录"状态将当前系统时间、采集数据值、报警信息合并成为一个字符串，写入程序所在 VI 的文本文件中，以备后续查阅。完成任务后，转移至"延时等待"状态。

在"延时等待"状态中，如果延时时间已到，且用户并未单击"停止"按钮，则转移至"数据采集"状态，开启新一轮数据采集工作循环；如果延时时间未到，则继续停留在本状态，若此时用户单击"停止"按钮，则退出程序。

程序运行结果如图 2-137 所示。

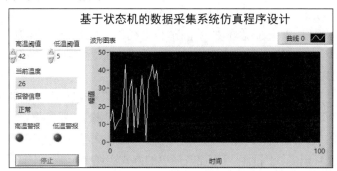

图 2-137　状态机设计模式程序运行结果

从运行结果可看出，程序运行中的曲线显示、数值显示按照指定时间间隔刷新，说明了状态机工作机制运行正常。检查程序文件所在文件夹，可以发现已经自动生成数据文件 Data.txt，文件内容为历次越限数据信息，如图 2-138 所示。

图 2-138　程序运行过程中文件形式记录的异常数据

单击"停止"按钮程序可以"优雅"地退出，说明了基于状态机的数据采集程序设计是可靠的，可以在真实应用场景中借鉴使用。

2.4.4　主从设计模式

1. 基本原理

主从设计模式从本质上讲是一种多线程程序设计模式，采取多循环的模块式结构，每一个循环代表着并行执行的一个任务，主从结构可以有效控制各个任务的同步执行。

主从结构的多循环中，只有一个循环称为主循环，又称为主线程或者主任务，其他循环称为从线程或者从任务。在多个线程并行执行过程中，只有主线程有权利发布数据，从线程只能被动响应。主线程没有发布新的数据时，所有的从线程都是在等待数据。一旦主线程发布数据或者命令，所有从线程被唤醒，并响应命令，执行相关处理任务，完成任务后又处于休眠等待的状态。主从设计模式的关键在于主方具有强制销毁所有从方的能力，一般通过错误处理机制满足这一要求。

主从工作模式借助通知器协调多线程同步工作，由于通知器的消息传递具有极强的实时性，各个从线程在工作过程中完全处于被动状态，即无消息不工作，有消息动起来，属于典型的软同步操作。

值得注意的是通知器并不缓冲已经接收的消息，在真实应用场景过程中，应该注意各个从线程的负担不宜过重，否则在新消息到来时，如果从线程业务功能尚未处理完毕，那么从线程将出现旧消息尚未读出，新消息就已经将其覆盖，从而造成消息丢失的情况。另外，通知器无法应用于网络中其他计算机上的 VI 之间的通信。

电子信息领域的应用系统开发，天然存在以"数据采集"为核心，"信号处理""数据分析""信息显示""信息存取"以及"界面交互"等业务同步并发执行的场景。作为一种低成本高性能的多任务同步工作手段，主从设计模式在多通道数据采集领域具有独特优势。

2. 基本组成

主从设计模式的基本结构一般由以下 3 部分组成。

- 多循环结构。其中一个循环称为主循环/主线程（Master），其他一个或者多个循环称为从循环/从线程（Slaver）。从循环/从线程接收主循环的指令，完成相应的工作任务，实现预设的功能。
- 通知器。主要用于多个循环之间的数据传递。主要工作包括多个循环执行之前的通知器创建、主循环中使用通知器发送通知、从循环中使用通知器接收来自主循环的消息。使用通知器的最大优势在于从循环中接到主循环的消息之前，程序挂起，不再执行，直至接收到主循环消息，因而可以用比较简单的方式实现多个循环中任务的同步执行。
- 程序停止策略。主从设计模式程序停止运行时，主线程、各个从线程均需结束运行，程序才能"优雅"地退出，因此采取何种策略停止应用程序的各个线程，是主从设计模式的一项重要任务。常用的策略是组合式停止方案：主线程结束运行时向各个从线程发送停止运行命令；从线程引用通知器出现错误（主线程结束运行，销毁从线程引用的通知器资源，导致从线程等待通知函数节点发生异常，输出错误信息）。此两种情况中任何一种发生，都将结束从线程的执行。

典型的主从设计模式程序结构如图 2-139 所示。

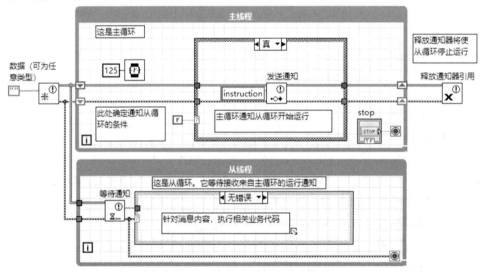

图 2-139　主从设计模式程序结构

图 2-139 所示的程序结构中，程序一开始运行，使用函数节点"获取通知器引用"，创建用于协调多线程运行的通知器，并为其分配资源，同时将通知器的引用传递给从线程。

当主线程监测程序状态符合消息发送条件时，调用函数节点"发送通知"，向从线程发送消息。

从线程中调用的函数节点"等待通知"在未接收到主线程消息的情况下处于挂起状态，一旦主线程发出的通知消息到来，则停止等待，继续执行相应的程序代码，实现从线程功能。

主用户单击"停止"按钮，主线程结束运行，并通过循环外的函数节点"释放通知器引用"销毁已经创建的通知器，释放通知器在内存中所占的资源。此时从线程并未结束，但是从线程引用的通知器已经销毁，从线程中调用的函数节点"等待通知"输出错误信息，由于其连接从线程的循环条件，所以一旦函数节点"等待通知"输出错误信息，必然达到结束从线程运行的目的。

在真实应用场景中，一般根据实际需要，在遵循主从设计模式基本思想的基础上，可对图 2-139 所示的程序结构进行进一步的调整和优化，以便实现更为复杂的程序功能。

3. 应用实例

（1）设计目标。

设计开发一个数据采集系统，具备以下功能。

- 数据采集控制——程序运行开关决定数据采集启停；单击停止按钮结束数据采集，终止程序运行。
- 采集数据显示——能够根据指定的时间间隔采集数据、显示采集数据的波形图，能够实时显示采集的数据值。
- 异常报警功能——当采集数据大于/小于设定的阈值时，对应的指示灯亮并且显示实时采集的数据值，显示异常数据的报警信息。
- 数据分析处理——能够对于采集数据进行实时的时域分析，获取采集数据的平均值、标准差、最大值、最小值等信息。

采用合适的程序结构，保证上述采集、显示、处理同步执行。

（2）设计思路。

程序设计以基于通知器的主从设计模式进行架构设计，实现以多任务同步并行执行的方式。根据持续的任务需求，将需要实现的功能分为"数据采集与程序运行控制""异常分析与报警处理""时域分析及其结果显示" 3 个线程，其中"数据采集与程序运行控制"为主线程，另外 2 个为从线程。

首先通过获取通知器引用函数生成用于 3 个线程中循环结构的通知器引用。然后在主线程的循环结构中，根据数据采集开关的状态决定是否采集数据。如果数据采集开关打开，则按照指定的时间间隔采集数据，并以簇数据封装"停止"按钮状态和采集数据，调用函数节点"发送通知"将簇数据发送出去。如果用户单击"停止"按钮，则退出主线程，并调用函数节点"释放通知器引用"销毁创建的通知器。

2 个从线程的循环中调用的函数节点"等待通知"接收来自主线程的数据。调用函数节点"解除捆绑"提取线程停止条件和采集数据，并根据业务功能需求对采集数据进行相应的分析处理。同时，当 2 个从线程接收到停止条件，或引用的通知器失效导致函数节点"等待通知"出现错误时，从线程均将停止。

为了进一步贴近工程化应用，对基本主从设计模式进行优化处理，即借助顺序结构将程序分为两个部分的功能。

- 初始化部分：顺序结构第 1 帧，模拟硬件初始化（所有数值显示空间初始显示内容位 0，报警信息显示空字符串，高温阈值显示 42，低温阈值显示 5，默认采样间隔为 500ms；清空波形图表显示内容；数据采集开关关闭等）。
- 主程序部分：顺序结构第 2 帧，应用程序的主功能实现体现在这一帧，以主从设计模式完成程序全部功能。

（3）程序实现。

按照程序设计功能要求以及问题解决思路，设计程序前面板如图 2-140 所示。

图 2-140　主从设计模式程序前面板

对应的设计程序框图总体结构为 2 个顺序帧。其中第 1 帧为初始化帧，完成各个控件的初始赋值、创建通知器引用等操作，对应的程序子框图如图 2-141 所示。

第 2 帧中，首先添加 3 个 While 循环，分别设置其"子程序框图标签"为"主线程采集数据并同步异常报警和时域分析""从线程异常分析和报警处理""从线程数据的时域分析"，对应的主从设计模式下的多线程程序总体结构如图 2-142 所示。

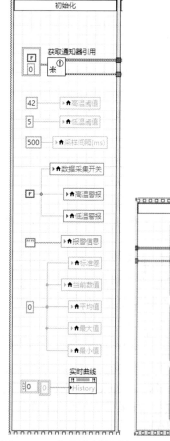

图 2-141　初始化帧程序
　　　　　　子框图

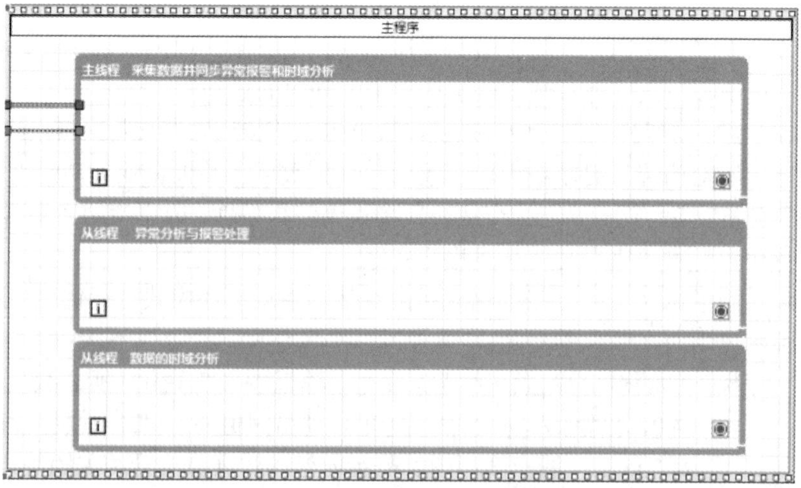

图 2-142　主从设计模式下的多线程程序总体结构

第 2 帧中，第一个线程为数据采集线程。该线程中按照指定的时间间隔检查数据采集开关状态，当开关状态为"真"时，启动数据采集，以产生随机数方式模拟数据采集，显示采集数据，并将采集数据和结束程序的"停止"按钮状态封装为簇数据，借助通知器向其他线程进行广播，对应的程序子框图如图 2-143 所示。

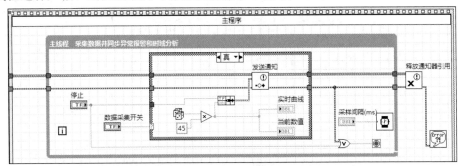

图 2-143　数据采集线程启动数据采集程序子框图

当数据采集开关状态为"假"时，暂停数据采集，对应的程序子框图如图 2-144 所示。

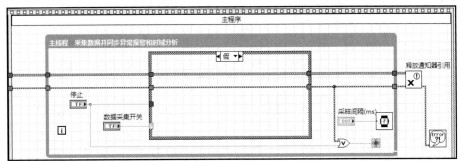

图 2-144　数据采集线程暂停数据采集程序子框图

第 2 帧中，第二个线程为异常分析和报警处理线程。该线程中等待通知器消息，解析消息内容，提取消息中的布尔数据成员作为结束当前线程的依据；提取消息中的数值数据成员，根据设定的阈值判断是否存在异常，对应的程序子框图如图 2-145 所示。

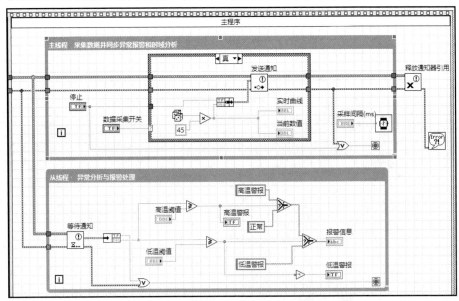

图 2-145　异常分析与报警处理从线程程序子框图

67

第 2 帧中，第三个线程为数据时域分析线程。该线程等待通知器消息，解析消息内容，提取消息中的布尔数据成员作为结束当前线程的依据；提取消息中的数值数据成员，调用逐点分析统计函数，实现采集数据的时域分析，对应的程序子框图如图 2-146 所示。

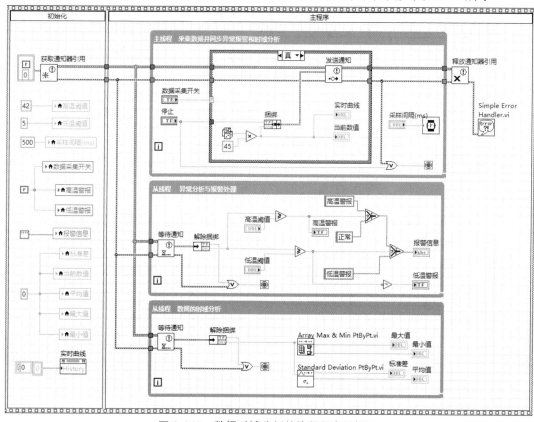

图 2-146　数据时域分析从线程程序子框图

单击工具栏中的"运行"按钮 ⬦，测试程序功能。

程序运行之后，初始界面中用户输入区域显示高温阈值为 42，低温阈值为 5，采样间隔为 500ms，数据采集开关处于关闭状态。信息显示区实时曲线显示为空，各个数值显示控件显示数据均为 0，报警 LED 指示灯处于熄灭状态，报警信息字符串为空，符合程序设计的预期，如图 2-147 所示。

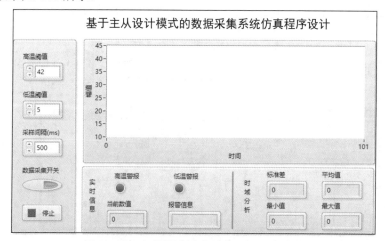

图 2-147　主从设计模式程序运行初始界面

单击数据采集开关，主线程采集温度数据，并通过波形图表显示采集数据的实时曲线，同时主线程中的通知器开始发送"停止"按钮状态和采集的温度数据所封装的簇数据；2个从线程分别接收通知器的通知信息，解析其中的温度数据和线程运行指令，分别完成异常分析与报警、时域分析功能，实现了"1 主 2 从"的多线程同步工作模式。其运行结果如图 2-148 所示。

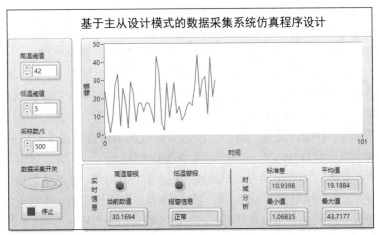

图 2-148　启动数据采集后程序运行结果

无论是程序运行之初，还是开始数据采集之后，单击"停止"按钮，程序即可"优雅"地退出。这说明了基于通知器的主从设计模式在多任务同步应用程序设计中是可靠的，可以在实践中借鉴使用。

2.4.5　生产者/消费者设计模式

1. 基本原理

生产者/消费者设计模式本质上讲是主从设计模式的一种，可以视为主从结构的一种升级版本，它提高了不同速率线程之间的数据共享能力。与主从设计模式类似，生产者/消费者设计模式将"生产"数据和"消费"数据分别处理，为每一类任务单独分配一个循环，（LabVIEW 中，并行执行的循环视为线程，后文设计模式相关内容中不再区分线程和循环）循环之间依靠队列进行数据通信/数据共享。由于队列的缓冲作用，即使在生产数据的速度和消费数据的速度不一致时，仍然可以确保并行处理过程中数据不会丢失。正因为如此，生产者/消费者设计模式广泛适用于异步并行多线程应用程序设计。

比如，在对网络数据进行分析时，一般需要两个同时运行但是速度不同的线程。其中一个线程不断获取/接收网络通信数据包，另一个线程分析处理前一个线程接收的数据包。这时，可以将第一个线程视为"生产者"，第二个线程视为"消费者"，借助生产者/消费者设计模式进行程序设计，可以实现数据包截获、数据包分析处理并按顺序执行，而且不丢失任何截获的数据包。

同样，典型的数据采集系统也可以分为 2 个相对独立的任务：一个是完成数据采集任务的线程，可视为生产者线程；另一个是完成采集数据分析处理的线程，可视为消费者线程。两个线程之间依靠队列进行数据共享，因而亦可借助典型的生产者/消费者设计模式进行程序设计。

从软件的角度看，生产者是数据的提供方，消费者是数据的消费方。生产者和消费者之间存在一个数据缓冲区，其大小一般是固定的。当生产过剩而消费不足时，缓冲区的空间会随着时间的推移不断减少直至消耗殆尽。当缓冲区无剩余空间时，应该停止生产，否则将会发生异常。当生产不足而消费过剩时，缓冲区的数据元素会不断减少直至为 0，此时，消费者会处于等待状态，直至生产者提供新的数据，才从缓冲区提取数据进行进一步的处理。

2. 基本组成

生产者/消费者模式基本结构一般由以下 3 部分组成。

- 循环结构。生产者/消费者设计模式一般以 2 个循环并行执行的方式存在。其中一个循环称为生产者，另一个循环称为消费者。生产者线程产生/截获/接收/……/采集数据，消费者线程对数据进行分析、处理、显示、存储等操作。
- 队列。主要用于生产者线程和消费者线程之间的数据通信/数据共享。主要工作包括两个线程/循环执行之前的队列的创建、生产者线程中完成获取数据的入队操作。消费者线程则执行出队操作，获取队列中的数据元素，并进一步对数据进行分析、处理、显示、存储等操作。两个线程之间采取队列进行数据共享，最大的优势在于即使两个线程处理速度不一致，也不会丢失数据。
- 程序停止策略。生产者/消费者设计模式程序停止运行时，2 个线程均需结束运行，程序才能"优雅"地退出，因此采取何种策略停止应用程序的 2 个线程，是设计生产者/消费者设计模式的一项重要任务。常用的策略是组合式停止方案：生产者线程结束运行时向消费者线程发送停止运行命令；消费者线程引用队列出现错误（生产者线程结束运行销毁消费者线程引用的队列资源，导致消费者线程元素出队函数节点发生异常，输出错误信息），此两种情况中任何一种发生，都将结束消费者线程的执行。

典型的生产者/消费者设计模式程序结构如图 2-149 所示。

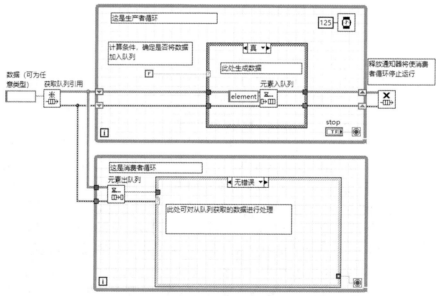

图 2-149　生产者/消费者设计模式程序结构

图 2-149 所示的程序结构中，一开始函数节点"获取队列引用"创建队列，并指定了队列中数据元素的类型（当前为字符串类型，可以为任意类型），同时将创建的队列传递给两个并行执行的线程，一个为生产，另一个为消费。

当生产线程中生成数据条件满足时，以 125ms 的时间间隔，将产生的数据（此处为"elment"）进行入队操作。

消费线程中调用函数节点"元素出队列"，等待生产者线程入队的数据元素，如果队列不空即有数据到达，则停止等待状态，读出队列中的一个数据元素，继续进一步的数据分析处理工作。

程序结束的方式采取了队列错误信息处理方式，当用户单击"stop"按钮，可以直接结束生产线程，然后调用生产线程连接的函数节点"释放队列引用"。而这一行为必将导致消费线程中函数节点"元素出队列"的错误。由于函数节点"元素出队列"连接条件结构"分支选择器"，所以可以在"无错误"的情况下，对出队数据元素进行分析处理，而在"有错误"的分支下，可以直接连接布尔型常量"真常量"和消费线程结构的循环条件，实现一旦元素出队调用错误，直接退出消费者循环的目的。

在真实应用场景中，一般根据实际需要，在遵循该设计模式基本思想的基础上，对图 2-149 所示的程序结构进行进一步的调整和优化，以便实现更为复杂的程序功能。

生产者/消费者设计模式采用了队列的数据存储方式（先进先出）。队列的数据存储是开辟一个缓存区，依据先进先出的原则进行的。新来的元素总是被加入队尾（不允许"加塞"），每次离开的元素总是队列头上的（不允许中途离队），即当前"最老的"元素离队。这样就保证了数据传递过程中基本上不会发生数据丢失的现象。

在工业应用中，往往需要同时采集和处理大量数据，因此生产者/消费者（数据）设计模式的应用非常广泛。它的特点如下。

- 多线程同步执行，程序执行效率高。
- 适合大量的数据流处理。
- 生产者/消费者（数据）结构并没有涉及人机交互过程。如果需要进行大量的人机交互，可以采用生产者/消费者（事件）结构。

注　　生产者/消费者设计模式（数据）和生产者/消费者设计模式（事件）是 LabVIEW 中提供的 2 种设计模式。生产者/消费者设计模式（数据）即为常规的生产者/消费者设计模式。由于有些应用在程序运行过程中需要人机交互，则衍生出了生产者/消费者设计模式（事件）。读者可查看 LabVIEW 帮助文档进一步了解相关内容。

---

3. 应用实例

（1）设计目标。

设计开发一个数据采集系统，具备以下功能。

- 数据采集控制——程序运行开关决定数据采集启停；单击停止按钮结束数据采集，终止程序运行。
- 采集数据显示——能够根据指定的时间间隔采集数据、显示采集数据的波形图，能够实时显示采集的数据值。
- 异常情况报警——当采集数据大于/小于设定的阈值时，对应的指示灯亮、并且显示实时采集的数据值，显示异常数据的报警信息。
- 数据分析处理——能够对于采集数据进行实时的时域分析，获取采集数据的平均值、标准差、最大值、最小值等信息。

采用合适程序框架，保证上述数据采集、异常报警、数据分析三项工作并行开展。

（2）设计思路。

程序设计以生产者/消费者设计模式进行架构设计，即程序实现以多任务异步并行执行的方式。针对任务需求，将程序需要实现的功能分为两个线程：生产线程和消费线程。

为了协调生产线程和消费线程工作，对基本的生产者/消费者模型进行了改变，程序设计同时使用队列和通知器，其中队列用于生产线程和消费线程对于采集的温度数据的共享，通知器用于生产线程向消费线程发送停止程序运行指令。

生产者线程完成检测程序操作面板数据采集开关状态，如果开关打开，则以产生指定范围内随机数方式模拟数据采集工作，并将采集的数据压入队列；同时，程序按照指定的时间间隔，通过通知器不断向消费线程发送是否结束线程运行的指令（操作面板中"停止"按钮的状态）。

消费线程引用生产线程中相同的队列和通知器，调用函数节点"元素出队列"，获取采集的温度数据，并进行数据分析处理工作；同时，调用函数节点"等待通知"获取是否结束程序运行的信息。

为了实现程序"优雅"地退出目标，程序将"元素出队列""等待通知"两种分别属于队列、通知器的函数节点的错误输出进行合并（调用函数节点"合并错误"），即无论哪一个函数节点在调用过程中出现错误，都会返回一个错误信息。此错误信息与通知器接收的消息合并作为消费线程结束的条件，即函数节点调用出现错误，或者通知器接收到停止消息，都会结束消费线程。

为了进一步贴近工程化应用，对基本主从结构进行优化处理，即借助顺序结构将程序分为 2 个部分的功能。

- 初始化部分。顺序结构第 1 帧，模拟硬件初始化（如所有数值显示空间初始显示内容位 0，报警信息显示空字符串，高温阈值显示 42，低温阈值显示 5，默认采样间隔为 500ms；清空波形图表显示内容；数据采集开关关闭等）。
- 主程序部分。顺序结构第 2 帧，应用程序的主功能实现体现在这一帧，以生产者/消费者设计模式完成程序全部功能。

（3）程序实现。

按照程序设计功能要求以及问题解决思路，设计程序前面板如图 2-150 所示。

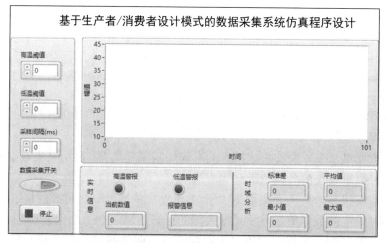

图 2-150　生产者/消费者设计模式程序前面板

对应的设计程序框图总体结构依旧采取 2 帧顺序帧的基本结构。顺序结构第 1 帧为初始化帧，第 2 帧为主程序帧。

第 1 帧进行应用程序的初始化，主要进行各个控件的初始赋值操作，对应的程序子框图如图 2-151 所示。

第 2 帧实现程序的主体功能。主程序由生产线程、消费线程组成，借助队列实现生产线程和消费线程之间的数据共享，借助通知器实现 2 个线程的同步结束，完成基于生产者/消费者设计模式的程序功能，其总体结构如图 2-152 所示。

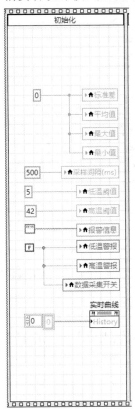

图 2-151　生产者/消费者
设计模式程序初始化

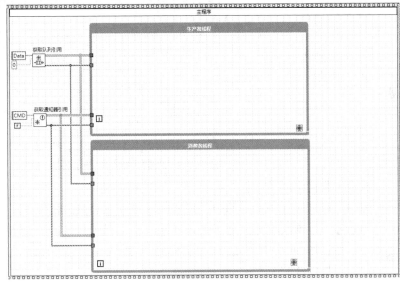

图 2-152　生产者/消费者设计模式程序总体结构

在生产线程中，按照指定的时间间隔，以随机数产生的方式模拟数据采集，并将采集的数据压入队列；同时借助通知器向消费线程广播当前线程中"停止"按钮状态，以实现 2 个线程的同步结束，对应的程序子框图如图 2-153 所示。

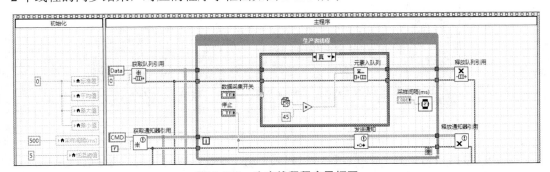

图 2-153　生产线程程序子框图

在消费线程中，读取消息队列中的数据，进行数据实时显示、时域分析处理、异常分析与报警等功能；同时该线程还监测通知器消息，读取消息中的"停止"按钮状态值作为消费线程同步结束运行的依据。为了进一步增强消费线程的健壮性，在线程中读取队列节点的错误输出、通知器节点的错误输出，并合并错误信息，将错误信息和"停止"按钮状态的组合逻辑作为消费线程结束的条件。对应的程序子框图如图 2-154 所示。

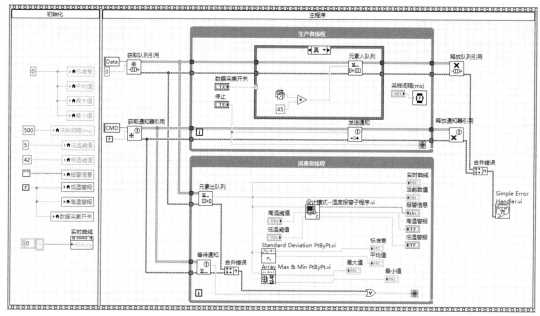

图 2-154　消费者线程程序子框图

单击工具栏中的"运行"按钮🔄，测试程序功能。

程序运行之后，初始界面中用户输入区域显示高温阈值为 42，低温阈值为 5，采样间隔为 500ms，数据采集开关处于关闭状态。信息显示区实时曲线显示为空，各个数值显示控件显示数据均为 0，报警 LED 指示灯处于熄灭状态，报警信息字符串为空，符合程序设计的预期，如图 2-155 所示。

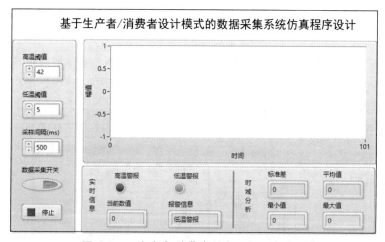

图 2-155　生产者/消费者程序运行初始界面

单击"数据采集开关"按钮，生产线程采集温度数据，并对采集数据进行入队操作，同时生产线程中的通知器开始发送"停止"按钮状态；消费线程通过出队操作，读取生产线程采集的数据，并对数据进行分析处理，实现异常分析与报警、时域分析功能；同时，消费线程实时接收生产线程发送的"停止"按钮状态，以确定是否结束消费线程的运行。其运行结果如图 2-156 所示。

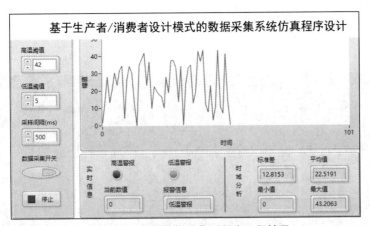

图 2-156　启动数据采集后程序运行结果

　　无论是程序运行之初，还是开始数据采集之后，单击"停止"按钮，程序即可"优雅"地退出。这说明了本节实例中使用的改进的生产者/消费者设计模式在多任务应用程序设计中是可靠的，可以在实践中借鉴使用。

第 3 章

串行通信技术

学习目标：

- 熟悉串行通信技术基本原理，掌握 RS232、RS485 等串行通信技术接口的电气特性，以及主要技术特点；
- 熟悉 LabVIEW 中串行通信技术主要的节点功能及其使用方法；
- 能够借助 USB-TTL 模块建立计算机之间的串行通信的电路连接，能够借助 USB-RS485 模块建立计算机与 RS485 接口的电子模块之间的通信电路连接；
- 熟悉字符串–字节数组相互转换的方法，能编写程序实现字符串与字节数组之间的相互转换；
- 掌握 Modbus 协议数据帧组成特点，能够针对控制对象的不同编写程序实现 Modbus 协议数据帧的封装和解析；
- 掌握 LabVIEW 多线程应用程序编写基本方法，掌握多线程应用程序结束运行的控制方法。

3.1 串行通信技术概述

串行通信是计算机与电子设备之间十分经典的一种通信方式。早期的计算机都将串行通信端口作为标准配置。工业计算机、测量仪器、通信设备、数控机床等数字化设备上一般配置多个串行通信端口。近年来随着计算机接口通信技术的发展，计算机中串行通信端口逐渐被 USB 接口替代，不过 USB 接口转换为串行通信端口的电子设备也应运而生。而且，目前物联网领域新兴的通信技术无论是近距离通信、远距离通信、有线通信还是无线通信，基于技术的延续性考虑，也都提供基于串口的操作控制方法，以方便工程技术人员快速实现技术迁移，串行通信技术依然具有强大的"生命力"。因此，掌握和精通串行通信技术，具有极其重要的实践意义。

所谓串行通信技术，是指通信过程中经由串行通信端口，将任意一条信息的各位数据在每一个固定时刻 T 内，以顺序方式传输一个位的方式。串行通信技术分为同步串行通信技术和异步串行通信技术两种。其中最常用的是异步串行通信技术。

异步串行通信技术是以字符为单位进行数据传输的，每个字符按照其二进制编码一位一位地传输，并且传输一个字符时，总是以"起始位"开始，以"停止位"结束。每一个字符的前面都有一位起始位（低电平），字符本身由 5～8 位数据位组成，字符后面是 1 位校验位（也可以没有校验位），最后是 1 位或 1.5 位或 2 位停止位，停止位后面是不定长的空闲位。停止位和空闲位都规定为高电平，这样就保证起始位开始处一定有一个下降沿。异步串行通信中的字符格式如图 3-1 所示。

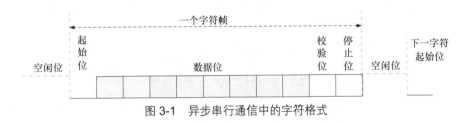

图 3-1　异步串行通信中的字符格式

异步串行通信不要求收发时钟严格一致，实现容易，设备开销小，但是每一个字符通信时还存在附加信息，且各帧之间可能还有间隔。从图 3-1 中可看出，这种格式是靠起始位和停止位来实现字符的界定或同步的，故称为起止式协议。

通信时涉及起始位、数据位、停止位、校验位、波特率等几个主要参数。

- 起始位：标志一帧通信的开始，是发起数据传输的第一个数据，一般是一个数据位。
- 数据位：表示通信字符的数据位数，取值可以是 5、6、7、8，具体取决于通信协议。
- 停止位：数据位传送完毕，停止位被发送，停止位可以是 1 位、1.5 位、2 位。
- 校验位：对通信数据进行校验，一般为无校验、奇校验、偶校验。
- 波特率：规定从一个设备到另一个设备的数据传输速度，由于串行通信中信号为二进制数，所以通常以 bit/s 为单位，典型取值为 9600。

串行通信时，收发双方都必须有相同的通信参数设置（起始位、数据位、停止位、校验位、波特率等参数设置完全相同），以保证通信的正确进行。欲进行计算机之间或者计算机与仪器设备之间的串行通信，需要首先查看计算机的串行端口配置情况。串行端口配置存在如下两种典型情况。

（1）计算机标配串口。

如果串口作为计算机的标准配置，则查看计算机硬件接口，可以找到如图 3-2 所示的 9 针接口，就是大名鼎鼎的串口。

图 3-2　计算机中的串口

通过计算机控制面板中亦可查看是否配置串口。以 Windows 10 操作系统为例，右击桌面图标"此电脑"，在弹出的快捷菜单中选择"管理→系统工具→设备管理器"，如果硬件资源中存在"端口（COM 和 LPT）"字样，且其目录下存在"COM"字样的设备，则表示该计算机配置了串行通信端口（包括创建的虚拟串口），如图 3-3 所示。

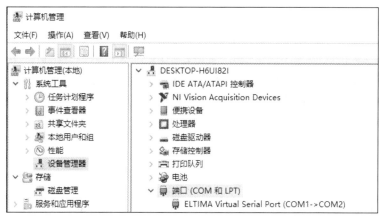

图 3-3 查看计算机中的串口资源

如果涉及多个串口通信，则一般通过多串口卡实现计算机有限串口资源的扩充。Windows 操作系统中串行端口可扩充的数目最多为 256 个。需要注意的是，计算机标配的串口一般遵循 RS232 标准，其物理接口多为 9 针引脚 D 型接口，其 9 针引脚及其功能如表 3-1 所示。

表 3-1 串口引脚及其功能说明

序号	表示符号	功能说明	信号方向
1	CDC	数据载波侦测	←（输入型）
2	RXD	接收数据	←（输入型）
3	TXD	发送数据	→（输出型）
4	DTR	数据终端准备好	→（输出型）
5	GND	信号地	—
6	DSR	数据装置准备好	←（输入型）
7	RTS	请求发送	→（输出型）
8	CTS	允许发送	←（输入型）
9	Ring	振铃指示	←（输入型）

串口引脚一般分为公头（针脚接口）和母头（插孔接口）。一般情况下，通信时为公头对母头连接，而且多数情况下为最简三线连接法，即只需要 RXD、TXD、GND 参与（通信双方 RXD 与 TXD 交叉连接），即可进行串口通信，如图 3-4 所示。

（2）计算机未配置串口。

随着近年来计算机硬件结构的变化，USB 接口逐渐，取代了传统的串行端口。但是现实情况却是依旧存在大量设备继续选择使用串口作为其与外部世界连接的唯一途径，而且随着物联网技术的广泛应用，串行通信技术重新焕发生机，由此催生出一大批 USB 转串口的电子模块，使得计算机重新配置串行端口可以轻易实现。

USB 转串口有两种典型模块：一种是 USB-RS232 模块，另一种是 USB-TTL 模块。前者适用于遵循 RS232 标准的串行通信技术，后者适用于 TTL 电平的串行通信技术，如图 3-5 所示。

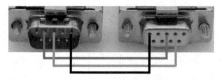

图 3-4 串行通信端口接线

图 3-5 典型模块

其中 USB-TTL 提供 5 个引脚，分别是 3.3V 输出、5V 输出、RXD、TXD 和 GND。这类模块一般用于计算机特别是笔记本计算机和 UART 接口电子模块之间的串行通信，其连接方式一般也采取三线连接法。可以采取的连接方式如图 3-6 所示。

基本的串行通信技术一般用于 2 台设备之间的通信。但是也可以用于多个串口设备之间的通信，只是情况就变得复杂了，比如 3 台设备之间串行通信，如图 3-7 所示。

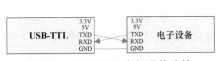

图 3-6 USB-TTL 串行通信连接

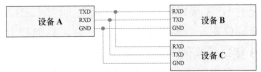

图 3-7 计算机与 UART 接口设备之间串行通信硬件连接

由图 3-7 中可见，虽然只有 3 台设备，但是线路连接相比于 2 台设备要复杂得多。根据连线可见，设备 A 通过串口发出信息，设备 B、C 都会收到相同的信息。设备 B、C 处理信息时，必须对接收信息进行判断，进而决定是否需要做出响应。也就是说，设备 B、C 不允许同时对设备 A 发出的信息进行响应，以免造成通信线路冲突，设备 A 无法解析返回数据的局面。

针对这种情况，就必须对这种网络引入主从的概念。一般将设备 A 作为主机，设备 B、C 作为从机。而且无论是哪台设备发出的信息，都必须携带 ID 或者唯一能够标识对应设备的名称。设备 A 发出指令后，设备 B、C 接收到信息首先判断接收信息中的 ID 是否与自身相同。如果相同则进行数据解析和处理，否则可以直接忽略该信息，从而加快系统的响应速度。这种主从式架构一般由主机发起通信，从机进行响应，从而避免了从机同时发出信息但主机无法解析的问题。

如果基于基本串行通信技术进行多台设备之间的通信，除了连线上的复杂度提升，还有一个严重的问题，就是设备之间的通信距离严重受限（一般不超过 15m）。为了适应工业领域中多台设备之间较远距离的通信，基于差分通信技术的 RS485/RS422 通信接口应运而生。

相比于基本串行通信技术 RS232，RS485 接口最大的区别不在于物理尺寸和电气特性，而在于 RS485 采取差分模式实现逻辑 0 和逻辑 1 的变化，使其更容易进行多点部署。目前工业领域中近 80%的设备都采用 RS485 接口与其他设备进行连接。RS485 接口一般提供 D+、D−两个引脚（差分模式不需要参考电平，所以不像 RS232 通信即使是最简连接也必须是三线连接法），以双绞线的方式进行连接。当环境噪声比较大或者传输距离比较远时（一般在 1200m 以内），有时也会并接所有设备的 GND 引脚，如图 3-8 所示。

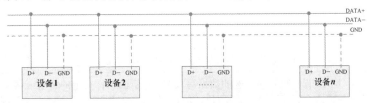

图 3-8 RS485 通信网络

RS485 通信还有一个必须注意的地方，就是所谓终端电阻，即在通信总线的末端加上一个 120Ω 的电阻，不过一些品牌知名度比较高的设备会内建终端电阻。

3.2 串行通信程序设计

本节简要介绍串行通信程序设计的基础知识，并以一种类似于串口通信调试助手程序的设计为目标，简要介绍典型 USB-TTL 模块及其使用方法，采取短接串行端口 TXD、RXD 引脚的方式，建立本机自发自收的通信链路，给出通信程序实现的完整步骤以及程序运行结果的测试。本节实例可为单机环境下开发、测试串行通信程序提供参考和借鉴。

3.2.1　背景知识

串行通信程序设计首先需要确保计算机配置有串行端口，具备通信程序设计的电路基础。如果计算机没有配置标准串口，则可使用 USB-TTL 或者 USB-RS232 模块，将计算机标配的 USB 接口转换为串行端口。通过 USB-TTL 或者 USB-RS232 模块转换得到串行端口的区别仅在于硬件接口的引脚个数、几何尺寸、接口电平等，其程序设计方法并无不同。USB 接口转换所得串行端口一般还需要安装对应的驱动程序（模块售卖方提供）。

编写串行通信程序还需要下载安装用于 LabVIEW 开发环境下的 NI-VISA 驱动程序，以便为开发串行通信程序提供支持。

注	VISA 驱动的安装需要选择与本机安装 LabVIEW 一致的版本——编者使用的是 LabVIEW 2018，因此选择下载 VISA18.0 驱动程序。

LabVIEW 中用于串行通信的相关函数节点和 VI 位于"函数→仪器 I/O→串口"或者"函数→数据通信→协议→串口"子选板中，如图 3-9 所示。

图 3-9　LabVIEW 中串行通信相关函数节点和 VI

串行通信相关函数节点和 VI 及其功能如表 3-2 所示。

表 3-2　串行通信相关函数节点和 VI 及其功能

选板对象	说明
VISA 配置串口	使 VISA 资源名称指定的串口按特定设置初始化。通过将数据连接至 VISA 资源名称输入端可确定要使用的多态实例，也可手动选择实例
VISA 写入	使写入缓冲区的数据写入 VISA 资源名称指定的设备或接口
VISA 读取	从 VISA 资源名称指定的设备或接口中读取指定数量的字节，并使数据返回至读取缓冲区
VISA 串口字节数	返回指定串口的输入缓冲区的字节数
VISA 关闭	关闭 VISA 资源名称指定的设备会话句柄或事件对象
VISA 清空 I/O 缓冲区	清空由屏蔽指定的 I/O 缓冲区
VISA 设置 I/O 缓冲区大小	设置 I/O 缓冲区大小。如需设置串口缓冲区大小，须先运行 VISA 配置串口 VI
VISA 串口中断	发送指定端口上的中断。通过将数据连接至 VISA 资源名称输入端可确定要使用的多态实例，也可手动选择实例

LabVIEW 中串行通信程序设计与其他语言的实现方法类似，其基本步骤如下所示。

步骤 1：首先进行串口参数配置，包括端口选择、波特率、数据位、校验位、停止位以及流控等参数的设置。

步骤 2：如果串口参数配置无误，可循环进行以下两类工作。

步骤 2.1：向串行端口发送数据。

步骤 2.2：接收来自串行端口的数据，接收之前需要查询串口接收缓冲区中的数据字节数。

步骤 3：串口任务结束后，需要关闭串口，释放资源。

特殊使用场景下，通信前需要设置接收/发送缓冲区大小、清空 I/O 缓冲区，以便确保当前通信正确实现。

按照上述步骤，LabVIEW 最少仅需"VISA 配置串口""VISA 写入""VISA 关闭"3 个节点，即可实现通过串口连续发送数据的功能，典型程序框图如图 3-10 所示。

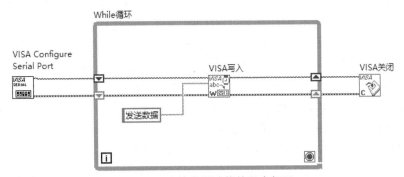

图 3-10　连续发送功能的程序框图

在真实应用场景中，可在轮询设计模式、事件响应设计模式、状态机设计以及其他设计模式中灵活使用这 3 个节点，实现数据的串口发送功能。

LabVIEW 接收串口数据则需要判断串口缓冲区中的字节数，并根据串口缓冲区中字节数读取相应字节的数据，典型程序框图如图 3-11 所示。

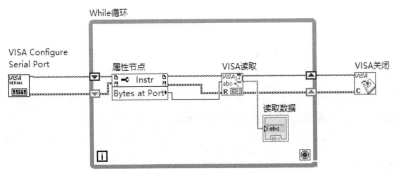

图 3-11　连续接收功能的程序框图

3.2.2　设计要求

借助 USB-TTL 模块，赋予笔记本计算机串口资源；通过串口建立计算机之间的通信链路，模仿串口调试助手工具软件；基于 LabVIEW 设计程序，实现以下功能。

■ 可以选择使用不同的通信端口。

- 能够以十六进制字节数组或者 ASCII 字符两种形式发送通信数据。
- 能够以十六进制字节数组或者 ASCII 字符两种形式接收通信数据。
- 能够在 ASCII 字符通信模式下自由选择是否给发送数据添加回车换行。
- 能够在 ASCII 字符通信模式下自由选择是否给接收数据添加回车换行。
- 能够显示本次通信累计发送的字节数、累计接收的字节数。
- 根据用户操作发送数据，能够实时接收其他设备发送的串口数据。

3.2.3 模块简介

笔记本计算机目前一般并不配置串口，通常使用 USB-TTL 模块将计算机标配的 USB 端口转换为 TTL 电平接口的串口，典型 USB-TTL 模块如图 3-12 所示。

图 3-12 典型 USB-TTL 模块

USB-TTL 模块类型比较多，无论哪一种规格，其 USB 接口一般为公头，可直接连接计算机 USB 接口，一般支持的操作系统包括 Windows Vista/XP/Server 2003/2000、Mac OS X/OS 9、Linux。通信格式中，数据位可在 5、6、7、8 位中选择设置；停止位可在 1、1.5、2 位中选择设置；校验位可在奇校验（odd）、偶校验（even）、标记校验（mark）、空格校验（space）、无校验（none）中选择设置，支持 300bit/s～1Mbit/s 的波特率，而且绝大多数会集成状态指示灯、收发指示灯，正确安装驱动后状态指示灯会常亮，收发指示灯在通信的时候会闪烁。

USB-TTL 模块一般包含以下 5 个输出引脚，如表 3-3 所示。

表 3-3 USB-TTL 模块引脚说明

引脚编号	引脚名称	说明
1	3.3V	输出 3.3V，一般可作为电子模块测试电源
2	5V	输出 5V，一般可作为 TTL 电平的电子模块测试电源
3	TXD	串行通信信号发送引脚
4	RXD	串行通信信号接收引脚
5	GND	串行通信信号参考地、电源地

部分 USB-TLL 模块还提供 DTR、RTS 等串行通信控制信号引脚。

使用 USB-TLL 模块时，最重要的就是 TXD、RXD 两个引脚。其中 TXD 为发送端，一般表示为模块的发送端，正常通信必须接另一个设备的 RXD。RXD 为接收端，一般表示为模块的接收端，正常通信必须接另一个设备的 TXD。

3.2.4 通信测试

编写通信程序之前，一般首先进行通信模块测试。所需测试材料清单如下。

- 测试软件：串口调试助手。
- 测试模块：USB-TTL（亦可采用 USB-RS232，不同的仅仅是接口电平标准）。
- 测试工具：笔记本计算机。
- 测试方法：一般可以采取 2 台计算机，各自使用 USB-TTL 模块创建本机串口资源。2 台计算机各自连接 USB-TTL 模块，模块引脚之间的连接如表 3-4 所示。

表 3-4 USB-TTL 双机通信引脚连接

USB-TTL1	USB-TTL2
TXD	RXD
RXD	TXD
GND	GND

测试方案的物理连接如图 3-13 所示。

如果计算机资源比较紧张,亦可采取单机回环测试模式,即将一台计算机所连接的 USB-TTL 模块引脚 RXD 和 TXD 短接,实现模块的自发自收,测试方案的物理连接如图 3-14 所示。

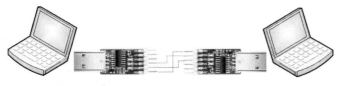

图 3-13 双机串行通信测试物理连接　　　图 3-14 单机串行通信测试物理连接

笔者只有一台计算机,因此采取单机回环测试模式。连接 USB-TTL 模块后,右击桌面图标"此电脑",选择"管理→设备管理器→端口(COM 和 LPT)"可以查看本机全部串口资源,如图 3-15 所示。

此时,打开串口调试助手 XCOM V2.2,设置串口号为上一步查看到的 COM8,输入拟发送的数据及其格式,单击"发送"按钮,接收区域即刻显示发送的内容,如图 3-16 所示。

图 3-15 查看串口资源　　　图 3-16 通信过程数据收发测试

测试结果表明:USB-TTL 模块提供的串口资源在回环模式下,能够与标配的串口资源一样正确工作。

3.2.5 硬件连接

串行通信程序设计所需要的硬件连接,一般无外乎以下几种情况。

(1)计算机通过 RS232 串口进行串行通信。这种模式下计算机串口 RXD 连接外部串口设备的 TXD,计算机串口的 TXD 连接外部串口设备的 RXD,计算机串口的 GND 与外部设备的 GND 共线连接。

(2)计算机通过 USB-TTL 模块进行串行通信。这种模式下计算机通过 USB-TTL 模块 RXD 连接外部设备 UART 接口 TXD,通过 USB-TTL 模块 TXD 连接外部设备 UART 接口 RXD,GND 共线连接。

（3）计算机通过 USB-RS232 模块进行串行通信。这种模式下计算机通过 USB-RS232
模块的 RXD 连接外部设备 RS232 接口的 TXD，通过 USB-RS232 模块的 TXD 连接外部设
备 RS232 接口的 RXD，GND 共线连接。

（4）计算机通过 USB-TTL 模块进行单机测试通信。这种模式下计算机通过 USB-TTL
模块的 RXD 和 TXD 引脚短接，实现本机自发自收，实现单台计算机下的串行通信程序编
写与测试。特别适合于笔记本计算机无串口资源情况下的早期应用开发需要。

为了节省应用程序设计开发时的硬件开销，本例正是采取这种单机测试的连接模式，
硬件连接参见图 3-14。

3.2.6　程序实现

1. 程序设计思路

由于程序运行中串口数据的接收具有不可预见性，需要实时检测串口缓冲区中接收到
的字节数，当接收缓冲区字节数大于 0 时，可以读出串口数据，并按照指定的格式进行显
示，因此采取轮询设计模式设计程序。即在 While 循环结构中，程序利用条件结构检测前
面板中几个主要布尔类控件的操作状态，做出相应的处理。主要检测并处理的状态如下。

- "发送"按钮操作状态检测——检测是否存在单击按钮导致其值发生改变的条件，
如果满足条件则发送用户输入的数据。
- "十六进制显示"复选框操作状态检测——检测是否勾选，如果勾选，则按照十六
进制字符串形式显示接收数据，否则按照 ASCII 字符形式显示接收数据。
- "十六进制发送"复选框操作状态检测——检测是否勾选，如果勾选，则按照十六
进制字节数组形式发送数据，否则按照 ASCII 字符形式发送数据。
- "添加回车"复选框操作状态检测——检测是否勾选，如果勾选，则按照接收数据
自动添加回车换行符号，否则直接显示接收数据。
- "清空发送"按钮操作状态检测——检测是否存在单击按钮导致其值发生改变的条
件，如果满足条件则清空发送区域用户输入数据。
- "清空接收"按钮操作状态检测——检测是否存在单击按钮导致其值发生改变的条
件，如果满足条件则清空接收区域所有接收的串口数据。
- "停止"按钮操作状态检测——检测是否存在单击按钮导致其值发生改变的条件，
如果满足条件则退出程序。

为了使得程序人机交互效果更加友好，程序结构在循环事件处理结构的基础上，添加
顺序结构，将这个程序分为 2 个顺序帧。其中第 1 帧为程序初始化帧，完成程序运行前各
类控件的初始化；第 2 帧为主程序帧，即前面创建的循环事件处理程序结构，完成对程序
中各类状态的实时检测，并针对检测结果做出相应的处理。

2. 前面板设计

步骤 1：为了选择设置串行通信对应的串行端口，添加 I/O 控件"VISA 资源名称"（控
件→银色→I/O→VISA 资源名称），并选择默认串口号。

步骤 2：为了配置串口通信参数，添加数值类控件"数值输入控件"（控件→经典→经
典数值→经典数值控件），设置标签为"波特率（9600）"；用同样的方式，添加"停止位"
"数据位"数值输入控件；类似地，添加枚举类型控件，实现校验位的输入。

步骤 3：为了确定用户结束程序操作，添加布尔类控件"停止按钮"（控件→银色→布
尔→停止按钮）。

步骤 4：为了显示串口接收信息，添加字符串类控件"字符串显示控件"（控件→银色-字符串与路径→字符串显示控件），设置标签为"接收数据"。

步骤 5：为了输入拟发送的数据，添加字符串类控件"字符串输入控件"（控件→银色-字符串与路径→字符串输入控件），设置标签为"数据发送区"。

步骤 6：为了触发数据发送事件，添加布尔类控件"确定按钮"（控件→银色→布尔→确定按钮），标签设置为"发送按钮"，设置按钮显示文本为"发送"。

步骤 7：为了触发清空接收事件，添加布尔类控件"确定按钮"（控件→银色→布尔→确定按钮），标签设置为"清空接收"，设置按钮显示文本为"清空接收"。

步骤 8：为了触发数据发送事件，添加布尔类控件"确定按钮"（控件→银色→布尔→确定按钮），标签设置为"清空发送"，设置按钮显示文本为"清空发送"。

步骤 9：为了显示累计发送、累计接收的字节数，添加 2 个数值类控件"数值显示控件"（控件→银色→数值→数值显示控件），标签分别设置为"接收字节数""发送字节数"。

步骤 10：为了触发数据发送格式转换事件，添加 2 个 NXG 风格的布尔类控件"复选框"（控件→NXG 风格→布尔→复选框），布尔文本分别设置为"16 进制发送""发送新行"，标签分别设置为"16 进制发送""发送新行"。

步骤 11：为了触发数据接收的显示格式转换事件，添加 2 个 NXG 风格的布尔类控件"复选框"（控件→NXG 风格→布尔→复选框），布尔文本分别设置为"16 进制显示""自动添加回车"，标签分别设置为"16 进制显示""自动添加回车"。

调整各个控件的大小、位置，使得操作界面更加和谐、友好。最终完成的前面板设计结果如图 3-17 所示。

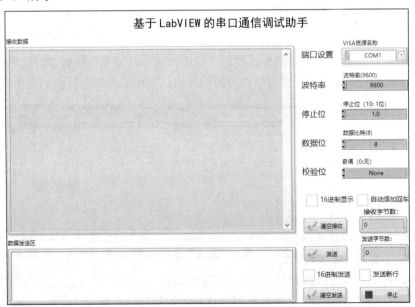

图 3-17　串行通信程序前面板

3. 程序框图实现

步骤 1：创建 2 帧的顺序结构，设置第 1 帧"子程序框图标签"为"初始化"。初始化帧中借助节点"VISA 配置串口"（函数→数据通信→协议→串口→VISA 配置串口），设置串行通信参数，并借助局部变量对界面中有关控件的初始状态进行设置，对应的程序子框图如图 3-18 所示。

步骤 2：设置第 2 帧"子程序框图标签"为"主程序"。主程序为"While 循环结构+
条件结构"的设计模式，以轮询设计模式对程序运行中的有关动作或者状态进行检测，并
做出响应。比如检测按钮控件"清空发送""清空接收"状态，并实施对应的清空动作。对
应的 While 循环中实现该功能的程序子框图如图 3-19 所示。

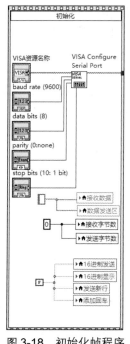

图 3-18　初始化帧程序
子框图

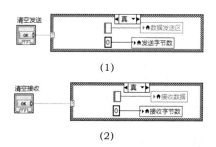

图 3-19　按钮控件"清空发送""清空接收"
状态响应程序子框图

步骤 3：以轮询设计模式检测按钮控件"发送"状态，如果按钮状态未发生变化，取值
为"假"，则不做任何处理，仅完成串口资源的传递，对应的程序子框图如图 3-20 所示。

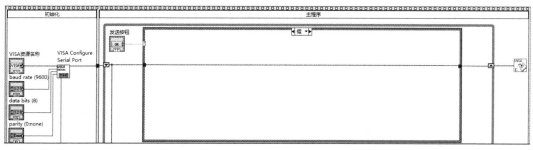

图 3-20　未单击"发送"按钮程序子框图

如果用户单击"发送"按钮且未勾选 16 进制发送，则意味着 ASCII 字符直接传输。此
时进一步监测控件"发送新行"复选框勾选状态。如果勾选，取值为"真"，则将发送区域
数据添加回车换行后发送。添加节点"VISA 写入"（函数→数据通信→协议→串口→VISA 写入）
并利用节点输出参数计算、显示累计发送字节数。对应的程序子框图如图 3-21 所示。

如果用户单击"发送"按钮，且勾选"16 进制发送"，则调用函数节点"电子表格字
符串至数组转换"，将字符串转换为数组，然后调用节点"16 进制字符串值数值转换"获
取字节数组，然后调用节点"字节数组至字符串转换"将字节数组转换为节点"VISA 写入"
可以发送的字符串。对应的程序子框图如图 3-22 所示。

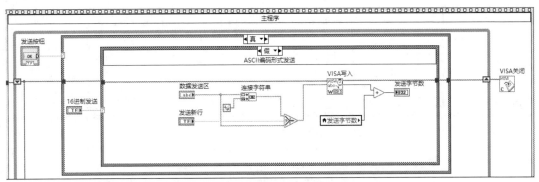

图 3-21 字符通信且发送数据后添加回车换行的发送程序子框图

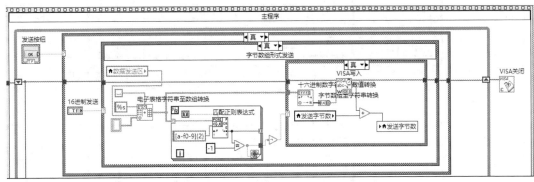

图 3-22 数据格式符合十六进制编码方式的发送数据程序子框图

如果勾选"16 进制发送",但是检测发送区域信息并不是十六进制字符串,则弹出对话框进行提示,对应的程序子框图如图 3-23 所示。

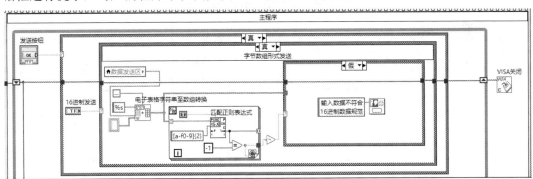

图 3-23 数据格式不符合十六进制编码方式的发送数据程序子框图

步骤 4:以轮询的方式检测串口接收缓冲区字节数,进而判断是否需要读取串口接收缓冲区,实现数据的实时接收功能。如果节点"VISA 串口字节数"输出参数大于 0,则读取串口缓冲区相应字节数的数据,监测"16 进制显示"复选框勾选状态,如果勾选,则将读取的字符串数据转换为字节数组并以十六进制的电子表格字符串形式显示,对应的程序子框图如图 3-24 所示。

如未勾选"16 进制显示"复选框,则监测控件"自动添加回车"状态的条件结构,在其"真"分支程序子框图中,节点"VISA 读取"返回的接收数据与控件"接收数据"局部变量以及字符串常量"行结束常量"连接,作为控件"接收数据"的显示值。对应的程序子框图如图 3-25 所示。

如未勾选"自动添加回车",则节点"VISA 读取"返回的接收数据与控件"接收数据"局部变量连接,作为控件"接收数据"的显示值。对应的程序子框图如图 3-26 所示。

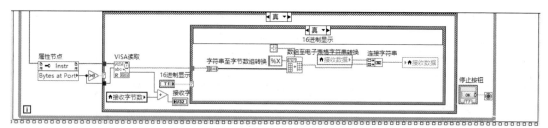

图 3-24　接收串口数据并以十六进制方式显示

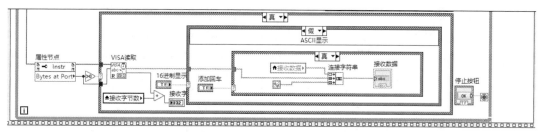

图 3-25　接收串口数据并自动添加回车换行方式显示

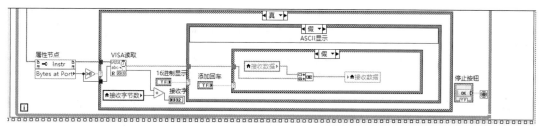

图 3-26　接收串口数据直接显示

至此，一个完整的串口调试助手的主要功能已经全部实现，完整的程序框图如图 3-27 所示。

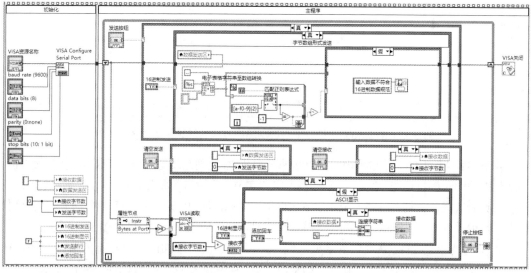

图 3-27　完整的程序框图

3.2.7　结果测试

运行程序前，首先选择设置本次通信所用串口，然后单击工具栏中的"运行"按钮 ⏵ ，测试程序功能。为了便于测试，这里使用串口 2、3 引脚短接法，实现自发自收（程序发送的数据会被自己接收到）。串口通信调试助手对应的运行初始界面如图 3-28 所示。

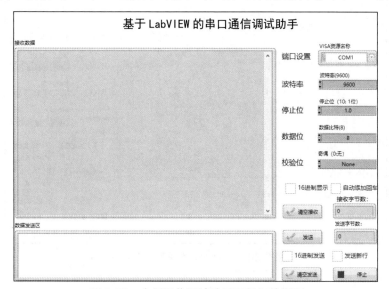

图 3-28　串行通信调试助手运行初始界面

选择短接 2、3 引脚的串口，在"数据发送区"输入拟发送的数据，单击"发送"按钮，程序运行结果如图 3-29 所示。

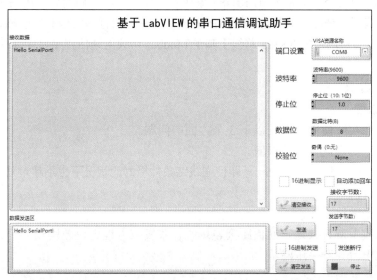

图 3-29　字符发送与接收

勾选"16 进制发送"和"16 进制显示"，在"数据发送区"输入"01 02 33 44 AB CD EF"，表示发送十六进制的字节数组数据，单击"发送"按钮，程序运行结果如图 3-30 所示。程序运行结果默认按需输出，能用 1 位表示的数据，并不自动填补 0。

运行结果表明，本例设计的串口通信程序基本实现了串口调试助手的主要功能，可以用于串行通信程序的测试。由程序设计过程可见，基于 LabVIEW 的串行通信程序设计还是比较简单的。鉴于其在物联网应用开发中的重要性，串行通信程序设计应作为开发者必须精通的技能之一。

图 3-30　十六进制数据发送与接收

3.3　RS485 通信程序设计

本节简要介绍 RS485 通信的基础知识，并以 5 个 RS485 接口继电器的总线式控制系统的设计为目标，简要介绍典型 USB-RS485 模块及其使用方法，构建计算机与多个 RS485 接口继电器总线式通信链路，并给出基于 Modbus 协议的通信程序实现完整步骤以及程序运行结果的测试。本节实例可为 RS485 总线下基于 Modbus 协议的通信程序设计提供参考和借鉴。

3.3.1　背景知识

1. 基本原理

串口通信在实际使用中存在以下 3 个方面的问题。

（1）传输距离短，传输速率低。

通信传输距离一般不超过 15m，即使在线路条件极好的状况下也不超过几十米。最高传输速率为 20kbit/s。

（2）有电平偏移。

总线要求收发双方共地，通信距离较远时，收发双方地电位差别较大，在信号地上将有比较大的地电流并产生压降。

（3）抗干扰能力差。

通信信号采用单端输入和输出，在传输过程中干扰和噪声混在正常信号中是不可避免的，为了提高信噪比，串口通信 RS232 总线标准不得不采用较大的电压摆幅。

针对 RS232C 接口标准的通信距离短、波特率比较低的状况，在 RS232C 接口标准的基础上提出了 RS485 接口标准来克服这些缺陷。但是 RS485 并不是普通计算机标配的通信接口，不过鉴于其广泛的应用背景，而且标准串口加装简单的 RS232/RS485 转换器，就可以轻而易举构建基于 RS485 的串行通信网络。图 3-31 给出一个标准的接口转换器，用以实现 RS232 接口与 RS485 的转换。

图 3-31　典型 RS232 转 RS485 模块

RS485 采用平衡发送和差分接收方式实现通信：发送端将串行口的 TTL 电平信号转换成差分信号 A、B 两路输出，经过线缆传输之后在接收端将差分信号还原成 TTL 电平信号。由于传输线通常使用双绞线，又是差分传输，所以有极强的抗共模干扰的能力，总线收发器灵敏度很高，可以检测到低至 200mV 的电压。故传输信号在千米之外都是可以恢复的。

RS485 最大的通信距离约为 1219m，最大传输速率为 10Mbit/s，传输速率与传输距离成反比，在 100kbit/s 的传输速率下，才可以达到最大的通信距离，如果需传输更远的距离，需要加 RS485 中继器。RS485 采用半双工工作方式，支持多点数据通信。RS485 总线网络拓扑一般采用终端匹配的总线型结构。即采用一条总线将各个节点串连起来，不支持环形或星形结构。如果需要使用星形结构，就必须使用 RS485 中继器或者 RS485 集线器。RS485 总线一般最大支持 32 个节点，如果使用特制的 RS485 芯片，可以达到 128 个或者 256 个节点，最大的可以支持 400 个节点。

网络拓扑一般采用终端匹配的总线型结构，典型的工业领域主要拓扑结构如图 3-32 所示。

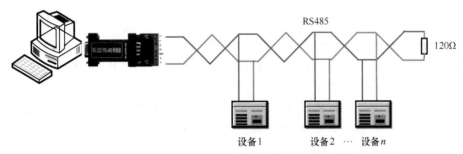

图 3-32　RS485 通信网络拓扑结构

2. 程序设计

LabVIEW 中 RS485 通信程序的编写，本质上还是串行通信设计，其使用的函数节点以及程序设计方法可以参考 3.2 节中相关内容学习基本串行通信程序设计技术。

与普通的 RS232 通信程序编写相比，RS485 通信程序编写不同之处仅仅在于通信过程的控制。标准的 RS485 通信属于典型的主从式半双工通信，任何时刻，通信总是由主机发起，主机向从机发出命令，从机响应命令，向主机返回对应结果。

3.3.2 设计要求

计算机借助 USB-RS485 模块连接总线，计算机作为通信主机，连接多个具有 RS485 接口的继电器，继电器作为从机，控制白炽灯开关，实现基于 RS485 通信网络的灯泡开与关的计算机集中控制。其中继电器为单路 Modbus 协议继电器模块（LC-Modbus-1R 单路继电器模块只有 1 个继电器，控制 1 个开关）。计算机连接 5 个 LC-Modbus-1R 单路继电器模块，按照该模块通信协议发出控制指令，实施 5 路灯光的开关控制。

要求编写基于 LabVIEW 的 RS485 通信程序，实现计算机控制 LED 灯/日光灯的基本应用，达到智能家居环境灯光子系统的初步技术效果。程序设计要求实现以下主要功能。

- 可以分别控制每一个灯的开关。
- 可以批量控制 5 个灯同时打开。
- 可以批量控制 5 个灯同时关闭。
- 控制指令输出后可查看反馈结果信息。
- 通信端口可以根据实际情况自由配置。

3.3.3　模块简介

1. USB-RS485 模块简介

鉴于目前个人计算机并不配置 RS485 接口（工控计算机中，RS485 接口为标准配置之一），所以一般使用 RS232、RS485 或 USB-RS485 模块实现计算机 RS485 接口的扩展。其中典型的 USB-RS485 模块外观如图 3-33 所示。USB-RS485 模块一般具有 5 个接线端口，其端口定义与接线方式如表 3-5 所示。

表 3-5　USB-RS485 模块端口定义与接线方式

接线端口	端口标识	对应信号
1	VCC	输出电源+
2	GND	输出电源–
3	GND2	USB-RS485 设备信号地
4	B	USB-RS485 设备 B（D–）
5	A	USB-RS485 设备 A（D+）

构建 RS485 通信网络时，如果设备未提供信号 GND，则 USB-RS485 模块 GND2 处于悬空状态，不连接，只用 A、B 两个接线端口即可完成通信（A 对 A，B 对 B）。这里介绍的 USB-RS485 模块中提供的 1、2 端口为该模块的额外"福利"，为计算机外部连接的设备提供 5V 调试电源（可极大方便开发初期的系统测试）。

2. 单路 Modbus 继电器模块

本节采用艾尔赛单路 Modbus 继电器模块。该模块搭载成熟、稳定的 8 位 MCU 和 RS485 电平通信芯片，采用标准 Modbus RTU 格式的 RS485 通信协议。其外观如图 3-34 所示。

图 3-33　典型的 USB-RS485 模块外观　　　　图 3-34　单路 Modbus 继电器模块外观

该模块具有以下功能特点。

- 集成成熟、稳定的 8 位 MCU 和 RS485 电平转换芯片。
- 通信协议：支持标准 Modbus RTU 协议。
- 通信接口：支持 RS485/TTL UART 接口。
- 通信波特率：4800/9600/19200（单位为 bit/s），默认为 9600bit/s，支持掉电保存。
- 光耦输入信号范围：DC3.3～30V（此输入不可用于继电器控制）。
- 输出信号：继电器开关信号，支持手动、闪闭、闪断模式，闪闭/闪断的延时基数为 0.1s，最大可设闪闭/闪断时间为 0xFFFF×0.1s=65535×0.1s=6553.5s。
- 设备地址：范围为 1～255，默认为 255，支持掉电保存。
- 波特率、光耦输入状态、继电器状态、设备地址可使用软件/指令进行读取。
- 板载 1 路 5V、10A/250VAC、10A/30VDC 继电器，可连续吸合 10 万次，具有二极管泄流保护，响应时间短。

- 板载继电器开关指示灯。
- 供电电压：DC7～24V，带输入防反接保护。实测中发现 5V 电源亦可正常使用。

艾尔赛 LC-Modbus-1R 单路继电器模块（以后均称为单路 Modbus 继电器）采用标准 Modbus RTU 格式的 RS485 通信协议，一帧指令一般由设备地址、功能码、寄存器地址、寄存器数据、校验码组成，帧长度和功能码有关。一般每帧数据的首字节为设备地址，可设置范围为 1～255，默认为 255（0xFF），最后 2 字节为 CRC 的校验码。该 Modbus 模块通信协议主要内容如下。

（1）打开继电器。

计算机向模块发送 8 字节的命令，命令帧结构如表 3-6 所示。

表 3-6 打开继电器命令帧结构

序号	字节	含义	注释
1	1	设备地址，默认为 FF	范围为 1～255，默认为 255
2	1	功能码，固定为 05	写单个线圈
3	2	继电器地址，固定为 00 00	0x0000～0x0007 表示 8 路
4	2	开关命令，打开固定为 FF 00	FF 00 打开继电器
5	2	CRC	前 6 个字节的 CRC16 校验码

（2）关闭继电器。

计算机向模块发送 8 个字节的命令，命令帧结构如表 3-7 所示。

表 3-7 关闭继电器命令帧结构

序号	字节	含义	注释
1	1	设备地址，默认为 FF	范围为 1～255，默认 255
2	1	功能码，固定为 05	写单个线圈
3	2	继电器地址，固定为 00 00	0x0000～0x0007 表示 8 路
4	2	开关命令，打开固定为 00 00	00 00 关闭继电器
5	2	CRC	前 6 个字节的 CRC16 校验码

（3）设置继电器地址。

模块默认地址为 255（0xFF），如需完成多个模块的连接控制，需要改变模块地址。计算机向模块发送 11 个字节的命令，命令帧结构如表 3-8 所示。

表 3-8 设置继电器地址命令帧结构

序号	字节数	含义	注释
1	1	固定值	00
2	1	功能码	写多个寄存器，固定为 10
3	2	起始地址	固定为 0000，表示第一路
4	2	写寄存器个数	0001
5	1	写寄存器字节数	默认为 02
6	2	寄存器数据	写入设备地址，范围为 0x0001～0x00FF
7	2	CRC	前 9 个字节的 CRC16 校验码

3.3.4　通信测试

通信测试分为 2 部分，一部分为 USB-RS485 模块通信功能测试；另一部分为单路 Modbus 继电器模块测试。

1. USB-RS485 通信功能测试

为了实现在一台计算机上测试 RS485 总线上多台设备之间的通信功能，采用 3 个 USB-RS485 模块，连接计算机的 3 个 USB 接口，如图 3-35 所示。

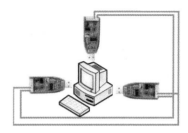

打开串口调试助手，分别打开 3 个连接 USB-RS485 的设备。由于 RS485 通信属于半双工通信模式，任何一个时刻只有一个设备发送数据，所以在其中一个串口发送数据，其他 2 个设备均可接收数据，如图 3-36 所示。

图 3-35　USB-RS485 模块通信功能测试连接方案

图 3-36　RS485 通信测试

测试结果表明，USB-RS485 可以极为方便地搭建 RS485 通信网络，实现主从模式下的多设备之间通信。

2. 单路 Modbus 继电器模块测试

单路 Modbus 继电器模块连接 USB-RS485，由于单路 Modbus 继电器模块默认地址均为 255，使用前必须首先设置模块地址，以保证总线可以正确连接多台单路 Modbus 继电器模块。

完成 USB-RS485 模块与单路 Modbus 继电器模块连接，并将 USB-RS485 模块连接计算机，如图 3-37 所示。

（1）修改继电器默认地址。

图 3-37　USB-RS485 模块与单路 Modbus 继电器模块连接

单路 Modbus 继电器默认地址为 FF，如欲设置模块地址为 1，则按照通信协议封装发送数据为十六进制 "00 10 00 00 00 01 02 00 01 6A 00"。

打开串口调试助手，设置为十六进制发送模式、十六进制接收数据显示格式，发送修改地址为 1 的指令，如图 3-38 所示。

图 3-38　发送修改继电器地址指令

串口调试助手接收到与发送数据完全相同的数据，则表示地址设置成功。

（2）打开继电器测试。

按照通信协议，打开继电器，对应指令为 "01 05 00 00 FF 00 8C 3A"，打开串口调试助手，设置为十六进制发送模式、十六进制接收数据显示格式，发送指令，如图 3-39 所示。串口助手接收到与发送数据完全相同的数据，则表示继电器打开成功。

（3）关闭继电器测试。

按照通信协议，打开继电器，对应指令为 "01 05 00 00 00 00 CD CA"，打开串口调试助手，设置为十六进制发送模式、十六进制接收数据显示格式，发送指令，如图 3-40 所示。串口调试助手接收到与发送数据完全相同的数据，则表示继电器关闭成功。

图 3-39　发送打开继电器指令

图 3-40　发送关闭继电器指令

3.3.5　硬件连接

由于一般计算机并不具备 RS485 接口，无法直接和 RS485 接口的单路继电器建立通信连接。但是借助计算机普遍存在的 USB 接口和 USB-RS485 模块，实现计算机 RS485 接口的扩展，USB-RS485 模块再连接 Modbus 单路继电器模块，即可轻松建立起基于 RS485 通信技术的应用系统。计算机通过 USB-RS485 接口连接多个 Modbus 单路继电器模块，向 Modbus 单路继电器模块发出控制指令，可实现基于 RS485 通信技术的主从技术架构下的控制功能。

计算机端 USB-RS485 模块与 Modbus 单路继电器模块连接引脚对应关系如表 3-9 所示。

表 3-9　USB-RS485 与单路继电器模块连接引脚对应关系

USB-RS485 模块引脚	Modbus 单路继电器模块引脚
A	A
B	B

计算机连接控制 5 个 Modbus 单路继电器模块的实物连接如图 3-41 所示。

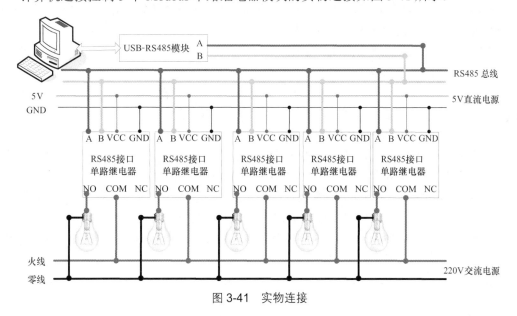

图 3-41　实物连接

3.3.6　程序实现

1. 程序设计思路

由于程序运行中需要根据操作人员意愿向 RS485 总线连接的 5 个单路 Modbus 继电器发送不同指令，属于典型的离散事件驱动设计模式，因此程序总体结构采取事件驱动设计模式。程序需要处理的事件如下。

- "打开串口"按钮操作事件。单击按钮，打开串口，如果打开失败则给予错误信息提示，打开正常则开始进一步工作。
- "开关 1"按钮操作事件。单击按钮，如果按钮显示文本为"打开"，则向 RS485 总线所有连接设备发出打开地址为 1 的单路继电器指令；如果按钮显示文本为"关闭"，则向 RS485 总线所有连接设备发出关闭地址为 1 的单路继电器指令。
- "开关 2""开关 3""开关 4""开关 5"按钮操作事件。单击按钮，如果按钮文本为"打开"，则向 RS485 在线连接设备发出打开地址与开关序号取值一致的单路继电器指令；如果按钮文本为"关闭"，则向 RS485 在线连接设备发出关闭地址与按钮序号取值一致的单路继电器指令。
- "停止"按钮操作事件。单击按钮，退出程序。

为了使得程序人机交互效果更加友好，在循环事件处理结构的基础上，添加顺序结构，将这个程序分为 2 个顺序帧。其中第 1 帧为程序初始化帧，完成程序运行前各类控件的初始化；第 2 帧为主程序帧，即前面创建的循环事件处理程序结构，完成对程序中 7 个典型事件的处理。

在每一个开关事件处理子框图中，嵌套事件结构，判断指令按钮操作状态，确定发出控制指令类型（打开继电器/关闭继电器）；每一次控制指令发送，又分为 3 个顺序帧，即发送指令→时间延迟→接收信息，其中接收信息用以判断发出指令是否被总线上连接的设备正确执行，如为未接收到信息，则视为控制指令发送失败。

2．前面板设计

步骤 1：为了选择设置 RS485 总线通信对应的串行端口，添加 I/O 控件"VISA 资源名称"（控件→新式→I/O→VISA 资源名称），并选择默认串口号。

步骤 2：为了确定用户打开串口操作，添加布尔类控件"确定按钮"（控件→新式→布尔→确定按钮），设置标签为"打开串口"。

步骤 3：为了确定用户结束程序操作，添加布尔类控件"停止按钮"（控件→新式→布尔→停止按钮），设置标签为"停止"。

步骤 4：为了显示串口接收信息，添加字符串类控件"字符串显示控件"（控件→新式→字符串与路径→字符串显示控件），设置标签为"接收信息"。

步骤 5：为了确认向 RS485 接口的单路继电器发送单个端口输出控制指令，添加 5 个布尔类控件"确定按钮"（控件→新式→布尔→确定按钮），标签分别设置为"开关 1""开关 2""开关 3""开关 4""开关 5"，默认显示文本均设置为"打开"。

步骤 6：为了显示各类输出指令执行结果，添加布尔类控件"方形指示灯"（控件→新式→布尔→方形指示灯），并设置标签分别为"灯 1""灯 2""灯 3""灯 4""灯 5"。

步骤 7：双击前面板，添加字符串"基于 LabVIEW 的 Modbus 灯光控制程序"，并调整其字体、字号、显示位置等参数。

步骤 8：双击前面板，添加字符串 RS485 总线通信相关内容，以作为使用提示，并调整其字体、字号、显示位置等参数。

调整各个控件的大小、位置，使得操作界面看起来更加和谐、对用户更加友好。最终完成的前面板设计结果如图 3-42 所示。

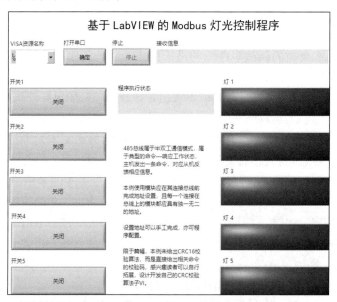

图 3-42　开关控制系统程序前面板

3. 程序框图设计

步骤 1：创建 2 帧的顺序结构，设置第 1 帧"子程序框图标签"为"初始化"。在初始化帧中，对所有开关都进行了禁用设置，使得用户操作软件时，必须首先成功打开串口，才能继续进行下一步操作，为程序功能的正确实现提供操作时序保障。程序设计时借助属性节点设置各个开关按钮初始状态显示文本、设置各个开关按钮处于禁用状态、设置各类灯光显示控件为关闭状态。最终完成的初始化帧程序子框图设计结果如图 3-43 所示。

步骤 2：在顺序结构中，设置第 2 帧"子程序框图标签"为"主程序"。本帧以"循环结构+事件结构+移位寄存器"的设计方案，监听"打开串口：值改变""开关 1：值改变"等 7 个事件。对应的主程序总体结构如图 3-44 所示。

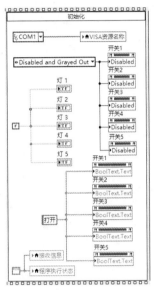

图 3-43　初始化帧程序
　　　子框图

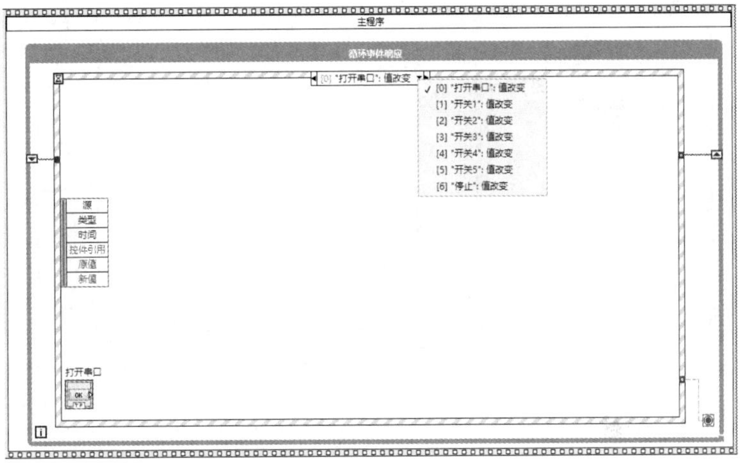

图 3-44　主程序总体结构

步骤 3：在"打开串口：值改变"事件对应的程序子框图中，设置节点"VISA 配置串口"（函数→数据通信→协议→串口→VISA 配置串口）为用户选择串口号，借助节点"VISA 配置串口"输出判断串口是否打开成功。如果串口打开成功，则弹出对话框提示操作信息，解除各个开关按钮的禁用状态，对应的程序子框图如图 3-45 所示。

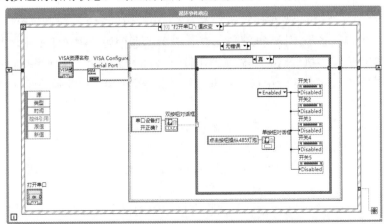

图 3-45　串口打开成功的程序子框图

步骤 4：在"开关 1：值改变"事件对应的程序子框图中，首先借助属性节点获取并判断按钮开关当前显示文本，如果为"打开"，则以 3 帧顺序结构模式完成地址为 1 的继电器打开相关操作。在程序框图中依次进行打开继电器指令构造、指令发送、延时等待以及接收返回数据等操作。其中接收串口返回数据用以判断地址为 1 的继电器是否执行指令。如果继电器执行指令，则指示灯 1 打开，并将"开关 1"按钮显示文本修改为"关闭"，对应的程序子框图如图 3-46 所示。

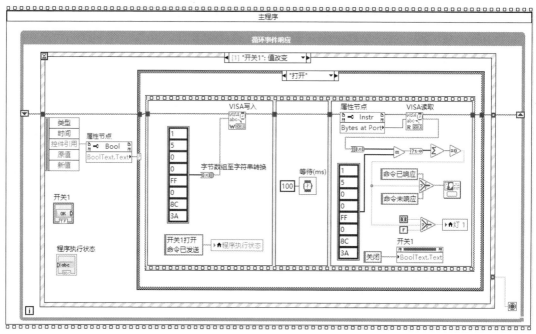

图 3-46　"开关 1"按钮显示文本为"打开"时的程序子框图

如果"开关 1"按钮当前显示文本为"关闭"，则以 3 帧顺序结构模式完成地址为 1 的继电器关闭相关操作。在程序框图中依次进行关闭继电器指令构造、指令发送、延时等待以及接收返回数据等操作。其中接收串口返回数据用以判断地址为 1 的继电器是否执行指令。如果继电器执行指令，则指示灯 1 关闭，并将"开关 1"按钮显示文本修改为"打开"，对应的程序子框图如图 3-47 所示。

该子程序框图与"开关 1"按钮显示文本为"打开"时的程序子框图仅有以下几点不同：

- 第 1 帧中发送指令不同（参见 Modbus 继电器通信协议中关闭继电器的指令）；
- 局部变量"程序执行状态"显示值不同（关闭时显示"开关 1 关闭命令已发送"）；
- 条件结构内顺序第 3 帧中接收数据比较的指令不同（比较的是关闭继电器指令对应的字节数组）；
- 开关 1 属性节点"布尔文本"设定值不同（关闭指令下达后，"开关"按钮的显示文本应为"打开"，以便再次操作）。

步骤 5：与"开关 1：值改变"事件处理程序子框图类似，可快速完成"开关 2：值改变""开关 3：值改变""开关 4：值改变""开关 5：值改变"事件处理程序子框图。

这几个程序子框图仅发送指令以及接收数据比较的指令与"开关 1：值改变"事件处理程序子框图的不同。

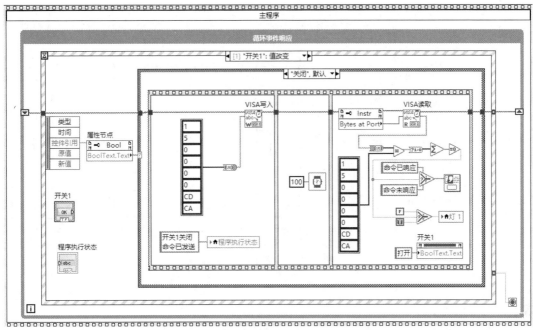

图 3-47　"开关 1"按钮显示文本为"关闭"时的程序子框图

步骤 6：在"停止：值改变"事件对应的程序子框图中，调用节点"VISA 关闭"（函数→数据通信→协议→串口→VISA 关闭），释放程序占用的硬件资源，并结束循环，对应的程序子框图如图 3-48 所示。

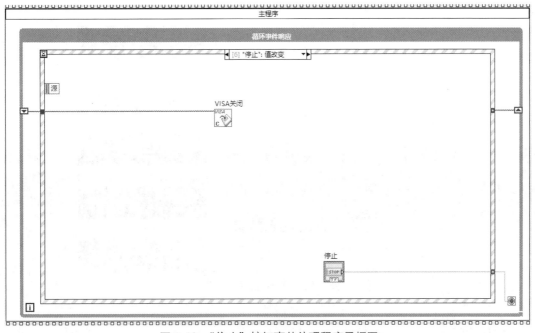

图 3-48　"停止"按钮事件处理程序子框图

完整的程序框图如图 3-49 所示。

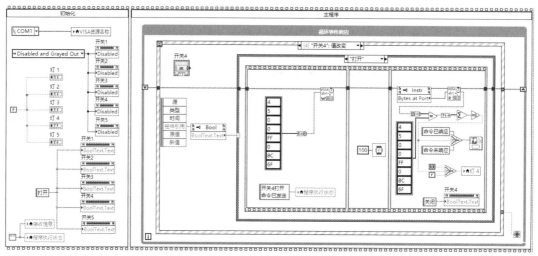

图 3-49　完整的程序框图

3.3.7　结果测试

本节所示项目必须首先将所有连接 RS485 总线的 Modbus 继电器地址设置为 1、2、3、4、5，并且接线正确。

单击工具栏中的"运行"按钮 ⬢，测试程序功能。对应的初始状态下程序前面板运行结果如图 3-50 所示。

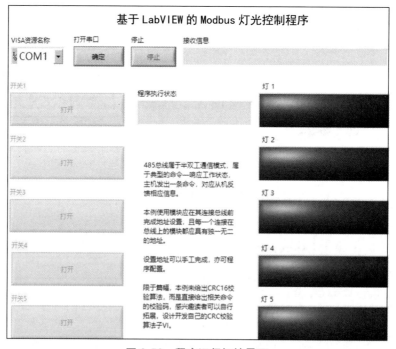

图 3-50　程序运行初始界面

选择 RS485 模块实际对应的端口 COM1，单击"确定"按钮，打开串口设备。单击标签"开关 2"的按钮，发送开关 2 打开指令，"程序执行状态"显示"开关 2 打开命令已发送"，方形指示灯"灯 2"高亮显示，RS485 总线上传回地址为 2 的设备反馈信息"02 05 00

00 FF 00 8C 09",这正是打开 2 号设备的命令。根据设备通信协议,可以判断控制指令得以正确执行。程序运行结果如图 3-51 所示。

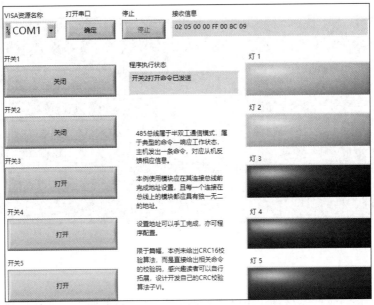

图 3-51 串口打开成功的程序运行结果

其他功能测试,限于篇幅,不一一赘述,感兴趣的读者,可以自行逐项测试。

第 4 章

互联网通信技术

学习目标：

- 熟悉网络通信基本原理，了解计算机网络/互联网的起源、网络通信程序编写相关的主要概念；
- 熟悉工业物联网平台 TLINK 的基本组成、结构，能够在该平台上创建 TCP、UDP、HTTP、MQTT 协议等物联网常用协议的云端设备，能够定义设备通信协议；
- 熟悉 TCP 通信基本原理，熟悉 LabVIEW 中 TCP 通信技术相关函数节点、功能及其使用方法；
- 掌握 TCP 客户端通信程序编写基本方法，能够建立与物联网平台云端 TCP 设备之间的连接，能够按照物联网平台预定义的 TCP 设备通信协议封装数据帧，将本机采集数据上传至云端；
- 掌握 UDP 客户端通信程序编写基本方法，能够建立与物联网平台云端 UDP 设备之间的连接，能够按照物联网平台预定义的 UDP 设备通信协议封装数据帧，将本机采集数据上传至云端；
- 掌握 MQTT 客户端通信程序编写基本方法，能够在 TCP 连接的基础上封装 MQTT 协议的 CONNECT、PUBLISH、DISCONNECT 等典型通信报文，将本机采集数据上传至云端 MQTT 协议设备；
- 掌握 HTTP 客户端通信程序编写基本方法，能够通过 HTTP 获取物联网平台数据访问的令牌（Token），能够利用令牌访问物联网平台相关设备指定时段内的历史数据。

4.1 互联网通信技术概述

互联网通信技术，又称因特网（Internet 音译）通信技术，就是计算机接入 Internet 后，实现联网状态的计算机之间通信的技术，一般专指传统的网络通信技术。互联网通信技术在物联网应用系统开发中发挥着极为重要的作用。物联网中的网络通信技术并非"另起炉灶"，而是传统网络通信技术的延伸和扩展，其核心依旧无法摆脱传统的网络通信技术，只是在通信过程中，信息交换的对象还进一步扩展到了各种物体。大多数情况下，物物之间联网（物联网）进行数据交换完全不需要人工介入，因而相比于传统网络通信技术，还要复杂一些。

不管怎样，精通传统的网络通信技术以及对应的应用程序编写方法，对于快速上手物联网应用系统开发具有重要的基础性作用。传统的计算网络通信程序设计，必须熟悉网络编程三要素，即 IP 地址（区分机器）、端口（区分应用程序）、协议（通信规则）。

1. IP 地址

IP，即 Internet Protocol，互联网协议的缩写，是 TCP/IP 体系中的网络层协议，为计算机网络互联通信而设计，IP 地址具有唯一性，用来作为计算机的唯一标识。IP 地址根据网络通信协议的不同，有 IPv4 和 IPv6 两种。

IPv4：第 4 版互联网协议（Internet Protocol version 4，IPv4），又称互联网通信协议第四版。

IPv6：第 6 版互联网协议（Internet Protocol version 6，IPv6），是互联网工程任务组（Internet Engineering Task Force，IETF）为替代 IPv4 而设计的下一代 IP，其地址数量号称可以为全世界的每一粒沙子编上一个地址。

有一个特别的 IP 地址为本机 IP 地址，即 127.0.0.1，亦可设置为 Localhost，适合当前主机进行网络回路测试，对网络通信程序的前期测试具有重要实践意义。

2. 端口

在网络通信中的端口实际上是逻辑意义上的端口，主要用于区别不同的软件的通信渠道，将数据通过指定的端口正确地传输给对应的软件。计算机中的端口号的范围是 0～65535。端口号根据其使用场景，一般分为公用端口、注册端口、动态端口、保留端口。

公用端口：端口号范围为 0～1023，紧密绑定于一些系统特许服务的端口，又称为系统端口。通常这些端口的通信明确表明了某种服务的协议。例如 80 端口实际上总是用于 HTTP 通信。

注册端口：端口号范围为 1024～49151，松散地绑定于一些服务的端口。一般应用程序或者服务绑定于这些端口，这些端口同样有许多其他用途。例如：许多系统处理动态端口从 1024 左右开始。1024～8000 的端口归各种应用使用，开发一般用 8000 以上的端口。

动态端口和保留端口：端口号范围为 49152～65535。理论上，不应为应用程序或者服务分配这些端口。但实际上，计算机通常从 1024 起分配动态端口。

3. 协议

网络中的计算机在进行连接和通信时需要遵守一定的"约定"或者"规则"，这些连接和通信的规则对数据的传输格式、传输速率、传输步骤等做了统一规定，一般称为网络通信协议。有了这种"约定"，不同厂商的生产设备，以及不同操作系统组成的计算机之间，就可以实现通信。常用的网络通信协议如表 4-1 所示。

表 4-1 常用的网络通信协议

协议名称	协议描述
HTTP	超文本传送协议
HTTPS	提供安全通道的超文本传送安全协议
FTP	文件传输协议
TELNET	虚拟终端协议
POP3	邮局协议收取邮件
SMTP	简单邮件传输协议，发送邮件
IP	互联网协议

协议名称	协议描述
TCP	传输控制协议
UDP	用户数据报协议
DNS	域名解析协议，可以通过 nslookup 查看域名解析信息
DHCP	动态主机配置协议

在物联网应用系统开发中，比较常用的协议除了原来属于计算机网络通信中常用的 TCP、UDP 和 HTTP，建立于 TCP 基础上的 MQTT 协议以其独特的"订阅/发布"模式，适用于大多数物联网应用场景，格外引人注意。

4.2　TCP 通信程序设计

本节简要介绍 TCP 通信的基础知识，以工业物联网平台 TLINK 中云端设备的数据发布设计为目标，指出互联网环境下 TCP 客户端应用程序设计的基本方法，工业物联网平台 TLINK 中 TCP 设备的创建、通信数据帧的构造和测试；在 TCP 客户端应用程序设计框架的基础上，给出数据采集计算机与物联网云端设备之间通信程序实现的完整步骤以及程序运行结果的测试。本节实例可为"云、网、端"技术架构下基于 TCP 的数据采集终端实现物联网云端数据发布功能的相关应用程序设计提供参考和借鉴。

4.2.1　背景知识

1. TCP 背景知识

TCP 是一种面向连接的、可靠的、基于字节流的传输层通信协议。客户端和服务器在交换数据之前会先建立一个 TCP 连接，才能相互传输数据。TCP 还提供超时重发、丢弃重复数据、检验数据、流量控制等功能，保证数据能从一端传到另一端。

TCP 通信具有可靠、稳定的显著优点。TCP 的可靠体现在 TCP 在传递数据之前会有"三次握手"来建立连接，而且在数据传递时，有确认、窗口、重传、拥塞控制机制，在数据传完后，还会断开连接以避免占用系统资源。

TCP 通信也具有传输慢、效率低，占用系统资源高，易被攻击的缺点。TCP 在传递数据之前，要先建连接，这会消耗时间，在传递数据时，确认机制、重传机制、拥塞控制机制等都会消耗大量的时间，而且要在每台设备上维护所有的传输连接。事实上，每个连接都会占用系统的 CPU、内存等资源。TCP 存在确认机制和三次握手机制，这些会导致 TCP 容易被人利用，如 DoS、DDoS、CC 等攻击。

TCP 通信适用于对网络通信质量有较高要求的场景。比如，一些要求传输可靠的应用要求数据准确无误地传递给对方，适用的协议包括 HTTP、HTTPS、FTP 等传输文件的协议，POP、SMTP 等邮件传输的协议。在物联网应用开发中，除了直接使用 TCP 通信，还常用 TCP 的应用层协议，如 HTTP、MQTT 协议等。

TCP 的通信过程类似于打电话的过程，一方负责监听特定号码的电话，而另一方则需要拨通这个电话号码，与对方建立连接。双方都可以通过听筒（输入流）接收对方的信息，通过话筒（输出流）向对方发送信息，并且在整个过程中信息的接收和发送是同时进行的（双工通信）。整个过程使用的是"客户端-服务器"模式，程序设计需要编写客户端应用程序、服务器应用程序。

基于 TCP 编写通信软件时，一般整个传输过程如下。

（1）服务器通过主机名或者 IP 地址与端口号，建立侦听，等待客户端连接。

（2）客户端根据主机的主机名或者 IP 地址和端口号发出连接请求。

（3）服务器与客户端建立连接后，通过读写函数进行 TCP 数据通信。

（4）关闭连接。

对应的 TCP 通信中的客户端与服务器工作基本流程如图 4-1 所示。

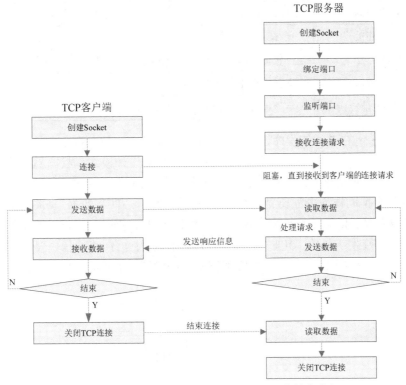

图 4-1　TCP 通信中的客户端与服务器工作基本流程

2．LabVIEW 的 TCP 通信程序设计

LabVIEW 中用于 TCP 通信的节点位于"函数→数据通信→协议→TCP"子选板中，如图 4-2 所示。

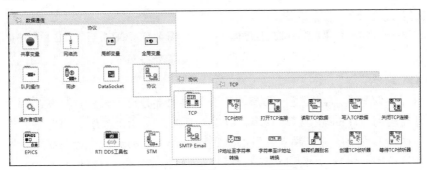

图 4-2　TCP 通信函数和 VI 子选板

TCP 通信主要函数节点和 VI 及其功能如表 4-2 所示。

表 4-2　TCP 通信主要函数节点和 VI 及其功能

选板对象	说明
IP 地址至字符串转换	使 IP 地址转换为字符串
TCP 侦听	创建侦听器并等待位于指定端口的已接受 TCP 连接
创建 TCP 侦听器	为 TCP 网络连接创建侦听器
打开 TCP 连接	打开由地址和远程端口或服务名称指定的 TCP 网络连接
等待 TCP 侦听器	等待已接受的 TCP 网络连接
读取 TCP 数据	从 TCP 网络连接读取字节并通过数据输出返回结果
关闭 TCP 连接	关闭 TCP 网络连接
解释机器别名	返回机器的网络地址，用于联网或在 VI 服务器函数中使用
写入 TCP 数据	写入数据至 TCP 网络连接
字符串至 IP 地址转换	使字符串转换为 IP 地址或 IP 地址数组

　　LabVIEW 进行 TCP 通信程序设计时，最少需 3 个节点，对应的程序框图如图 4-3 所示。

　　在真实应用场景中，可在轮询设计模式、事件响应设计模式、状态机设计模式以及其他程序设计模式中灵活使用这 3 个节点，实现数据的 TCP 发送功能。

　　TCP 接收数据同样最少需要"打开 TCP 连接""读取 TCP 数据""关闭 TCP 连接"3 个函数节点以及 While 循环结构来实现。另外接收 TCP 数据时，需要根据接收节点的工作模式不同，设置接收字节数、超时参数。多数应用场景中，TCP 通信中发送和接收数据以并行方式工作。典型的 TCP 并行收发应用程序框图如图 4-4 所示。

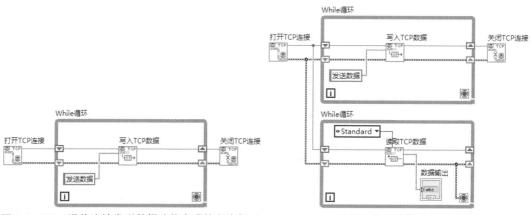

图 4-3　TCP 通信连续发送数据功能实现的程序框图　　图 4-4　TCP 并行收发应用程序框图

4.2.2　设计要求

　　一般而言，TCP 通信需要完成客户端、服务器两部分程序设计，物联网应用开发中服务器部分开发应用程序的功能需求众多，并非一般程序员所能驾驭。由此导致大型物联网应用开发往往是多学科的成员联合开发的结果，仅一人之力无法进行系统级开发，这也使得大量非计算机专业出身技术人员对于大型复杂物联网系统望而却步，不敢涉足。但是近年来大量物联网开发平台的推广应用，使得物联网系统开发模式出现了本质的变化——依托物联网开发平台，将物联网应用系统中的服务器功能委托物联网开发平台，应用系统开发可侧重于客户端开发，从而实现一种基于系统集成思想的物联网应用的快速、高效开发，为非计算机专业人员快速入门物联网应用开发提供了一种新的开发思路。

本节实例中，使用工业物联网平台 TLINK 创建的 TCP 虚拟设备的相关信息如图 4-5 所示。

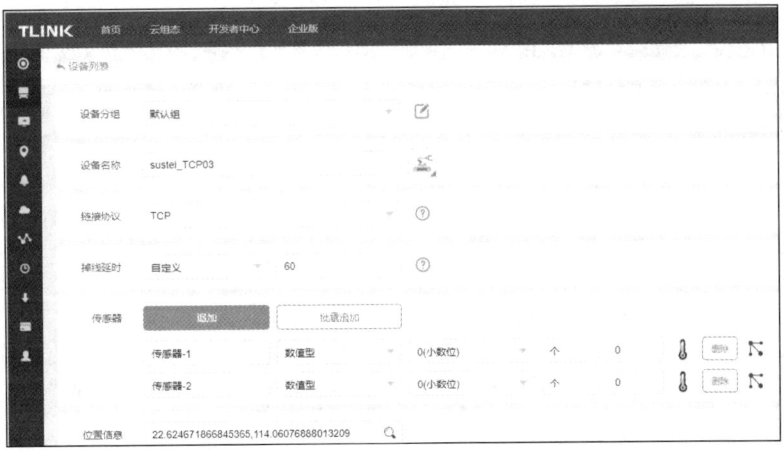

图 4-5　工业物联网平台 TLINK 中创建的 TCP 虚拟设备

此时 TLINK 物联网开发平台相当于功能完备的服务器，一般意义上的物联网应用开发仅需关注客户端采集状态数据，连接 TLINK 物联网平台，将采集的数据发布于物联网开发平台即可。

向 TLINK 物联网云平台指定设备上传测量数据的 TCP 通信程序实现的具体功能如下所示。

- 以随机数产生的方式模拟 2 路数据的定时采集（采样速率用户可控）。
- 能够将采集的数据封装为 TLINK 中自定义数据协议对应的数据包。
- 能够在本机以多路信号波形图表的形式显示采集的数据。
- 能够分别显示系统当前时间、数据采集时间，以及最新采集的 2 路数据值。
- 能够借助 TCP 通信技术将采集数据传输至 TLINK 物联网平台，实现指定设备相关数据的更新。

4.2.3　通信测试

TLINK 物联网平台是一个免费开放的设备连接平台，主要应用在工业领域，接入传感器种类广泛，基本包含工业应用的所有场景。TLINK 物联网平台是一款链接平台，实现了百万级节点实时连接，集成了 TCP、HTTP、MB RTU 协议、MB TCP、MQTT 协议、UDP、TP500 协议、NB-IoT 协议、CoAP 等物联网协议。本节实例正是基于 TCP 通信技术，将本地采集的数据上传至 TLINK 物联网平台，实现本地数据的云端共享（其他终端可以访问 TLINK 物联网平台获取相关数据）。

首先在网页浏览器输入官网网址以进入 TLINK 物联网平台，注册后进入控制台。在左侧导航栏中选择"设备管理→添加设备"，如图 4-6 所示。

图 4-6　添加设备

　　输入设备名称并选择链接协议为 TCP，单击"追加"选项，创建传感器，填写传感器必需的若干信息。完成设备定位后，在页面最下方单击"创建设备"选项，如图 4-7 所示，完成 TLINK 平台中基于 TCP 的设备创建。

图 4-7　创建 TCP 设备

　　创建完毕后，在左侧导航栏中选择"设备管理→设备列表"，即可查看前面创建的名为"sustei_TCP03"的设备，单击"设置连接"选项，进入物联网平台设备连接参数设置，如图 4-8 所示。

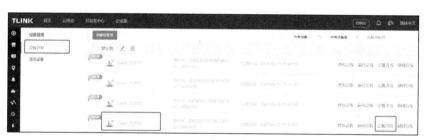

图 4-8　进入 TCP 设备连接参数设置

　　TLINK 物联网平台与众不同的就是其支持用户自定义协议的通信参数设置，如图 4-9 所示。

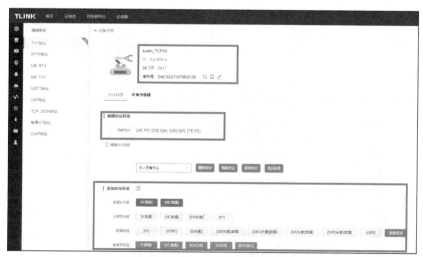

图 4-9　构造 TCP 设备数据帧格式

图 4-9 中从上至下的 3 个方格区域，分别是通用参数、用户数据协议编辑结果、自定义协议编辑元件。总体上讲，TLINK 物联网平台支持字符通信和字节通信两类模式，而且无论是哪一种模式，用户均可自由定义数据帧格式（详细内容参见 TLINK 物联网平台开发者文档）。

图 4-9 中创建的数据协议属于字节通信，即发往 TLINK 物联网平台的数据为字节数组，字节数组长度为 4。其中第一个字节为数据帧头，固定值为 FF，第二个字节对应第一个传感器取值，第三个字节对应第二个传感器取值，第四个字节为数据帧尾，固定值为 EE。（本例中创建的设备包含 2 个传感器。）

完成设备创建以及通信协议定义，即可测试本地数据向 TLINK 物联网平台上传的功能。首先连接"tcp.tlink.io：8647"，然后发送设备序列号给平台。如果平台不断开连接，或者返回错误信息，那么鉴权成功，接着定期发送心跳数据（"Q"）给平台，平台回复 A 说明"心跳正常"。

本例创建设备对应的设备序列号为"███████"，打开网络调试助手（NetAssist），选择"TCP Client"选项，输入 TLINK 平台 TCP 通信服务器 IP 地址和对应端口号，单击"连接"按钮，按照上行数据通信协议输入设备序列号，设置发送模式为"ASCII"，并单击"发送"按钮。此时 TLINK 平台设备联网状态的字符颜色从灰色变黑色，表示已经建立连接，如图 4-10 所示。

图 4-10 建立 TCP 设备连接

设置发送模式为"HEX"，"数据发送"区域输入字节数组"FF FF FE EE"（传感器-1 测量值为 FF，传感器-2 测量值为 FE），并单击"发送"按钮。此时 TLINK 平台监控中心显示的内容如图 4-11 所示。

图 4-11 客户端发送数据帧以及对应的物联网平台显示结果

结果表明，云端显示的测量值 255、254 和本机网络助手中的输入数据完全一致，数据上传物联网平台成功。

4.2.4　硬件连接

基于 TCP 的通信程序设计，必须保证计算机可以连通网络（有线或无线，接入方式不限）。由于路由器使用的约束和限制，常规 TCP 通信程序设计仅限于局域网内计算机之间的数据交换。而物联网应用更多时候是大范围、多平台之间的数据通信，这个可以借助物联网平台作为中介——数据采集系统将采集的数据上传至物联网平台，其他终端则从物联网平台访问采集的数据，从而实现物物联网，达到进行数据交换、数据共享的目的。

只要计算机能够接入互联网，能够 ping 通远程物联网服务器，即可进行基于 TCP 的数据通信程序编写。如图 4-12 所示的是计算机基于无线网卡，借助本地无线热点接入互联网，实现与 TLINK 物联网云平台的连接。

图 4-12　计算机基于 TCP 接入 TLINK 物联网平台联网方案

这种组网模式借助物联网云平台，可以实现不同网段内终端的数据通信。本例中，计算机通过家用/办公室路由器连接互联网，实现对 TLINK 物联网平台的访问。

4.2.5　程序实现

1.　程序设计思路

程序拟实现模拟人工控制的数据采集，并将采集数据上传至云端；程序运行时只要用户单击"启动数据采集"按钮，就按照用户指定的时间间隔循环采集并上传数据，用户再次单击则暂停数据采集并上传云端，如此循环往复。为了简化程序设计，采取轮询设计模式设计程序——在 While 循环结构中，程序利用条件结构检测前面板中启动数据采集工作的布尔类控件操作状态，以及"已用时间"节点状态做出相应的处理。主要检测并处理的状态如下。

- "数据采集"按钮操作状态检测——该按钮在"启动数据采集""暂停数据采集"两个状态之间切换，按钮机械动作模式设置为"单击时转换"，按钮状态为"真"，采集数据并上传云端，否则不做任何处理。
- "已用时间"节点状态检测——检测指定目标时间是否到达，如果到达，则开始依次进行数据采集和云端上传工作。
- "停止"按钮操作状态检测——检测是否存在单击按钮导致其值发生改变的条件，如果满足条件则退出程序。

为了使得程序人机交互效果更加友好，程序结构在循环事件处理结构的基础上，添加顺序结构，将这个程序分为 2 个顺序帧。其中第 1 帧为程序初始化帧，完成程序运行前各类控件的初始化；第 2 帧为主程序帧，即前面创建的循环事件处理程序结构，完成对程序中各类状态的实时检测，并针对检测结果做出相应的处理。

2. 前面板设计

根据上述程序设计思路，按照以下步骤完成前面板控件设置。

步骤 1：为了设置 TLINK 平台中 TCP 服务器的 IP 地址，添加字符串类控件"字符串控件"（控件→新式→字符串与路径→字符串控件），设置标签为"TLINKTCP 服务器"。

步骤 2：为了设置 TLINK 平台中 TCP 服务器监听的服务端口，添加数值类控件"数值输入控件"（控件→新式→数值→数值输入控件），设置标签为"远程端口"，设置数据类型为 U16（16 位整数数据类型）。

步骤 3：为了设置 TLINK 平台中本机对应的端口，添加数值类控件"数值输入控件"（控件→新式→数值→数值输入控件），设置标签为"本地端口"，设置数据类型为 U16。

步骤 4：为了触发数据采集事件，添加数值类控件"数值输入控件"（控件→新式→数值→数值输入控件），设置标签为"采集间隔（s）"，设置数据类型为 U8。

步骤 5：为了实现用户控制的采样间隔，添加布尔类控件"确定按钮"（控件→新式→布尔→确定按钮），设置标签为"采集按钮"，设置按钮显示文本为"启动数据采集"。

步骤 6：为了确定用户结束程序操作，添加布尔类控件"停止按钮"（控件→新式→布尔→停止按钮），按钮标签、显示文本保持默认值。

步骤 7：为了显示 2 路数据采集波形，添加图形类控件"波形图表"（控件→新式→图形→波形图表）。

步骤 8：为了显示系统当前时间，添加字符串类控件"字符串显示控件"（控件→新式→字符串与路径→字符串显示控件），设置标签为"系统时间"。

步骤 9：为了显示每一次数据采集时间，添加字符串类控件"字符串显示控件"（控件→新式→字符串与路径→字符串显示控件），设置标签为"采集时间"。

步骤 10：为了显示当前采集的 2 路数据取值，添加字符串类控件"字符串显示控件"（控件→新式→字符串与路径→字符串显示控件），设置标签为"当前数据"。

调整各个控件的大小、位置，使得操作界面更加和谐、友好。最终完成的程序前面板设计结果如图 4-13 所示。

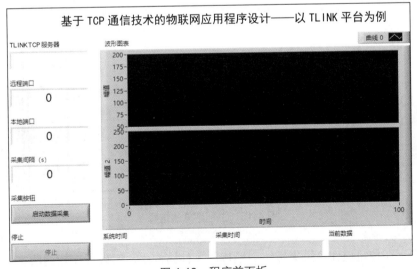

图 4-13 程序前面板

3. 程序框图设计

步骤 1：创建 2 帧的顺序结构，第 1 帧为初始化帧。设置第 1 帧"子程序框图标签"

为"初始化"，以便提高程序框图可读性。

　　创建控件"采集按钮"对应的局部变量，设置局部变量为写入模式，并赋初始值为布尔类型"假常量"（在前面板中右击该按钮，选择"机械动作→单击时转换"，将按钮设置为单击时状态转换并保持的模式）。

　　在前面板中右击控件"波形图表"，选择"创建→属性节点→历史数据"，创建控件"波形图表"对应的属性节点，设置属性节点为写入模式，并赋初始值为包含 2 个数值常量的簇常量数组，实现波形图表在程序初始状态下的画面清空功能。

　　创建字符串类控件"系统时间""采集时间""当前数据"对应的局部变量，并赋初始值为空字符串常量，实现初始运行时控件显示内容的清空功能。

　　创建数值类控件"采样间隔（s）"对应局部变量，并设定初始值为 U8 类型常量 2。

　　创建数值类控件"本地端口"对应局部变量，并设定初始值为 U16 类型常量 8888。

　　创建数值类控件"远程端口"对应局部变量，并设定初始值为 U16 类型常量 8647。

　　创建字符串类控件"TLINKTCP 服务器"对应局部变量，设定初始值为 TLINK 平台 TCP 服务器域名"tcp.tlink.io"。

　　最终完成的初始化帧程序子框图设计结果如图 4-14 所示。

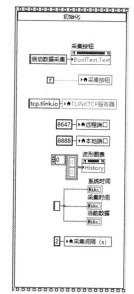

图 4-14　初始化帧程序子框图

　　步骤 2：在顺序结构中，设置第 2 帧"子程序框图标签"为"主程序"，以便提高程序框图可读性。主程序为"While 循环结构+条件结构+移位寄存器"的轮询式总体结构，如图 4-15 所示。循环执行前调用节点"打开 TCP 连接"（函数→数据通信→协议→TCP→打开 TCP 连接）建立本机与物联网平台的连接，循环结束后调用节点"关闭 TCP 连接"（函数→数据通信→协议→TCP→关闭 TCP 连接）释放程序占用资源。

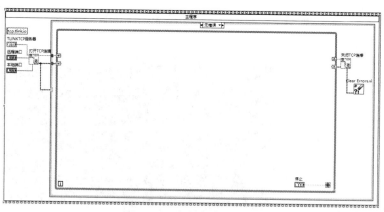

图 4-15　主程序总体结构

　　步骤 3：在按钮控件"采集按钮"连接的条件结构中，实现程序轮询状态中对于是否启动数据采集，以及定时采集条件是否满足的检测。当"采集数据"条件为"真"时，借助属性节点实现按钮控件"采集按钮"显示文本为"暂停数据采集"；为了实现用户指定时间间隔采集一次数据，调用节点"已用时间"（函数→编程→定时→已用时间），对其输出端口"结束"状态进行判断。如果状态为"真",表示定时条件满足,具备启动数据采集和上传物联网云平台的全部条件。对应的程序子框图如图 4-16 所示。

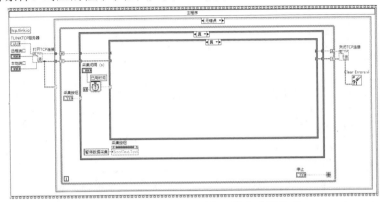

图 4-16 定时采集逻辑实现的程序子框图

步骤 4:While 循环结构内,添加节点"获取日期/时间字符串"(函数→编程→定时→获取日期/时间字符串),设置端口"需要秒?"为逻辑真,并调用节点"连接字符串",将节点"获取日期/时间字符串"输出的日期字符串、时间字符串连接为以空格间隔的完整字符串,结果赋予控件"系统时间",实现程序运行过程中当前时间信息的显示,对应的程序子框图如图 4-17 所示。

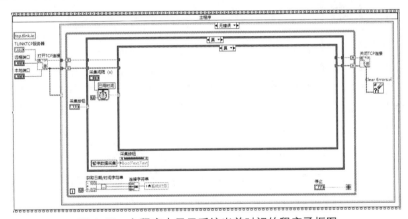

图 4-17 主程序中显示系统当前时间的程序子框图

步骤 5:节点"已用时间"连接的条件结构对应"真"(2s 间隔时间到,开始一次数据采集)分支子框图内,以产生随机数的方式模拟数据采集,调用节点"转换为无符号单字节整型"(函数→编程→数值→转换→转换为无符号单字节整型),将模拟采集的数据转换为字节类型。进一步地,调用节点"创建数组"(函数→编程→数组→创建数组)将采集的 2 组数据封装为符合 TLINK 物联网平台创建 TCP 设备用户协议的数据帧。调用节点"字节数组至字符串转换"(函数→编程→字符串→路径/数组/字符串转换→字节数组至字符串转换),将封装的数据帧转换为 LabVIEW 中字符串类型的通信数据。按照 TLINK 平台规定,首先调用节点"写入 TCP 数据"(函数→数据通信→协议→TCP→写入 TCP 数据),发送拟连接的设备序列号"▇▇▇▇▇▇▇▇▇▇",延时 50ms,再发送已经封装好的数据帧对应的通信字符串,即可完成本地采集数据上传物联网平台的功能。

为了增强程序功能,借助波形图表、数值显示控件等显示采集的数据,并借助字符串显示控件显示采集数据时间,以便后续与物联网平台接收数据进行比对。对应的程序子框图如图 4-18 所示。

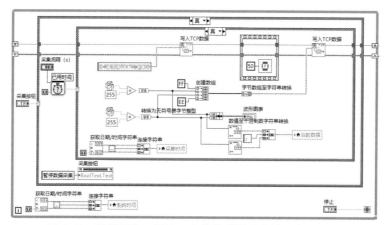

图 4-18　数据采集、显示、上传物联网平台的程序子框图

步骤 6：节点"已用时间"连接的条件结构对应"假"（指定间隔时间未到，不启动数据采集）分支子框图内，直接连通左右两侧有关 TCP 资源引用、错误信息传递，如图 4-19 所示。

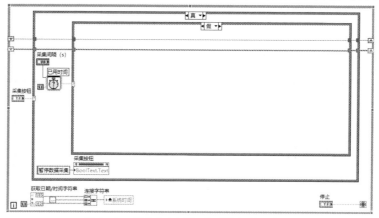

图 4-19　指定间隔时间未到的程序子框图

步骤 7：按钮控件"采集按钮"连接的条件结构对应"假"（停止数据采集）分支子框图内，右击按钮控件"采集按钮"，选择"创建→属性节点→布尔文本→文本"，创建按钮控件对应的属性节点，设置属性节点为写入模式，并赋值"启动数据采集"（以便再次单击时开始采集工作）；直接连通左右两侧有关 TCP 资源引用、错误信息传递。对应的程序子框图如图 4-20 所示。

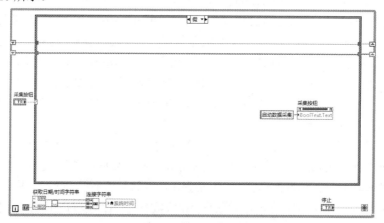

图 4-20　采集按钮状态为假时的程序子框图

步骤 8：为了实现应用程序能比较"优雅"地退出，While 循环结构之外，还需调用节点"关闭 TCP 连接"（函数→数据通信→协议→TCP→关闭 TCP 连接）来释放 TCP 通信中占用的资源，并调用节点"清除错误"（函数→编程→对话框与用户界面→清除错误），采取简单、直接的方式清除程序执行过程中出现的错误。

至此，完整的基于 TCP 通信技术的物联网平台采集数据上传程序全部完成，对应的完整程序框图如图 4-21 所示。

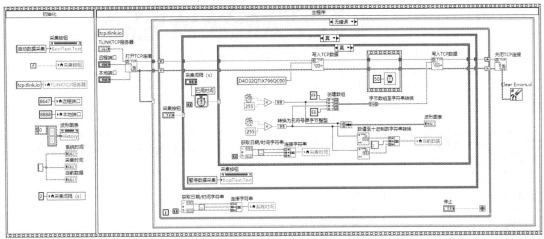

图 4-21　完整程序框图

4.2.6　结果测试

单击工具栏中的"运行"按钮 ⬧，测试程序功能。对应的程序前面板运行结果如图 4-22 所示。

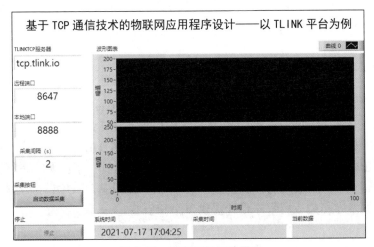

图 4-22　程序运行初始界面

单击"启动数据采集"按钮，可以观察到每间隔 2s 采集一次数据，波形图中显示 2 路数据波形，系统时间、采集时间、当前数据均可正确显示，如图 4-23 所示。

此时，进入 TLINK 物联网平台用户账号对应的监控中心，可以观察到本地采集的数据按预期上传至云端，如图 4-24 所示（设备名为"sustei_TCP03"）。

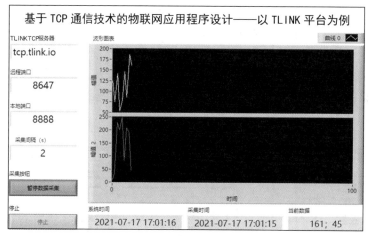

图 4-23　定时采集数据运行界面

图 4-24　物联网平台显示结果

物联网平台创建的 TCP 设备实时数据显示结果与本地采集数据完全一致，可见传统互联网通信技术中的 TCP 通信在物联网应用中仍然具有一席之地，使用 LabVIEW 可以极其容易地建立与物联网云平台的 TCP 连接，实现本地采集数据的物联网云平台上传。

4.3　UDP 通信程序设计

本节简要介绍 UDP 通信的基础知识，以工业物联网平台 TLINK 中云端设备的数据发布设计为目标，指出互联网环境下 UDP 客户端应用程序设计的基本方法，工业物联网平台 TLINK 中 UDP 设备的创建、通信数据帧的构造和测试；在 UDP 客户端应用程序设计框架的基础上，给出数据采集计算机与物联网云端设备之间通信程序实现的完整步骤以及程序运行结果的测试。本节实例可为"云、网、端"技术架构下基于 UDP 的数据采集终端实现物联网云端数据发布相关应用程序设计提供参考和借鉴。

4.3.1　背景知识

1. UDP 通信基本概念

UDP（User Datagram Protocol，中文名是用户数据报协议）是一个简单的面向数据报的传输层协议，在网络中用于处理数据包，是一种无连接的协议。UDP 不提供可靠性的传输，它只是把应用程序传给 IP 层的数据报发送出去，但是并不能保证它们能到达目的地。由于 UDP 在传输数据报前不用在客户和服务器之间建立连接，且没有超时重发等机制，故传输速度很快。

UDP 通信具有以下显著特点。

- 每个分组都携带完整的目的地址。
- 发送数据之前不需要建立连接。
- 不对数据包的顺序进行检查，不能保证分组的先后顺序。
- 不进行分组出错的恢复和重传。
- 不保证数据传输的可靠性。

在网络质量不佳的环境下，UDP 数据包丢失会比较严重。但是由于 UDP 的特性（它不属于连接型协议，具有资源消耗小、处理速度快的优点），通常在传送音频、视频和普通数据时较多使用 UDP，它们即使偶尔丢失一两个数据包，也不会对接收结果产生太大影响。

使用 UDP 网络发送数据注意事项如下。

- 必须保证它们在同一个局域网中，且要在一个网段，跨网不能直接通信。
- 互相 ping 通，方可通信。

在进行 UDP 通信时，需要明确一个是发送端（有时也称为客户端），一个是接收端（有时也称为服务器）。基于 UDP 编写通信软件时，其程序设计基本流程如图 4-25 所示。

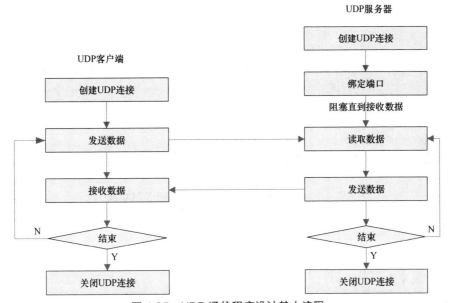

图 4-25 UDP 通信程序设计基本流程

UDP 通信分为单播、广播、组播这 3 种模式。

- 单播：用于两个主机之间端对端的通信，即一对一（客户端与服务器点到点连接）。
- 广播：用于一个主机与整个局域网上所有主机的通信，即一对所有。广播禁止在 Internet 宽带网上传输，否则容易引发广播风暴。主机发送广播消息时，需要指定目的 IP 地址（255.255.255.255）和接收者的端口号。
- 组播（多播）：用于一组特定的主机的通信，而不是整个局域网上的所有主机的通信，即一对一组。在多播系统中，有一个源点、一组终点。这是一对多的关系。在这种类型的通信中，源地址是一个单播地址，而目的地址是一个组地址。在 IPv4 中组地址是一个 D 类 IP 地址，范围从 224.0.0.0 到 239.255.255.255，并被划分为局部连接多播地址、预留多播地址和管理权限多播地址这 3 类。

单播和广播是两个极端，要么实现一个主机的通信，要么实现整个局域网上的主机的通信。实际情况下，经常需要实现一组特定的主机的通信，而不是整个局域网上的所有主机的通信，这就是组播的用途。

> **注**　只有 UDP 才有广播、组播的传递方式，组播的重点是高效地把同一个包尽可能多地发送到不同的甚至可能未知的设备。相比于 TCP 通信协议，UDP 省去了建立连接和拆除连接的过程，取消了重发检验机制，能够达到较高的通信速率，因而在实际中仍然被有广泛地应用。

2. LabVIEW 中 UDP 程序设计

LabVIEW 中用于 UDP 串行通信的节点位于"函数→数据通信→协议→UDP"子选板中，如图 4-26 所示。

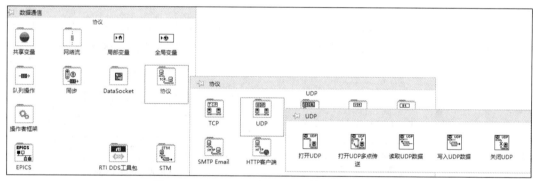

图 4-26　LabVIEW 中 UDP 函数和 VI 子选板

UDP 通信主要函数节点和 VI 及其功能如表 4-3 所示。

表 4-3　UDP 通信主要函数节点和 VI 及其功能

选板对象	说明
打开 UDP	打开端口或服务名称的 UDP 套接字
打开 UDP 多点传送	打开端口上的 UDP 多点传送套接字。必须手动选择所需多态实例
读取 UDP 数据	从 UDP 套接字读取数据报并输出返回结果
写入 UDP 数据	使数据写入远程 UDP 套接字
关闭 UDP	关闭 UDP 套接字

LabVIEW 中 UDP 通信程序设计是比较容易实现的，以数据发送为例，最少可由"打开 UDP""写入 UDP 数据""关闭 UDP" 3 个函数节点以及 While 循环结构实现连续发送，如图 4-27 所示。

在真实应用场景中，可在轮询设计模式、事件响应设计模式、状态机设计模式以及其他程序设计模式中灵活使用这 3 个节点，实现数据的 UDP 发送功能。

接收 UDP 数据同样最少需要"打开 UDP""读取 UDP 数据""关闭 UDP" 3 个函数节点以及 While 循环结构来实现，多数真实应用场景中，UDP 通信中发送和接收数据以并行方式工作。典型的 UDP 并行收发功能实现的程序框图如图 4-28 所示。

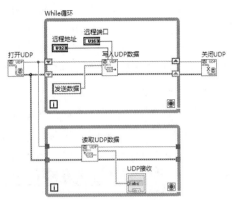

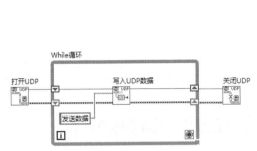

图 4-27　UDP 连续发送功能实现的程序框图　　　图 4-28　UDP 并行收发功能实现的程序框图

4.3.2　设计要求

如前所述，UDP 通信需要完成客户端、服务器两部分程序设计，为了简化系统开发，这里依托物联网开发平台发挥 UDP 服务器功能，应用系统开发可侧重于 UDP 客户端开发，从而实现一种基于系统集成思想的物联网应用的快速、高效开发。

本节实例中，使用工业物联网平台 TLINK 创建 UDP 的虚拟设备，相关信息如图 4-29 所示。

图 4-29　工业物联网平台 TLINK 中创建的 UDP 虚拟设备

此时 TLINK 物联网开发平台相当于功能完备的服务器，一般意义上的物联网应用开发仅需关注客户端采集状态数据，连接 TLINK 物联网平台，将采集的数据发布于物联网开发平台即可。

向 TLINK 物联网云平台指定设备上传测量数据的 UDP 通信程序实现的具体功能如下所示。

- 以随机数产生的方式模拟 2 路数据的定时采集。
- 能够将采集的数据封装为 TLINK 中自定义数据协议对应的数据包。
- 能够在本机以多路信号波形图表的形式显示采集的数据。
- 能够分别显示系统当前时间、数据采集时间，以及最新采集的 2 路数据值。
- 能够借助 UDP 通信技术将采集数据传输至 TLINK 物联网平台，实现指定设备相关数据的更新。

4.3.3　通信测试

本节拟编写程序实现基于 UDP 通信技术将采集的数据上传至物联网平台。目前比较常用的物联网云平台有：OneNET、阿里云、百度云、机智云、TLINK、传感云等，其中 OneNET 为中国移动开源免费的云平台，功能丰富，协议比较多。TLINK 平台功能也比较丰富，其数据协议可以自定义，与工业界常见数据协议一致，而且比 OneNET 更加简洁、易用，因而是物联网实践的最佳平台之一。

在 TLINK 中首先完成注册，然后单击控制台，在左侧导航栏中选择"设备管理→添加设备"，进入添加设备页面，填写云端 UDP 设备名称、选择"UDP"链接协议、添加传感器、确定设备的地理位置，完成 UDP 设备创建，如图 4-30 所示。

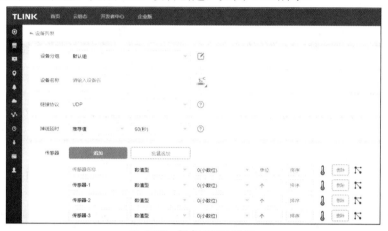

图 4-30　添加 UDP 设备

设置设备中创建的传感器相关数据（如名称、单位等），单击地图以设置设备所在位置，单击"创建设备"按钮。

在控制台导航栏选择"设备列表"，单击上一步"创建设备"右侧的"设置连接"，进入设备数据协议定义页面，如图 4-31 所示。

图 4-31　构造 UDP 设备通信数据帧

假设测量值为 11.22 和 33.44，则图 4-31 中所示数据协议对应数据帧为@11.22-33.44@。于是完整的上行数据为连接了设备序列号的数据帧：██████████@11.22-33.44@。

打开网络调试助手，选择 UDP，单击"打开"，输入 TLINK 平台 UDP 通信服务器 IP 地址和对应端口号，按照上行数据规程输入发送数据，并单击"发送"按钮。此时 TLINK 平台 UDP 设备表征连接状态的字符颜色从灰色变为黑色，设备对应传感器测量值刷新，表明基于 UDP 通信技术实现测量数据上传物联网平台的功能得以实现。测试结果如图 4-32 所示。

图 4-32　UDP 数据上传测试

与字符串通信不同，当数据协议定义为十六进制字节数组（工业领域应用更为广泛的一种通信方式）方式时，测量数据以字节数组形式表示，发送时设备序号需转换为字节数组表示形式，而且帧头、帧尾需明确定义才能成功发送。限于篇幅，此处不赘述。

4.3.4　硬件连接

基于 UDP 的通信程序设计，必须保证计算机可以连通网络（有线或无线，接入方式不限）。由于路由器使用的约束和限制，常规 UDP 通信程序设计仅限于局域网内计算机之间的数据交换。而物联网应用更多时候是大范围、多平台之间的数据通信，这个可以借助物联网平台作为中介——数据采集系统将采集数据上传至物联网平台，其他终端则从物联网平台访问采集的数据，从而实现物物联网，达到进行数据交换、数据共享的目的。

只要计算机能够接入互联网，能够 ping 通远程物联网服务器，即可进行基于 UDP 的数据通信程序编写。如图 4-33 所示的是借助路由器接入互联网，实现计算机与 TLINK 物联网云平台的连接。

图 4-33　计算机采用 UDP 接入 TLINK 物联网平台联网方案

这种组网模式借助物联网云平台，可以实现不同网段内终端的数据通信。本例中，计算机通过家用/办公室路由器连接互联网，实现对 TLINK 物联网平台的访问。

4.3.5　程序实现

1. 程序设计思路

程序拟实现模拟人工控制的数据采集，并将采集数据上传至云端；程序运行时只要用户单击"启动数据采集"按钮，就按照用户指定的时间间隔循环采集并上传数据，用户再次单击则暂停数据采集并上传云端，如此循环往复。为了简化程序设计，采取轮询设计模式设计程序——在 While 循环结构中，程序利用条件结构检测前面板中启动数据采集工作的布尔类控件操作状态，以及"已用时间"节点状态做出相应的处理。主要检测并处理的状态如下。

- 数据采集按钮操作状态检测——该按钮在"启动数据采集""暂停数据采集"两个状态之间切换，按钮机械动作模式设置为"单击时转换"，按钮状态为"真"，则采集数据并上传云端，否则不做任何处理。
- "已用时间"节点状态检测——检测指定目标时间是否到达，如果到达，则开始依次进行数据采集和云端上传工作。
- "停止"按钮操作状态检测——检测是否存在单击按钮导致其值发生改变的条件，如果满足条件则退出程序。

为了使得程序人机交互效果更加友好，程序结构在循环事件处理结构的基础上，添加顺序结构，将这个程序分为 2 个顺序帧。其中第 1 帧为程序初始化帧，完成程序运行前各类控件的初始化；第 2 帧为主程序帧，即前面创建的循环事件处理程序结构，完成对程序中各类状态的实时检测，并针对检测结果做出相应的处理。

2. 前面板设计

根据前述程序设计思路，按照以下步骤完成前面板控件设置。

步骤 1：为了设置 TLINK 平台中 UDP 服务器的 IP 地址，添加字符串类控件"字符串控件"（控件→新式→字符串与路径→字符串控件），设置标签为"服务器"。

步骤 2：为了设置 TLINK 平台中 UDP 服务器对应的端口，添加数值类控件"数值输入控件"（控件→新式→数值→数值输入控件），设置标签为"远程端口"，设置数据类型为 U16。

步骤 3：为了设置 TLINK 平台中本机对应的端口，添加数值类控件"数值输入控件"（控件→新式→数值→数值输入控件），设置标签为"本地端口"，设置数据类型为 U16。

步骤 4：为了触发数据采集事件，添加布尔类控件"确定按钮"（控件→新式→布尔→确定按钮），设置标签为"采集按钮"，设置按钮显示文本为"启动数据采集"。

步骤 5：为了确定用户结束程序操作，添加布尔类控件"停止按钮"（控件→新式→布尔→停止按钮），按钮标签、显示文本保持默认值。

步骤 6：为了显示 2 路数据采集波形，添加图形类控件"波形图表"（控件→新式→图形→波形图表）。

步骤 7：为了显示系统当前时间，添加字符串类控件"字符串显示控件"（控件→新式→字符串与路径→字符串显示控件），设置标签为"系统时间"。

步骤 8：为了显示每一次数据采集时间，添加字符串类控件"字符串显示控件"（控件→新式→字符串与路径→字符串显示控件），设置标签为"采集时间"。

步骤 9：为了显示当前采集的 2 路数据取值，添加字符串类控件"字符串显示控件"（控件→新式→字符串与路径→字符串显示控件），设置标签为"当前数据"。

调整各个控件的大小、位置，使得操作界面更加和谐、友好。最终完成的程序前面板设计结果如图 4-34 所示。

3. 程序框图设计

步骤 1：程序总体结构为 2 帧顺序结构，第 1 帧为初始状态设置，第 2 帧实现程序主体功能。创建 2 帧的顺序结构，设置第 1 帧"子程序框图标签"为"初始化"，第 1 帧中调用节点"打开 UDP"（函数→数据通信→协议→UDP→打开 UDP），设置连接参数，实现本地 UDP 端口的创建和打开；并通过局部变量赋值、属性节点调用等操作实现程序运行初始状态下有关控件初始化赋值，最终完成的初始化帧程序子框图设计结果如图 4-35 所示。

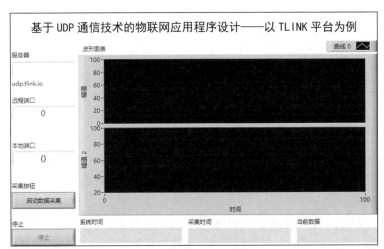

图 4-34　程序前面板

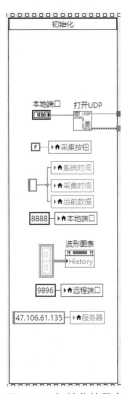

图 4-35　初始化帧程序
子框图

步骤 2：在顺序结构中，设置第 2 帧"子程序框图标签"为"主程序"，以便提高程序框图可读性。主程序为"While 循环结构+条件结构+移位寄存器"的轮询式结构，实现对程序界面中按钮控件"数据采集"动作状态的轮询，如图 4-36 所示。

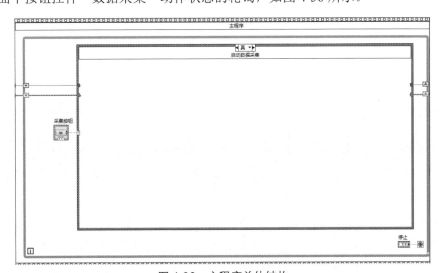

图 4-36　主程序总体结构

步骤 3：在 While 循环结构内，按钮控件"采集按钮"连接条件结构实现程序轮询状态中对于是否启动数据采集的判断。调用节点"获取日期/时间字符串"（函数→编程→定时→获取日期/时间字符串），设置端口"需要秒？"为逻辑真，并调用节点"连接字符串"，将节点"获取日期/时间字符串"输出的日期字符串、时间字符串连接为空格间隔的完整字符串，结果赋予控件"系统时间"，实现系统时间的实时刷新显示，如图 4-37 所示。

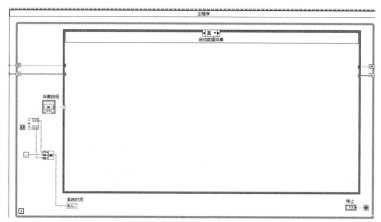

图 4-37　主程序中显示系统当前时间的程序子框图

步骤 4：按钮控件"采集按钮"连接的条件结构对应"真"（单击按钮，启动采集）分支子框图内，借助属性节点设置按钮控件"采集按钮"的显示文本为"停止数据采集"，实现一个按钮两种功能的操作提示。

为了实现间隔 3s 采集一次数据（采样速率小于 1Hz，物联网开发平台会禁用访问设备），添加节点"已用时间"（函数→编程→定时→已用时间），设置"目标时间"为 3s，并勾选"超过目标时间后自动重置"。其输出端口"结束"连接条件结构（函数→编程→结构→条件结构），实现目标时间是否达到的判断，从而实现用户单击"启动数据采集"按钮后，程序定时开展后续工作的程序结构，如图 4-38 所示。

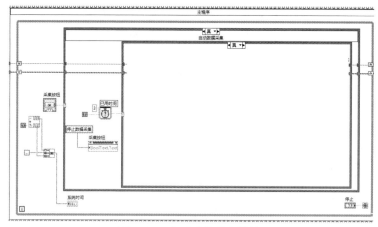

图 4-38　定时采集程序结构

步骤 5：节点"已用时间"连接的条件结构对应"真"（3s 间隔时间到，开始一次数据采集）分支子框图内，以产生随机数的方式模拟数据采集，采集的 2 组数据封装为符合 TLINK 物联网平台创建 UDP 设备用户协议的数据帧。按照 TLINK 平台规定，首先调用节点"打开 UDP"（函数→数据通信→协议→UDP→打开 UDP），按照 TLINK 中定义的数据帧格式，以设备序列号"▓▓▓▓▓▓▓▓▓▓▓"为前缀，将采集的数值类型转换为字符串类型，调用节点"连接字符串"（函数→编程→字符串→连接字符串），构造发送数据帧。然后调用节点"写入 UDP 数据"（函数→数据通信→协议→UDP→写入 UDP 数据），完成本地采集数据上传物联网平台的功能。同时调用节点"捆绑"（函数→编程→簇、类与变体→捆绑），将采集的数据封装为簇数据类型，并通过波形图表显示，对应的程序子框图如图 4-39 所示。

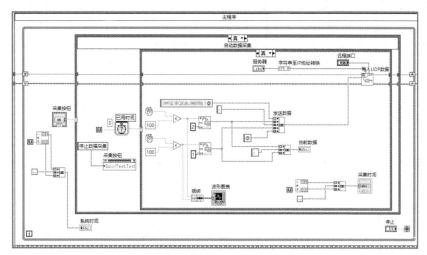

图 4-39　数据采集、显示、上传物联网平台

步骤 6：按钮控件"采集按钮"连接的条件结构对应"假"（停止数据采集）分支子框图内，创建"采集按钮"控件对应的属性节点，设置属性节点为写入模式，并赋值"启动数据采集"（以便再次单击开始采集工作）；直接连接左右两侧有关 UDP 资源引用、错误信息传递，对应的程序子框图如图 4-40 所示。

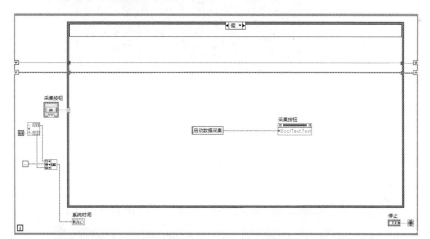

图 4-40　按钮控件"采集按钮"状态为"假"时程序子框图

步骤 7：为了实现应用程序能比较"优雅"地退出，While 循环结构之外，还需完成以下操作。

调用节点"关闭 UDP"（函数→数据通信→协议→UDP→关闭 UDP），实现 UDP 通信中资源引用的释放。

调用节点"清除错误"（函数→编程→对话框与用户界面→清除错误），采取简单、直接的方式清除程序执行过程中出现的错误。

至此，完整的基于 UDP 通信技术的物联网平台采集数据上传程序全部完成，对应的完整程序框图如图 4-41 所示。

127

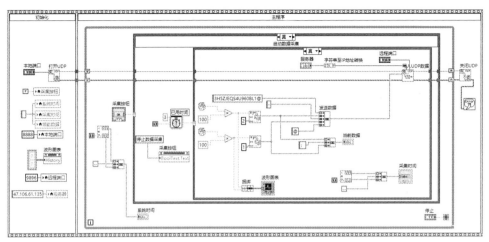

图4-41 完整程序框图

4.3.6 结果测试

单击工具栏中的"运行"按钮 ，测试程序功能。程序前面板对应的运行结果如图4-42所示。

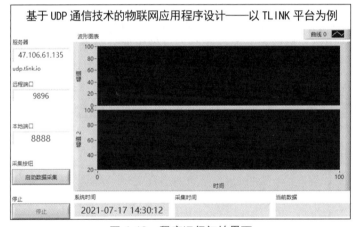

图4-42 程序运行初始界面

单击"启动数据采集"按钮，可以观察到每间隔3s采集一次数据，波形图表中显示2路数据波形，系统时间、采集时间、当前数据均可正确显示，结构如图4-43所示。

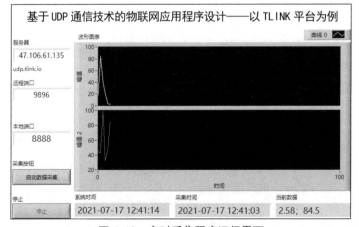

图4-43 定时采集程序运行界面

此时，进入 TLINK 物联网平台用户账号对应的监控中心，可以观察到本地采集的数据按预期上传至云端，如图 4-44 所示。

图 4-44 物联网平台显示结果

物联网平台创建 UDP 设备实时数据显示结果与本地采集数据完全一致，可见传统互联网通信技术中的 UDP 通信在物联网应用中仍然有一席之地，使用 LabVIEW 可以极其容易地建立与物联网云平台的 UDP 连接，实现本地采集数据的物联网云平台上传。

4.4 HTTP 通信程序设计

本节简要介绍 HTTP 通信的基础知识，以工业物联网平台 TLINK 中云端设备的数据发布设计为目标，指出互联网环境下 HTTP 客户端应用程序设计的基本方法，工业物联网平台 TLINK 中 HTTP 设备的创建、通信数据帧的构造和测试；在 HTTP 客户端应用程序设计框架的基础上，给出数据采集计算机与物联网云端设备之间通信程序实现的完整步骤以及程序运行结果的测试。本节实例可为"云、网、端"技术架构下数据采集终端基于 HTTP 实现物联网云端数据发布相关应用程序设计提供参考和借鉴。

4.4.1 背景知识

1. HTTP 背景知识

HTTP 是超文本传送协议的英文缩写，英文全称是 HyperText Transfer Protocol。HTTP 是一种基于 TCP/IP 的应用层协议，用于本地浏览器和 Web 服务器之间传输 HTML 文件、图片文件、查询结果等数据。HTTP 有多个版本，目前广泛使用的是 HTTP/1.1 版本。

一般而言，基于 HTTP 的应用系统由 2 个应用程序实现：一个客户端程序和一个服务器程序。客户端程序和服务器程序通过交换 HTTP 报文进行会话。HTTP 定义了这些报文的结构以及客户端和服务器进行报文交换的方式。

当在客户端打开浏览器，在地址栏中输入 URL（Uniform Resource Locator，统一资源定位符，用于描述一个网络上的资源），实际上是客户端的浏览器给 Web 服务器发送了一个请求报文，Web 服务器接到服务请求后进行处理，生成相应的响应报文，然后发送给浏览器，浏览器解析响应报文中的 HTML，并显示解析结果，过程如图 4-45 所示。

图 4-45 HTTP 通信模型

HTTP 定义了客户端与服务器交互的不同方式，主要的方式有 GET、POST、PUT、DELETE、HEAD、OPTIONS 等。应用系统开发比较常用的是 GET 方式（客户端期望获取服务器数据）和 POST 方式（客户端刷新服务器数据）。无论哪一种方式都是通过交换 HTTP 报文完成客户端和服务器之间的会话。HTTP 报文主要分为两部分，一个是客户端传送给服务器的请求报文，另一个是服务器反馈给客户端的响应报文。

HTTP 请求报文一般为由多行字符串构成的消息结构，多行字符串分为 3 个部分。

- 请求行：包括请求方式、URL、协议版本号。
- 请求头：向服务器提交的附加信息。
- 请求正文（Body）：向服务器提交的数据信息。

HTTP 请求报文结构如图 4-46 所示。

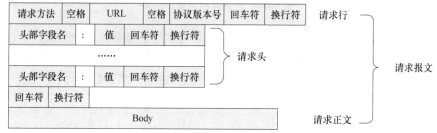

图 4-46　HTTP 请求报文结构

图 4-46 中请求行中的请求方法即确定 GET 还是 POST 抑或其他的请求方法；URL 为请求资源的位置；请求头表示请求报文的附属信息，一般由多组头域组成，每个头域由域名、冒号（:）和域值 3 个部分组成；请求正文又称请求数据，其封装了主要的请求信息。

常用请求和响应报文头字段及其作用如表 4-4 所示。

表 4-4　常用请求和响应报文头字段及其作用

名称	作用
Content-Type	请求体/响应体的类型，如 text/plain、application/json
Accept	说明接收的类型，可以多个值，用逗号（，）分开
Content-Length	请求体/响应体的长度，单位为 B
Content-Encoding	请求体/响应体的编码格式，如 gzip、deflate
Accept-Encoding	告知对方我方接收的 Content-Encoding
ETag	给当前资源的标识，和 Last-Modified、If-None-Match、If-Modified-Since 配合，用于控制缓存
Cache-Control	取值为一般为 no-cache 或 max-age=XX，XX 为整数，表示该资源缓存有效期（单位为 s）

其中，Content-Type 指的是内容类型，一般是指网页中存在的 Content-Type，用于定义网络文件的类型和网页的编码，决定浏览器将以什么形式、什么编码读取这个文件。

来自服务器的响应报文的结构，和请求报文的结构基本一样。同样也分为 3 部分。

- 状态行：包括协议版本号、状态码、短语（状态消息）。
- 响应头：包括生成响应的时间、编码类型等。
- 响应体：服务器反馈给客户端的信息。

HTTP 响应报文结构如图 4-47 所示。

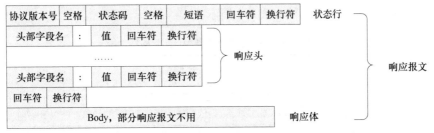

图 4-47 HTTP 响应报文结构

其中，状态码由 3 位数字组成，第一个数字定义了响应的类别，分 5 种类别，如表 4-5 所示。

表 4-5 HTTP 响应报文状态码类别及其含义

编号	状态码类别	含义
1	1xx	指示信息——表示请求已被接收，可继续处理
2	2xx	成功——表示请求已被成功接收、理解
3	3xx	重定向——要完成请求必须进行更进一步的操作
4	4xx	客户端错误——请求有语法错误或请求无法实现
5	5xx	服务器错误——服务器未能实现合法的请求

典型状态码及其含义如表 4-6 所示。

表 4-6 HTTP 响应报文典型状态码及其含义

编号	状态码取值	含义
1	200	客户端请求成功
2	400	客户端请求有语法错误，服务器无法理解
3	401	请求未经授权
4	403	服务器接收请求但是拒绝服务
5	404	请求资源不存在
6	500	服务器发生不可预期的错误
7	503	服务器当前不能处理客户端的请求，一段时间后可能恢复正常

开发者可根据响应报文的状态码取值调试程序，诊断错误。

2. LabVIEW 的 HTTP 通信程序设计

LabVIEW 中用于 HTTP 串行通信的节点位于"函数→数据通信→协议→HTTP 客户端"子选板中，如图 4-48 所示。

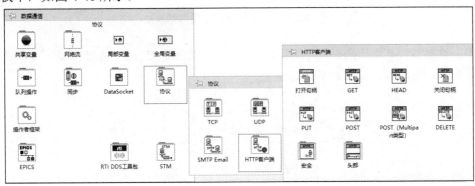

图 4-48 HTTP 客户端 VI 子选板

对应的主要 VI 节点及其功能如表 4-7 所示。

表 4-7　HTTP 客户端主要 VI 节点及其功能

选板对象	说明
DELETE	发送 Web 请求，删除服务器、Web 页面或 Web 服务上的资源。该 VI 使用 DELETE HTTP 方式，接收 DELETE VI 请求的服务器必须配置为依据接收指定 URL 的 DELETE Web 请求删除资源
GET	发送 Web 请求，返回服务器、Web 页面或 Web 服务的头和 Body。该 VI 使用 GET HTTP 方式，不上传任何数据至服务器；也可通过输出文件保存 Body 数据
HEAD	发送 Web 请求，返回服务器、Web 页面或 Web 服务的头。该 VI 使用 HEAD HTTP 方式，不提取数据至服务器或接收 Body 数据。该 VI 使用尽可能少的数据更改，可用于检测 URL 的有效性
POST	发送提交数据或文件至服务器、Web 页面或 Web 服务的 Web 请求。该 VI 使用 POST HTTP 方式。关于 HTTP 方式定义（包括 POST 方式），见 World Wide Web Consortium 官方网站。通过 POST（Multipart 类型） VI 使用 multipart/form-data MIME 类型发送 POST 请求
POST（Multipart 类型）	发送提交多组数据或文件至服务器、Web 页面或 Web 服务的 Web 请求。该 VI 使用 POST HTTP 方式和 multipart/form-data MIME 类型。 该 VI 可提交通过 postdata 簇数组表示的多个数据集合。每一个数据集合为"客户端：文件；服务器：文件""客户端：文件；服务器：缓冲数据""客户端：缓冲数据；服务器：缓冲数据""客户端：缓冲数据；服务器：文件"四种组合之一
PUT	发送提交数据或文件至服务器、Web 页面或 Web 服务的 Web 请求。该 VI 使用 PUT HTTP 方式。关于 HTTP 方式定义（包括 PUT 方式），见 World Wide Web Consortium 官方网站
打开句柄	打开客户端句柄。通过客户端句柄可在保留验证凭证、HTTP 头和 Cookie 的同时，连接多个 HTTP 客户端 VI。如需要，还可指定用户名和密码，以发送 Web 请求至需要验证的服务器；也可创建 Cookie 文件，保存多个 Web 请求间的数据
关闭句柄	关闭客户端句柄，并删除与客户端句柄关联的所有已存储 Cookie、验证凭证和 HTTP 头。如可能，该 VI 还可终止所有 HTTP 连接，退出验证

HTTP 请求服务器数据的基本程序结构仅需要"OpenHandle"（打开句柄）、"GET"、"CloseHandle"（关闭句柄）3 个节点，并设置相关参数，即可实现对应功能。其中 VI "GET"需要指定参数 URL，这一参数一般按照服务器提供的 API 格式规范构造，GET 请求的数据会附在 URL 之后，以"?"分隔 URL 和传输数据，参数以"&"相连，其程序结构如图 4-49 所示。

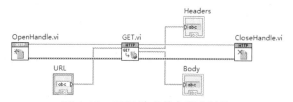

图 4-49　GET 请求基本程序结构

如需设置 HTTP 请求头参数，仅需在"GET"节点前添加节点"AddHeader"（添加头），并设置有关参数即可，如图 4-50 所示。

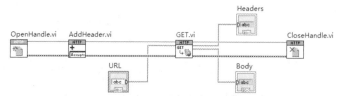

图 4-50　带头部信息的 GET 请求基本程序结构

如果是向服务器提交数据，同样也仅需"OpenHandle（打开句柄）""AddHeader"（添加头）"POST""CloseHandle"（关闭句柄）4 个节点，并设置相关参数，即可实现对应功能，如图 4-51 所示。

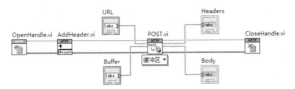

图 4-51　带头部信息的 POST 请求基本程序结构

4.4.2　设计要求

基于 LabVIEW 设计程序，实现基于 HTTP 的 TLINK 物联网云平台指定设备测量数据的上传和访问。本节实例中，已经在 TLINK 物联网云平台创建的设备相关信息如图 4-52 所示。

图 4-52　TLINK 中创建的设备

向 TLINK 物联网云平台指定设备上传测量数据的 HTTP 通信程序实现的具体功能如下所示。

- 能够刷新并获取 TLINK 物联网云平台设备参数访问必需的 accessToken（访问令牌）。
- 能够以产生指定区间随机数的形式模拟数据采集过程。
- 能够将采集的数据封装为 JSON 格式的 HTTP 请求数据。
- 能够借助 HTTP 数据通信功能将采集的数据以及封装的 JSON 请求数据上传至 TLINK。
- 能够根据用户需求，借助 HTTP 数据通信功能，访问 TLINK 物联网云端创建的设备最近一个月的测量数据。
- 能够对 HTTP 数据通信访问到的指定设备测量参数对应的 JSON 数据包进行解析，获取对应的测量参数。

4.4.3　通信测试

TLINK 物联网云平台可以使用各种标准的 HTTP 客户端访问 API，但是所有 API 访问都是基于 OAuth2.0 协议调用的，即调用接口前首先判断本地是否有 accessToken，以及 accessToken 是否过期。如果不存在 accessToken 或者 accessToken 过期，则调用用户授权接口，获取并保存 accessToken。使用 accessToken 才能调用其他接口。

获取 accessToken 前首先登录 TLINK，获取账号信息，如图 4-53 所示。

图 4-53　TLINK 中个人账号有关信息

其中 Token Name、Client ID、Client Secret 等参数的取值在后续过程中极其重要，需要事先记录下来。使用 HTTP 调试工具 POSTMAN 获取 accessToken，按照图 4-54 所示的 9 个步骤，依次填写 TLINK 中个人账号的相关信息。

图 4-54　POATMAN 创建新的 accessToken

单击"Get New Access Token"按钮，弹出如图 4-55 所示的对话框。

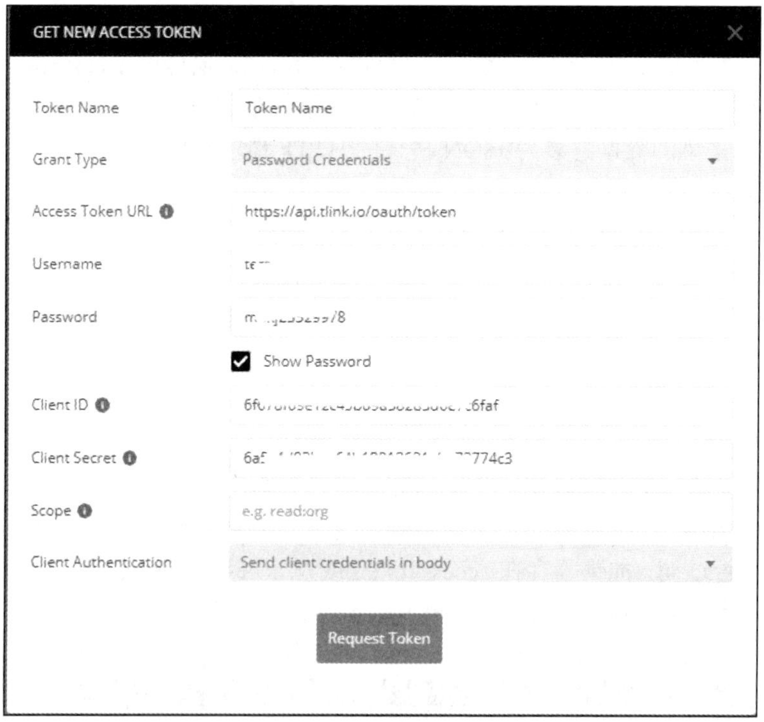

图 4-55　请求 Token

单击"Request Token"按钮，弹出如图 4-56 所示的界面。在界面中即可看到请求获得的 accessToken。不过这个 accessToken 有使用期限，请记住图中提供的 refresh_token（稳定不变）。向 TLINK 物联网平台发起 HTTP 请求时，可以使用 refresh_token 获取最新的 accessToken。

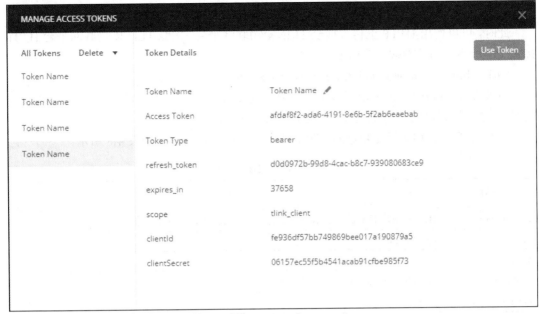

图 4-56　创建的 accessToken 信息

获取最新 accessToken 的 HTTP 请求相关设置如下。

■ 请求方式：POST。

■ 接口地址：http://api.tlink.io/oauth/token。

■ 所需参数：grant_type、refresh_token、client_id、client_secret。其中 grant_type 为固定值，grant_type=refresh_token；refresh_token 为创建时获取的 Token；client_id、client_secret 为开发者个人账号信息。

综合上述信息，创建 POSTMAN 中的 POST 服务请求，刷新本人账号使用 client_id、client_secret 对应的 accessToken 请求、请求参数设置以及响应信息，如图 4-57 所示。

图 4-57　HTTP 请求新的 accessToken

如图 4-57 所示，每一次请求，都会获取最新的 accessToken 以备后续其他 API 使用。

此时，可以使用 HTTP 上传数据至 TLINK 物联网平台，按照 TLINK 物联网平台 HTTP 接入文档所述，相关参数设置如下。

URL：http://api.tlink.io/api/device/sendDataPoint。

请求方式：POST，该请求报文中，需要设置 accessToken、客户端 ID 等信息，提交物联网平台的感知数据在 JSON 格式的 Body 参数中构造。

TLINK 要求 HTTP 提交数据的 POST 请求头需要设置的参数如表 4-8 所示。

表 4-8　上传数据需要设置的头部参数

参数	参数说明
Authorization	Bearer 用户获取的 accessToken（注意 Bearer 后面必须有空格）
Host	api.tlink.io
Content-Type	application/json
tlinkAppId	clientId（在用户账号信息中查询）
cache-control	没有缓存

本例中 POSTMAN 中请求设置实例如图 4-58 所示。

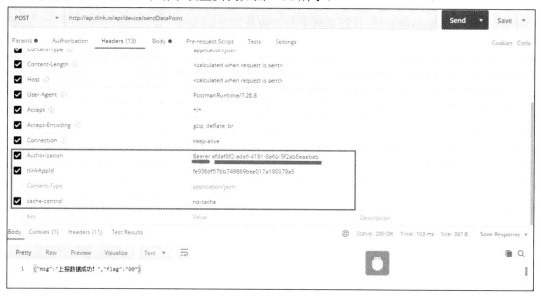

图 4-58　POST 请求中的头部参数设置

POST 请求中，上传物联网平台的数据以 JSON 格式在请求体 Body 参数中构造，Body 参数的 JSON 键值对结构如表 4-9 所示。

表 4-9　上传数据 Body 参数的 JSON 键值对结构

参数	类型	参数说明
userId	整数	用户 ID，账号信息中可查，必选
addTime	字符串	上传时间，可选，没有时间的情况下默认以服务器接收到数据的时间为准
deviceNo	字符串	设备序列号，必选
sensorDatas	数组	上传的数据集合

其中 sensorDatas 数组中不同类型单个元素的结构如表 4-10 所示。

表 4-10　Body 参数中不同类型数据元素的结构

数据类型	参数名称	取值类型	参数说明
数值型单个元素	sensorsId	整数	传感器 ID，设备信息中可查，必选
	value	字符串	如 "123.45" 的数值型数据
定位型单个元素	sensorsId	整数	传感器 ID，设备信息中可查，必选
	lat	浮点数	定位型纬度
	lng	浮点数	定位型经度
开关型单个元素	sensorsId	整数	传感器 ID，设备信息中可查，必选
	switcher	字符串	如 "0" "1" 的开关型数值
字符串型单个元素	sensorsId	整数	传感器 ID，设备信息中可查，必选
	string	字符串	如 "zifuchuan" 的字符串数据

某设备下 2 个数值型传感器的上行数据请求示例如图 4-59 所示。

图 4-59　POST 请求中的 JSON 格式请求体

单击 "Send" 按钮，TLINK 服务器返回图 4-59 所示的信息表明数据上传成功！

同样，基于 HTTP 访问 TLINK 物联网云平台设备数据，也是比较方便的，比较常用的有 3 类访问方式：获取单个设备的传感器数据、获取单个传感器数据、获取设备传感器历史数据。其访问方式以及必需的参数如表 4-11 所示。

表 4-11　访问方式以及必需的参数

访问方式	参数		值
获取单个设备的传感器数据	请求方式		GET、POST 均可
	URL		http://api.tlink.io/api/device/getSingleDeviceDatas
	请求头	Authorization	Bearer 用户获取的 accessToken（Bearer 后面有空格）
		tlinkAppId	客户端 ID
		Content-Type	application/json
		cache-control	no-cache
	请求体	userId	用户 ID，必选参数
		deviceId	设备 ID，可选参数，设备 ID 序列号二选一
		deviceNo	设备序列号，设备 ID 序列号二选一
		currPage	当前页，必选参数
		pageSize	每页返回的记录数，必选参数，最多不能超过 1000
获取单个传感器数据	请求方式		GET、POST 均可
	URL		http://api.tlink.io/api/device/getSingleSensorDatas
	请求头	Authorization	Bearer 用户获取的 accessToken（Bearer 后面有空格）
		tlinkAppId	客户端 ID
		Content-Type	application/json
		cache-control	no-cache
	请求体	userId	用户 ID，必选参数
		sensorId	传感器 ID，必选参数
获取设备传感器历史数据	请求方式		GET、POST 均可
	URL		http://api.tlink.io/api/device/getSensorHistroy
	请求头	Authorization	Bearer 用户获取的 accessToken（Bearer 后面有空格）
		tlinkAppId	客户端 ID
		Content-Type	application/json
		cache-control	no-cache
	请求体	userId	用户 ID，必选参数
		sensorId	传感器 ID，必选参数
		startDate	开始时间，必选参数
		endDate	结束时间，必选参数（不能超过 60 天）
		pagingState	下一页参数，值为空表示首页，必选参数
		pageSize	返回的数据条数

　　利用 POSTMAN 测试获取单个设备的传感器数据，首先设定访问方式为 GET（POST 亦可），填写返回单个设备的传感器数据 API 对应的 URL，设置请求头参数，如图 4-60 所示。

　　切换至 Body 参数设置页，按照 JSON 格式填写"userId""sensorId""startDate""endDate" "pagingState""pageSize"对应的键值，返回结果如图 4-61 所示。

　　单击"Send"按钮，访问结果如图 4-62 所示。

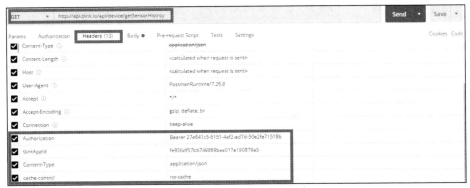

图 4-60　GET 方式请求单个设备的传感器数据的请求头参数设置

图 4-61　GET 方式请求单个设备的传感器数据的 Body 参数设置

图 4-62　GET 方式请求单个设备的传感器数据的 Body 参数设置及其请求结果

可见该 API 访问成功则给出 JSON 格式的指定时段内（小于 60 天）传感器测量的全部数据。限于篇幅，其他 API 的使用不一一赘述，读者可以模仿本节实例，通过查阅 TLINK 物联网云平台提供的 API 文档自主探索。

4.4.4　硬件连接

HTTP 数据通信的硬件连接比较简单，任何一台计算机，无论是通过有线网络还是通过无线互联网，只要能够接入互联网，能够 ping 通远程服务器，即可进行基于 HTTP 的数据通信程序编写。如图 4-63 所示的是借助本地有线局域网和单位网关设备接入互联网，实现与 TLINK 物联网云平台的连接。

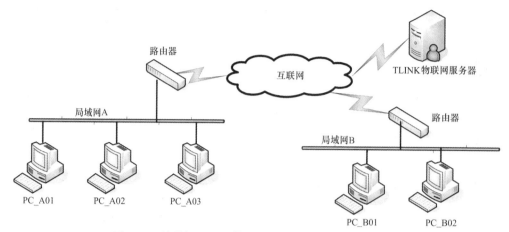

图 4-63　计算机 HTTP 接入 TLINK 物联网平台联网方案

　　这种组网模式借助物联网云平台，不仅可以实现不同网段局域网的数据通信，而且可以轻而易举扩展至更远距离、不同终端之间的数据通信。

　　本例中，计算机通过家用/办公室路由器连接互联网/移动互联网，实现对 TLINK 物联网平台的访问。

4.4.5　程序实现

1. 程序设计思路

　　程序拟实现模拟人工控制的数据采集，并将采集数据上传至云端；同时根据需要请求服务器返回指定时段内历史数据，这些功能属于典型的离散事件处理模式。因此程序总体结构采取事件处理模式。程序需要处理的事件如下。

- "获取 Token"按钮操作事件——单击按钮向 TLINK 服务器发出 Token 刷新请求，获取最新 API 使用需要的 Token 值。
- "采集数据"按钮操作事件——单击按钮模拟数据采集，产生 0～100 的随机整数，作为等待上传至物联网云端的传感器测量数据。
- "上传数据"按钮操作事件——单击按钮将传感器采集的数据上传至物联网云端。
- "获取历史数据"按钮操作事件——单击按钮，按照用户指定的起始时间、结束时间，向 TLINK 物联网平台发出数据请求，获取指定传感器该时段的测量数据（设定数据条目为 100）。
- "停止"按钮操作事件——单击按钮退出应用程序。

2. 前面板设计

　　根据前述程序设计思路，按照以下步骤完成前面板控件设置。

　　步骤 1：为了触发 Token 获取事件，添加布尔类控件"确定按钮"（控件→新式→布尔→确定按钮），设置标签为"获取 Token"，设置按钮显示文本为"获取访问令牌"。

　　步骤 2：为了实现不同传感器数据上传（同一个设备序列号下），添加数值类控件"数值输入控件"（控件→新式→数值→数值输入控件），设置标签为"SensorID"，设置数据类型为 U32。

　　步骤 3：为了触发数据采集事件，添加布尔类控件"确定按钮"（控件→新式→布尔→确定按钮），设置标签、显示文本均为"采集数据"。

　　步骤 4：为了显示传感器测量数据，添加数值类控件"数值显示控件"（控件→新式→数值→数值显示控件），设置标签为"数据"。

步骤 5：为了触发数据上传事件，添加布尔类控件"确定按钮"（控件→新式→布尔→确定按钮），设置标签、显示文本均为"上传数据"。

步骤 6：为了显示上传成功与否，添加布尔类控件"方形指示灯"（控件→新式→布尔→方形指示灯），设置标签为"上传成功"。

步骤 7：为了输入历史数据查询的起始时间，添加数值类控件"时间标识输入控件"（控件→新式→数值→时间标识输入控件），设置标签为"起始时间"。

步骤 8：为了输入历史数据查询的结束时间，添加数值类控件"时间标识输入控件"（控件→新式→数值→时间标识输入控件），设置标签 "结束时间"。

步骤 9：为了触发云端历史数据查询事件，添加布尔类控件"确定按钮"（控件→新式→布尔→确定按钮），设置标签、显示文本均为 "获取历史数据"。

步骤 10：为了显示历史数据请求成功与否，添加布尔类控件"方形指示灯"（控件→新式→布尔→方形指示灯），设置标签为"请求成功"。

步骤 11：为了显示历次 HTTP 服务请求数据，添加字符串类控件"字符串显示控件"（控件→新式→字符串与路径→字符串显示控件），设置标签为"HTTP 请求数据"。

步骤 12：为了显示历次 HTTP 请求对应的服务器响应数据，添加字符串类控件"字符串显示控件"（控件→新式→字符串与路径→字符串显示控件），设置标签为"HTTP 响应数据"；

步骤 13：为了显示云端返回的历史测量数据，添加图形类控件"波形图"（控件→新式→图形→波形图）。

步骤 14：为了实现访问 Token 结果的缓存，便于各类 HTTP 服务请求过程中使用该 Token，添加字符串类控件"字符串显示控件"（控件→新式→字符串与路径→字符串显示控件），设置标签为"Token"，设置该控件为隐藏状态。

步骤 15：为了确定用户结束程序操作，添加布尔类控件"停止按钮"（控件→新式→布尔→停止按钮），设置按钮显示文本为"退出应用程序"。

调整各个控件的大小、位置，使得操作界面更加和谐、友好。最终完成的程序前面板如图 4-64 所示。

3. 程序框图设计

程序实现按照以下步骤完成。

步骤 1：创建 2 帧的顺序结构，第 1 帧为初始化帧。设置第 1 帧"子程序框图标签"为"初始化"，以便提高程序框图可读性。

取系统当前时间为 HTTP 请求结束时

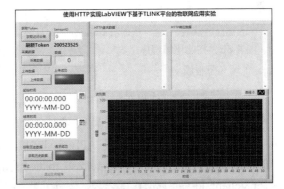

图 4-64　程序前面板

间，计算 30 天时间差，并调用节点"转换为时间标识"将时差结果转换为 LabVIEW 中时间类型数据，作为 HTTP 请求的起始时间。

借助局部变量完成操作界面控件的初始化赋值。

使用属性节点设置"上传数据""采集数据""获取历史数据"按钮为禁用状态。

程序运行时，成功获取最新 Token，才能继续进行下一步操作，"上传数据""采集数据""获取历史数据"按钮才能解除禁用状态，为程序功能的正确实现提供操作时序保障。最终完成的初始化帧程序子框图设计结果如图 4-65 所示。

步骤 2：顺序结构中，设置第 2 帧"子程序框图标签"为"主程序"，以便提高程序框图可读性。主程序为"While 循环结构+事件结构"的设计模式。程序中处理的事件包括。

- "停止：值改变"事件。
- "采集数据：值改变"事件。
- "上传数据：值改变"事件。
- "获取历史数据：值改变"事件。
- "获取 Token：值改变"事件。

此时，对应的主程序子框图如图 4-66 所示。

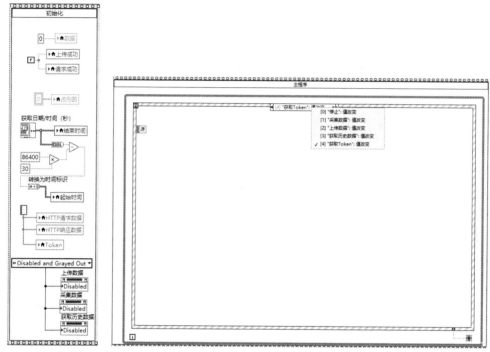

图 4-65　初始化帧程序
　　　　子框图

图 4-66　主程序子框图

步骤 3：获取最新物联网平台 accessToken。在"获取 Token：值改变"事件对应的程序子框图中，实现向 TLINK 物联网平台发出更新 Token 服务请求，获取最新 accessToken。

按照 TLINK 平台提供的 API 访问文档规约，创建字符串常量，取值设定为："http://api.tlink.io/oauth/token?grant_type=refresh_token&refresh_token=c94f29fe-7569-4a1e-b890-ed6b1c6ad366&client_id= ▓▓▓▓▓▓▓▓▓▓▓▓▓▓▓▓▓ &client_secret= ▓▓▓▓▓▓▓▓▓▓▓▓▓▓▓▓▓▓▓▓▓"，作为刷新 accessToken 请求数据。

调用节点"打开句柄"（函数→数据通信→协议→HTTP 客户端→打开句柄），创建 HTTP 客户端句柄。

调用节点"POST"（函数→数据通信→协议→HTTP 客户端→POST），其端口"URL"连接创建的 accessToken 请求数据字符串常量。

调用节点"关闭句柄"（函数→数据通信→协议→HTTP 客户端→关闭句柄），释放 HTTP 客户端句柄。

调用"JSON API"子选板（需安装 JSON API 工具包）中节点"Set"，将节点"POST"输出的服务器响应报文中的 Body 转换为 JSON 对象。

调用"JSON API"子选板（需安装 JSON API 工具包）中节点"Get"，解析出 JSON 对象中的键"access-token"取值。JSON 字符串解析过程无异常，则控件"上传数据""采集数据""获取历史数据"解锁禁用状态，可以测试采集数据、上传数据、获取历史数据等功能。对应的程序子框图如图 4-67 所示。

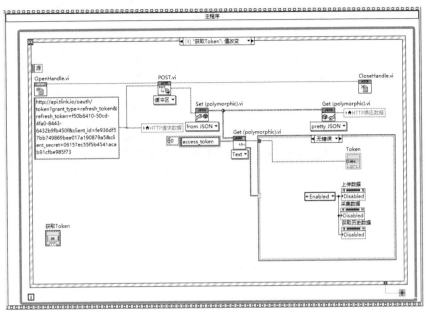

图 4-67　获取 accessToken 成功程序子框图

如果出现异常，解析失败，则控件"Token"赋值空字符串；控件"上传数据""采集数据""获取历史数据"维持禁用状态；并且调用节点"单按钮对话框"（函数→编程→对话框与用户界面→单按钮对话框），提示用户 Token 刷新失败，对应的程序子框图如图 4-68 所示。

步骤 4：在"采集数据：值改变"事件对应的程序子框图中，以随机数生成的方式模拟数据采集并解锁"上传数据"按钮的禁用状态。以生成指定区间随机数的方式模拟数据采集，启用"上传数据"按钮，延时 500ms，以对话框的形式提供操作信息。为了实现相关功能的顺序执行，添加包含 3 帧的平铺式顺序结构，对应的程序子框图如图 4-69 所示。

步骤 5：在"上传数据：值改变"事件对应的程序子框图中，实现将采集的数据上传至 TLINK 物联网平台指定设备对应的传感器。分 4 步完成这一功能。

（1）生成带有头部参数的 POST 请求 HTTP 引用句柄。

按照 TLINK 服务平台 HTTP 上传数据文档描述，调用节点"添加头"，分别设置"Content-Type""Cache-Control""tlinkAppId""Authorization"等参数，将添加了上述头信息的客户端 HTTP 引用作为节点"POST"的客户端句柄，如图 4-70 所示。

（2）设置 POST 请求 URL。

设置节点"POST"的输入参数 URL 为 TLINK 物联网平台单传感器数据上传地址 http://api.tlink.io/api/device/sendDataPoint。

（3）构造 JSON 格式上传数据。

按照 TLINK 提供的单个传感器 HTTP 接入要求，将用户 ID、设备序列号、传感器 ID、采集数据等封装为 JSON 格式的 HTTPBody 参数，连接节点"POST"输入参数"缓冲区"，实现采集数据的 HTTP 上传，对应的程序子框图如图 4-71 所示。

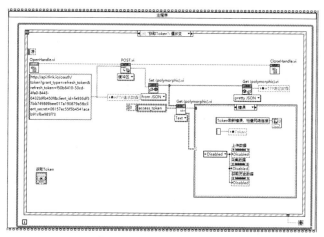

图 4-68　获取 accessToken 失败程序子框图

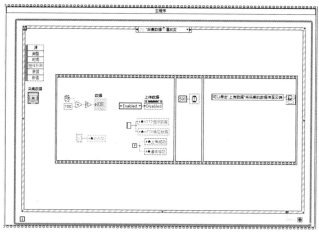

图 4-69　采集数据事件处理程序子框图

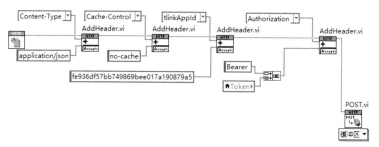

图 4-70　设置 POST 请求头参数

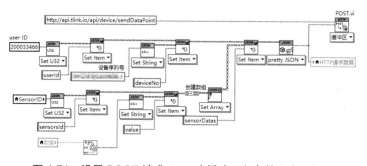

图 4-71　设置 POST 请求 Body（缓冲区）参数程序子框图

（4）解析服务器响应报文 Body 参数。

节点"POST"完成数据上传后，输出服务器响应报文的头部和 Body 数据。按照 TLINK 提供的接入文档，返回的 Body 参数为 JSON 格式字符串，JSON 格式字符串中如果键"flag"取值为"00"表示上传成功，否则上传失败。解析完成后给予用户操作提示信息。

对应的完整的数据上传程序子框图如图 4-72 所示。

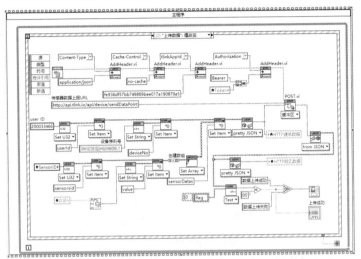

图 4-72　数据上传物联网事件处理完整程序子框图

步骤 6：在"获取历史数据：值改变"事件对应的程序子框图中，向 TLINK 请求最近 60 天的数据（TLINK 免费版只允许最多 60 天的数据请求）。分 4 步完成这一功能。

（1）封装自定义 VI "JSON 请求数据"。

设计自定义 VI，判断指定起始时间、结束时间是否在 60 天内，满足条件则调用 JSON API，生成 HTTP 请求报文，如图 4-73 所示。

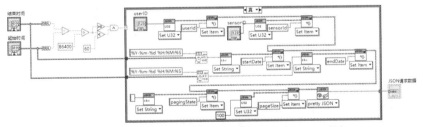

图 4-73　时间设置正确时生成 JSON 格式的历史数据

否则说明时间参数设置有误（查询时间段大于 60 或者小于 0），则设置请求参数为空字符串，如图 4-74 所示。

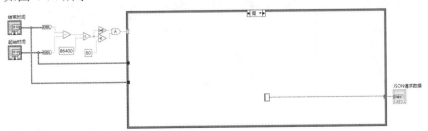

图 4-74　时间参数设置有误时输出空字符串

（2）生成带有头部参数的 POST 请求 HTTP 引用句柄。

　　按照 TLINK 服务平台 HTTP 上传数据文档描述，调用节点"添加头"，分别设置"Content-Type""Cache-Control""tlinkAppId""Authorization"等参数，将添加了上述头信息的客户端 HTTP 引用作为节点"POST"的客户端句柄，如图 4-75 所示。

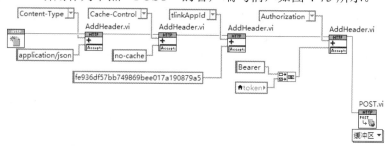

图 4-75　生成 POST 请求（带有头部参数）

（3）设置 POST 请求 URL。

　　节点"POST"的输入参数 URL 为 TLINK 物联网平台传感器数据查询地址 http://api.tlink.io/api/ device/getSensorHistroy。

（4）解析 POST 请求返回的服务器响应报文 Body 参数。

　　服务器返回的响应报文中，传感器的历史数据为 JSON 格式字符串，以 JSON 数组成员的形式出现，因此封装自定义 VI "HTTP 解析 4TLINK"，对 JSON 数据进行解析，将 JSON 格式的历史数据转换为浮点型数组，以便后续处理。子 VI 程序框图如图 4-76 所示。

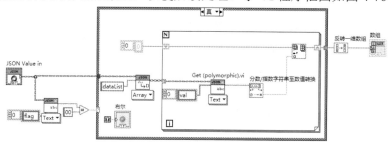

图 4-76　请求成功时响应报文解析

　　如果响应报文解析成功，则以控件"波形图"显示历史数据的趋势曲线。获取历史数据事件处理完整程序框图如图 4-77 所示。

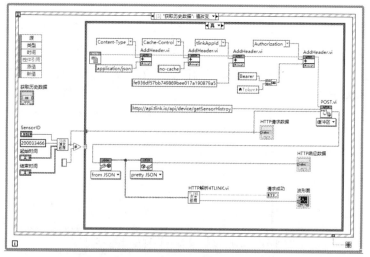

图 4-77　获取历史数据事件处理程序子框图

至此，完整的 HTTP 实现的 TLINK 物联网平台应用程序预设功能全部实现，本地产生的数据可以上传至物联网平台，亦可从物联网平台请求获取传感器测量数据，可以实现测量数据在不同终端（需具备上网条件）之间进行共享。

使用 HTTP 实现 LabVIEW 下基于 TLINK 平台的物联网应用完整的程序框图如图 4-78 所示。

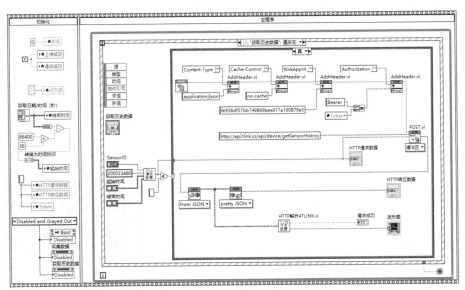

图 4-78　完整程序框图

4.4.6　结果测试

单击工具栏中的"运行"按钮，测试程序功能。对应的程序前面板初始界面如图 4-79 所示。程序运行初始阶段，默认历史数据查询时间段设置的结束时间为当前时间，开始时间为当前时间前推 30 天，从而避免操作过程中由于时间设置不当导致物联网云端数据查询失败，而且主要功能按钮处于禁用状态。

单击"获取访问令牌"按钮，请求获取最新版本的 Token，避免 Token 刷新获取前，由于 Token 的不一致导致数据上传、历史数据查询等操作失败。同时也借助控件使能状态的控制，迫使界面操作按照一定的流程进行，从而尽可能减少程序出错的可能。

单击"采集数据"按钮，模拟数据采集过程，获取待上传的测量数据；单击"上传数据"按钮，将采集的数据上传至 TLINK 云端，同时显示基于 HTTP 的数据上传对应的请求数据、服务器响应数据，如图 4-80 所示。

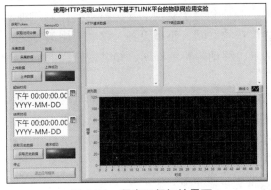

图 4-79　程序运行初始界面

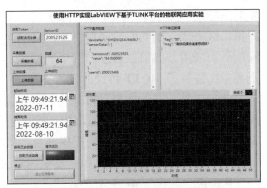

图 4-80　上传采集数据程序运行界面

此时打开 TLINK 物联网平台对应的设备监控中心，可见上传成功的测量数据，如图 4-81 所示。

图 4-81　TLINK 中数据刷新的结果

设置历史数据查询对应的起始时间、结束时间，单击"获取历史数据"按钮，请求成功则程序显示基于 HTTP 的历史数据查询对应的请求数据、服务器响应数据，响应数据中解析出的测量数据以波形图显示，如图 4-82 所示。

基于 HTTP 实现物联网云平台数据的上传和历史数据访问，编程难度并不大，使用比较方便，但是由于 HTTP 本身的缺陷，这种方式适用于低频次访问、较小数据量通信场景。高速、大数据量数据传输的场合，还是选择 TCP 通信比较合适。

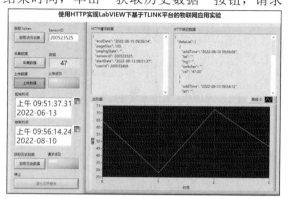

图 4-82　获取历史数据程序运行界面

4.5　MQTT 协议通信程序设计

本节简要介绍 MQTT 协议通信的基础知识，以工业物联网平台 TLINK 中云端设备的数据发布设计为目标，指出互联网环境下 MQTT 客户端应用程序设计的基本方法，工业物联网平台 TLINK 中 MQTT 协议设备的创建、通信数据帧的构造和测试；在剖析 MQTT 协议的基础上，给出基于 TCP 实现 MQTT 协议通信，并完成数据采集计算机与物联网云端设备之间通信程序实现的完整步骤以及程序运行结果的测试。本节实例可为"云、网、端"技术架构下数据采集终端基于MQTT协议实现物联网云端数据发布相关应用程序设计提供参考和借鉴。

4.5.1　背景知识

MQTT 协议，是 IBM 开发的一种基于发布/订阅（Publish/Subscribe）模式的"轻量级"通信协议，该协议构建在 TCP/IP 上，于 1999 年发布。MQTT 协议是一个基于客户端-服务器的消息发布/订阅传输协议，具有轻量、简单、开放和易于实现的显著特点。作为一种低开销、低带宽占用的即时通信协议，MQTT 协议在物联网、小型设备、移动应用等方面有较广泛的应用。目前在百度、阿里、腾讯、京东、移动等特色鲜明、知名度较高的物联网平台中都提供了 MQTT 协议的技术支持。

MQTT 协议是为大量计算能力有限，且工作在低带宽、不可靠的网络的远程传感器和控制设备通信而设计的协议。该协议底层由 TCP 实现，使用发布/订阅模式，提供一对多的消息发布，可以有效解除应用程序耦合。MQTT 协议提供的 3 种消息发布服务质量如下。

- "至多一次"，消息发布会发生消息丢失或重复。
- "至少一次"，确保消息到达，但可能会发生消息重复。

■ "只有一次"，确保消息到达一次。

另外，MQTT 协议属于典型的小型传输协议，开销很小（固定长度的头部是 2 字节），协议交换最小化，以尽可能地降低网络流量。

MQTT 协议通信是通过发布/订阅的方式来实现的，其基本应用程序一般分为发布方（Publisher）和订阅方（Subscriber）。发布方和订阅方并不直接通信，而是通过中间方（MQTT Broker）完成。MQTT 协议通信中的订阅和发布都是基于主题（Topic）来进行，中间方管理主题。发布方（Publisher）向指定主题提交数据，当主题数据刷新，中间方向该主题的订阅方（Subscriber）转发最新值。MQTT 协议发布/订阅模式如图 4-83 所示。

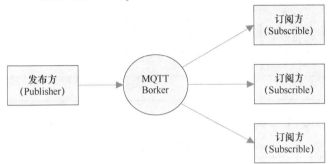

图 4-83 MQTT 协议发布/订阅模式

MQTT 协议通信中必须熟悉以下基本概念。

■ 客户端（Client）：使用 MQTT 协议的程序或设备。客户端总是通过网络连接到服务端。它可以发布应用消息给其他相关的客户端，也可以订阅以请求接收相关的应用消息。客户端取消订阅可以移除接收应用消息的请求。客户端完成任务后需从服务端断开连接。

■ 订阅（Subscription）：订阅包含一个主题过滤器（Topic Filter）和一个最大的服务质量（Quality of Service，QoS）等级。订阅与单个会话（Session）关联。会话可以包含多于一个的订阅，会话的每个订阅都有一个不同的主题过滤器。

■ 主题名（Topic Name）：附加在应用消息上的一个标签，服务端已知且与订阅匹配。服务端发送应用消息的一个副本给每一个匹配的客户端订阅。

■ MQTT 控制报文（MQTT Control Packet）：通过网络连接发送的信息数据包。MQTT 协议规范定义了 14 种不同类型的控制报文，其中 CONNECT 报文用于建立 MQTT 协议设备通信连接，PUBLISH 报文用于传输应用消息。

MQTT 协议提供的 14 种典型报文如表 4-12 所示。

表 4-12 MQTT 协议典型报文

名称	值	报文流动方向	描述
Reserved	0	禁止	保留
CONNECT	1	客户端到服务端	客户端请求连接服务端
CONNACK	2	服务端到客户端	连接报文确认
PUBLISH	3	两个方向都允许	发布消息
PUBACK	4	两个方向都允许	QoS 1 消息发布收到确认
PUBREC	5	两个方向都允许	发布收到（保证交付第一步）
PUBREL	6	两个方向都允许	发布释放（保证交付第二步）

续表

名称	值	报文流动方向	描述
PUBCOMP	7	两个方向都允许	QoS 2 消息发布完成（保证交互第三步）
SUBSCRIBE	8	客户端到服务端	客户端订阅请求
SUBACK	9	服务端到客户端	订阅请求报文确认
UNSUBSCRIBE	10	客户端到服务端	客户端取消订阅请求
UNSUBACK	11	服务端到客户端	取消订阅报文确认
PINGREQ	12	客户端到服务端	心跳请求
PINGRESP	13	服务端到客户端	心跳响应
DISCONNECT	14	客户端到服务端	客户端断开连接
Reserved	15	禁止	保留

一般情况下，MQTT 协议报文由 3 部分组成，如表 4-13 所示。

表 4-13　MQTT 协议报文一般结构

报文组成	含义
Fixed header	固定报头，所有控制报文都包含
Variable header	可变报头，部分控制报文包含
Payload	有效载荷，部分控制报文包含

各类型报文的详细组成及其含义，限于篇幅，这里不再说明，感兴趣的读者可自行下载文档"MQTT 协议 3.1.1 中文版"进行探究。

4.5.2　设计要求

基于 LabVIEW 设计程序，实现基于 MQTT 协议的 TLINK 物联网云平台指定设备测量数据的上传。本节实例中，已经在 TLINK 物联网云平台创建的 MQTT 协议设备相关信息如图 4-84 所示。

图 4-84　TLINK 中创建的 MQTT 协议设备

向 TLINK 物联网云平台指定设备上传测量数据的 MQTT 协议通信程序实现的具体功能如下所示。

- 封装 MQTT 协议的 CONNECT 报文数据。
- 封装 MQTT 协议的 PUBLISH 报文数据。
- 封装 MQTT 协议的 DISCONNECT 报文数据。
- 封装 PUBLISH 报文中 JSON 格式的负载数据。
- 借助 TCP 客户端通信技术建立与 TLINK 平台的通信链路连接。
- 在 TCP 连接的基础上通过 CONNECT 报文发送建立与 MQTT 协议设备的连接。
- 在 TCP 连接的基础上通过 PUBLISH 报文实现指定主题的数据发布。
- 在退出程序前通过 DISCONNECT 报文发送断开与 TLINK 平台 MQTT 协议设备的连接。

4.5.3 通信测试

本节的测试目的是利用 MQTT 协议将测量数据上传至 TLINK 物联网平台中创建的 MQTT 协议设备，因此测试分为 2 个阶段，第一阶段为 TLINK 物联网平台 MQTT 协议设备的创建；第二阶段为 MQTT 协议上传数据过程测试。后续拟采用 LabVIEW 编程实现数据采集并上传至 TLINK 平台，而 LabVIEW 中并未提供 MQTT 协议直接支持。不过幸运的是，MQTT 协议为 TCP 传输应用层协议。因此除了使用常用的 MQTT 测试工具进行通信测试，还可以借助 TCP 通信调试助手自行封装 MQTT 协议数据包，进行通信测试。因此后续测试采取两种方案：一是借助 MQTT.fx 工具软件测试 MQTT 协议通信测试；二是借助网络调试助手进行 MQTT 协议通信测试。

1. 物联网平台创建 MQTT 协议设备

登录 TLINK 物联网平台，选择左侧导航栏"设备管理→添加设备"，创建名为"sustei_MQTT"、链接协议为"MQTT"的设备，并添加 1 个传感器，如图 4-85 所示。

图 4-85 添加 MQTT 协议设备

在 TLINK 物联网平台中，选择左侧导航栏"设备管理→设备列表"，单击"sustei_MQTT"设备右侧操作链接"设置连接"，进入设备通信协议设计页面，首先可见 MQTT 协议需要用到的地址和端口号，以及设备的序列号，如图 4-86 所示。

在"所有传感器"一栏，输入自定义的传感器读写标识，勾选"所有传感器"下方关于消息模型设置选项"ID"，完成 MQTT 协议设备相关传感器数据上传消息模型生成前的准备，如图 4-87 所示。单击"生成示例"按钮，生成的消息模型如图 4-88 所示。

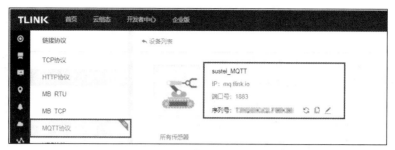

图 4-86　MQTT 协议设备连接参数

图 4-87　确定消息模型有关选项

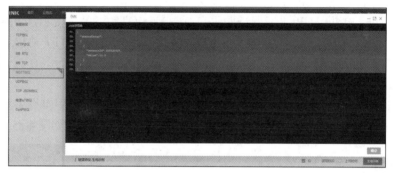

图 4-88　MQTT 协议设备消息模型

复制出生成的 MQTT 协议设备消息模型，如下所示。

```
{
  "sensorDatas":
  [
    {
      "sensorsId":200524925,
      "value":10.0
    }
  ]
}
```

这是 JSON 格式（键值对）的消息模型，键"sensorDatas"取值为数组类型，数组中每一个数据元素对应一个传感器。本例中在模型生成前勾选了传感器"ID"，每一个传感器信息由 2 个键值对表征："sensorsId"表示传感器 ID，"value"表示传感器当前测量数据。程序设计时，仅需要改变键"value"对应的取值即可。

2. 基于 MQTT.fx 的 TLINK 中 MQTT 协议设备数据上传测试

打开 MQTT.fx，单击连接配置按钮，进入 MQTT 连接参数配置界面，单击界面左下角的"+"，新建一个 MQTT 连接，如图 4-89 所示。

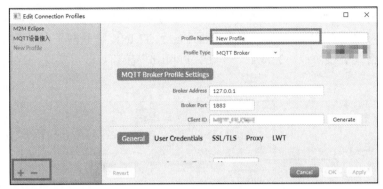

图 4-89　新建 MQTT 连接

在 MQTT 连接参数配置界面中，填写 TLINK 物联网平台中创建的 MQTT 协议设备相关通信参数，包括服务器 IP 地址、端口、客户端 ID 等，如图 4-90 所示。

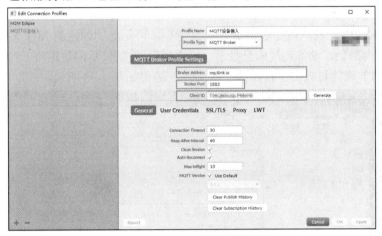

图 4-90　MQTT 连接参数配置

单击 "User Credentials"，进行用户名、密码参数配置，如图 4-91 所示，TLINK 物联网平台中 MQTT 协议通信用户名默认为 MQTT，密码为 MQTTPW。

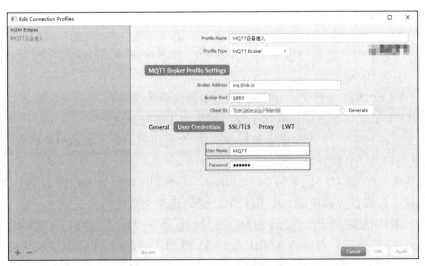

图 4-91　设置 TLINK 中 MQTT 连接的用户名和密码

配置完成后，单击 "OK" 按钮，返回程序主界面，单击 "Connect" 建立与 TLINK 物

153

联网平台的 MQTT 连接，并进入 MQTT 协议通信测试界面。在"Publish"按钮左侧文本框中输入设备序列号/传感器 ID，下侧文本框中输入 TLINK 物联网平台中 MQTT 协议设备对应的 JSON 格式链接协议。完成后，单击"Publish"按钮，即可实现一次数据上传任务，如图 4-92 所示。

图 4-92　MQTT 协议设备发布消息

此时打开 TLINK 物联网平台，进入监控中心，可见前期创建的 MQTT 协议设备名称颜色由灰色变为黑色，设备连接信息显示"已连接"，最新显示的数据与上传的数据完全一致，表明 MQTT 连接与数据上传功能正确实现，结果如图 4-93 所示。

图 4-93　客户端发布后 TLINK 中 MQTT 协议设备当前的取值

3. 基于网络调试助手的 TCP 连接下的 MQTT 协议通信测试

使用网络调试助手进行 MQTT 协议通信，相比于常规 TCP、UDP 通信，MQTT 协议通信更复杂。为了保证通信测试顺利实现，首先需要生成 3 种通信报文：CONNECT、PUBLISH、DISCONNECT。

（1）发送 CONNECT 报文，建立与 MQTT 协议设备的连接。

CONNECT 报文用于连接物联网平台，报文由 3 部分组成。

1）固定头：10？？，由 2 个字节组成。10 为固定值，？？表示报文剩余长度，需要确定可变头和负载之后计算，暂时待定。

2）可变头：00 04 4D 51 54 54 04 C2 00 64，可变头用来设置 MQTT 连接信息。

3）负载：负载包含客户端 ID、用户名、密码这 3 类重要信息。

- 客户端 ID：物联网平台中创建的 MQTT 协议设备序列号，本例为 T39Q80K4QLF9BK9B，共计 16 个字节，对应的 ASCII 为 54 33 39 51 38 30 4B 34 51 4C 46 39 42 4B 39 42。客户端 ID 字节数的十六进制长度表示 10。按照 MQTT 报文结构规定，还需 2 个字节表示客户端 ID 字节长度，所以完整的客户端 ID 报文信息为 00 10 54 33 39 51 38 30 4B 34 51 4C 46 39 42 4B 39 42。

■ 用户名：在 TLINK 物联网平台中，用户名统一为 MQTT，占 4 个字节，对应的 ASCII 为 4D 51 54 54。按照 MQTT 报文结构规定，还需 2 个字节表示用户名长度，所以完整的用户名报文信息为 00 04 4D 51 54 54。

■ 密码：在 TLINK 物联网平台中，密码统一为 MQTTPW，占 6 个字节，对应的 ASCII 为 4D 51 54 54 50 57。按照 MQTT 报文结构规定，还需 2 个字节表示密码长度，所以完整的密码报文信息为 00 06 4D 51 54 54 50 57。

全部负载字节总数=10（可变报头字节数）+2（客户端 ID 字节长度）+16（客户端 ID 字节数）+2（用户名长度）+4（用户名字节数）+2（密码长度）+6（密码字节数）=42，转换为十六进制即 2A。所以固定头中？？=2A。于是完整的 CONNECT 报文如下。

| 10 2A | 00 04 4D 51 54 54 04 C2 00 64 | 00 10 54 33 39 51 38 30 4B 34 51 4C 46 39 42 4B 39 42 | 00 04 4D 51 54 54 | 00 06 4D 51 54 54 50 57 |

如前文所述，报文结构组成：固定头+可变头+客户端 ID+用户名+密码。读者可以按照此结构进一步核对、分析字节数组内容，以便更加深刻地理解报文信息。

（2）发送 PUBLISH 报文，建立与 MQTT 协议设备的连接。

发送 CONNECT 报文建立连接后，即可发送 PUBLISH 报文，实现本机采集数据上传至 TLINK 平台。PUBLISH 报文由 3 部分组成。

1）固定头：30？？，由 2 个字节组成。其中？？表示报文剩余长度，需要确定可变报头和负载之后计算，暂时待定。

2）可变头：在 PUBLSH 报文中，可变头用来指定发布的主题（Topic）。前期 TLINK 平台中创建的 MQTT 协议设备 Topic 既可以是设备序列号，也可以是传感器 ID。这里采用后一种方式，直接指定传感器████████████████作为发布的 Topic。该 Topic 字符总数为 26，十六进制表示为 1A，对应的 ASCII 为 54 33 39 51 38 30 4B 34 51 4C 46 39 42 4B 39 42 2F 32 30 30 35 32 34 39 32 35。按照 MQTT 报文结构规定，还需 2 个字节表示 Topic 长度，所以可变头的完整报文为 00 1A 54 33 39 51 38 30 4B 34 51 4C 46 39 42 4B 39 42 2F 32 30 30 35 32 34 39 32 35。可变头字节总数为 28。

3）负载：在 PUBLISH 报文中，报文就是实际需要发布的数据。TLINK 平台中发布数据为 JSON 格式链接协议。比如{"sensorDatas":[{"sensorsId":200524925,"value": 13.0}]} 就是将数值 13.0 发布给指定的 Topic。报文对应的 ASCII 为 7B 22 73 65 6E 73 6F 72 44 61 74 61 73 22 3A 5B 7B 22 73 65 6E 73 6F 72 73 49 64 22 3A 32 30 30 35 32 34 39 32 35 2C 22 76 61 6C 75 65 22 3A 31 33 2E 30 7D 5D 7D。负载字节总数为 54。

可变头+负载字节总数=28+54=82，转换为十六进制即 52。所以固定头中？？=52。于是完整的 PUBLISH 报文如下：

| 30 52 | 00 1A 54 33 39 51 38 30 4B 34 51 4C 46 39 42 4B 39 42 2F 32 30 30 35 32 34 39 32 35 | 7B 22 73 65 6E 73 6F 72 44 61 74 61 73 22 3A 5B 7B 22 73 65 6E 73 6F 72 73 49 64 22 3A 32 30 30 35 32 34 39 32 35 2C 22 76 61 6C 75 65 22 3A 31 33 2E 30 7D 5D 7D |

读者可以按照此结构进一步核对、分析字节数组内容，以便更加深刻地理解报文信息。

（3）发送 DISCONNECT 报文，断开与 MQTT 协议设备的连接。

DISCONNECT 报文最为简单，在连接的状态下，直接发送 E0 00，即可断开与 MQTT 服务器的连接。

完成发送报文生成后，还需登录 TLINK 平台，进一步确认通信连接参数，如图 4-94 所示。

图 4-94　查看 MQTT 协议设备连接参数

打开网络调试助手，创建 TCP 客户端，在远程主机地址栏输入平台 MQTT 服务器通信参数 mq.tlink.io:1883，并设置其他参数后单击"连接"按钮，如图 4-95 所示。

图 4-95　建立本机和 TLINK 中 MQTT 服务器连接

勾选发送区设置中"按十六进制发送"，并在发送区粘贴前期生成的 CONNECT 报文，单击"发送"按钮，如图 4-96 所示。

图 4-96　发送 MQTT 连接报文

服务器返回 20 02 00 00，表示已经成功建立本机与 TLINK 平台的连接。清空发送区，输入 PUBLISH 报文：30 52 00 1A 54 33 39 51 38 30 4B 34 51 4C 46 39 42 4B 39 42 2F 32 30
30 35 32 34 39 32 35 7B 22 73 65 6E 73 6F 72 44 61 74 61 73 22 3A 5B 7B 22 73 65 6E 73 6F
72 73 49 64 22 3A 32 30 30 35 32 34 39 32 35 2C 22 76 61 6C 75 65 22 3A 31 33 2E 39 7D 5D

7D。单击"发送"按钮。将 13.9 作为 MQTT 协议设备传感器的最新测量数据进行发布，打开 TLINK 平台监控中心，可见 MQTT 协议设备显示信息如图 4-97 所示。

图 4-97　发送 MQTT 发布报文及对应的 TLINK 结果

　　设备显示的最新数据与网络调试助手中发布的数据完全一致，说明基于网络调试助手进行 MQTT 协议通信是可行的。

4.5.4　硬件连接

　　MQTT 协议数据通信的硬件连接比较简单，任何一台计算机/MCU 等计算平台，无论是通过有线网络还是通过无线互联网，只要能够接入互联网，能够 ping 通远程服务器，即可进行基于 MQTT 协议的数据通信程序编写。如图 4-98 所示的是计算机借助本地有线局域网或无线热点接入互联网，实现与 TLINK 物联网云平台 MQTT 服务器的联网方案。

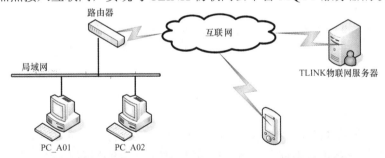

图 4-98　计算机与 TLINK 物联网平台 MQTT 服务器联网方案

　　这种组网模式借助物联网云平台，可以实现不同可联网设备之间的数据通信，而且可以轻而易举扩展至更远距离、不同终端之间的数据通信。本例中，计算机通过家用/办公室路由器连接互联网，实现对 TLINK 物联网平台 MQTT 协议设备数据的上传，如果其他设备，例如个人数字助理（personal digital assistant，PDA，又称掌上电脑）、手机、计算机等订阅相应主题，则可以实时监测计算机上传数据。

4.5.5　程序实现

1. 程序设计思路

MQTT 协议实际上并非传统互联网数据通信的主要协议，但是在物联网领域，MQTT 协议却得以广泛应用。目前主流物联网云平台均毫无例外地支持 MQTT 协议，可见其在物联网数据通信领域的地位。不过实际上在计算机程序设计中是较少用到 MQTT 协议的，绝大多数情况下，MQTT 协议用于 MCU、嵌入式设备、手机、PDA 等平台。

本书在互联网通信程序设计部分专门引入 MQTT 协议通信程序设计，唯一的目的就是促进读者理解传输层通信协议与应用层通信协议之间的关联关系，在了解 MQTT 协议的报文结构的前提下，学会构造 MQTT 协议数据报文，通过 TCP 通信技术实现 MQTT 协议的数据通信。这一方法同样也适用于基于 TCP 通信技术实现 HTTP 的数据通信、基于 UDP 通信技术实现 CoAP 的数据通信。由于篇幅所限，这里不再一一呈现，请读者自行搜集相关协议的报文结构，进行通信测试和应用。

在本节程序设计中，基于 MQTT 协议将本机采集的数据（以指定区间随机数产生的方式模拟采集过程）上传至 TLINK 物联网平台。按照物联网平台使用规程，设备连接指定时间间隔内未有数据交换业务，平台会主动断开与计算机的连接。所以如果本机是大时间间隔、小数据量上传，完全没有必要保持计算机与物联网平台之间的通信连接，可以采取需要上传数据时建立连接、完成数据上传时断开连接的模式。

为了实现上述思路以及程序设计目标，本着技术实验的目的，这里程序设计采取事件驱动模式，程序界面提供 MQTT 协议通信必需的服务器 IP 地址/域名、端口、物联网平台 MQTT 协议设备序列号（客户端 ID）、传感器 ID、发送数据报文显示、接收报文显示等控件，并提供"采集上传""退出程序""清空发送""清空接收"按钮等作为事件源，响应用户在程序运行期间的操作。

"采集上传"按钮操作事件——单击按钮，建立 TCP 连接，发送 CONNECT 报文、PUBLISH 报文、DISCONNECT 报文，断开 TCP 连接，完成一次 MQTT 协议数据上传；同时显示发送的各类报文具体内容、物联网平台返回信息。

"退出程序"按钮操作事件——单击按钮，则退出程序。

2. 前面板设计

根据前述程序设计思路，按照以下步骤完成前面板控件设置。

步骤 1：为了设置 TLINK 平台中 MQTT 服务器的 IP 地址，添加字符串类控件"字符串控件"（控件→新式→字符串与路径→字符串控件），设置标签为"MQTT 地址"。

步骤 2：为了设置 TLINK 平台中 MQTT 服务器对应的端口，添加数值类控件"数值输入控件"（控件→新式→数值→数值输入控件），设置标签为"MQTT 端口"，设置数据类型为 U16。

步骤 3：为了设置 TLINK 平台中创建的 MQTT 协议设备序列号，添加字符串类控件"字符串控件"（控件→新式→字符串与路径→字符串控件），设置标签为"设备序列号"。

步骤 4：为了设置 TLINK 平台中创建 MQTT 协议设备传感器 ID，添加数值类控件"数值输入控件"（控件→新式→数值→数值输入控件），设置标签为"传感器 ID"，设置数据类型为 U32。

步骤 5：为了触发数据采集事件，添加布尔类控件"确定按钮"（控件→新式→布尔→确定按钮），设置标签为"采集上传"，设置按钮显示文本为"采集上传"。

步骤 6：为了确定用户结束程序操作，添加布尔类控件"停止按钮"（控件→新式→布尔→停止按钮），设置标签、按钮显示文本为"退出程序"。

步骤 7：为了显示当前采集的数据，添加数值类控件"水平指针滑动杆"（控件→新式→数值→水平指针滑动杆），设置标签为"采集数据"，设置标尺最小值为 0，最大值为 100。

步骤 8：为了显示一次数据采集以及上传过程中的 CONNECT、PUBLISH、DISCONNECT

等 MQTT 报文字节内容，添加字符串类控件"字符串显示控件"（控件→新式→字符串与路径→字符串显示控件），设置标签为"发送报文"。

步骤 9：双击前面板空白区域，输入字符"基于 TCP 的物联网平台 MQTT 协议设备数据发布程序设计"作为应用程序标题，调整其字体至合适大小。

步骤 10：为提供更加友好的界面，添加修饰类控件"水平平滑盒""垂直平滑盒"，重新调整各控件显示位置，将控件布局划分为参数设置区、信息显示区。

调整各个控件的大小、位置，使得操作界面更加和谐友好。最终完成的程序前面板如图 4-99 所示。

3. 程序框图设计

步骤 1：创建 2 帧的顺序结构，第 1 帧为初始化帧。设置第 1 帧"子程序框图标签"为"初始化"，以便提高程序框图可读性。创建局部变量以实现程序界面相关控件的初始赋值操作，对应的初始化帧程序子框图设计结果如图 4-100 所示。

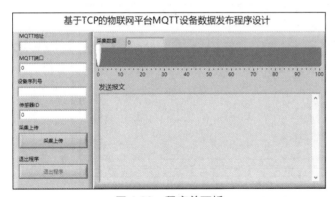

图 4-99　程序前面板

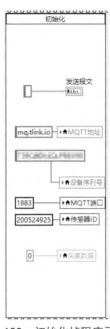

图 4-100　初始化帧程序子框图

步骤 2：在顺序结构中，设置第 2 帧"子程序框图标签"为"主程序"，以便提高程序框图可读性。主程序为"While 循环结构+事件结构"的设计模式，需要处理的事件包括"退出程序：值改变事件""采集上传：值改变"事件。对应的事件处理程序总体结构如图 4-101 所示。

图 4-101　事件处理程序总体结构

步骤 3：选择"退出程序：值改变"事件分支，拖曳进"退出程序"按钮图标，并通过事件结构右侧数据通道连接 While 循环条件端子，实现单击按钮操作，退出循环，结束程序运行的目的。对应的程序子框图如图 4-102 所示。

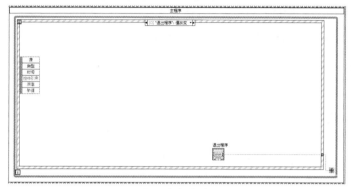

图 4-102　退出程序事件处理程序子框图

步骤 4：选择"采集上传：值改变"事件分支，首先调用节点"打开 TCP 连接"（函数→数据通信→协议→TCP→打开 TCP 连接），连接 TLINK 物联网平台 MQTT 服务器，建立事件处理子程序总体结构。"打开 TCP 连接"错误输出端口，连接条件结构，实现 TCP 连接是否正常的判断。如果打开 TCP 连接失败，则弹出对话框提示用户检查网络连接。对应的程序子框图如图 4-103 所示。

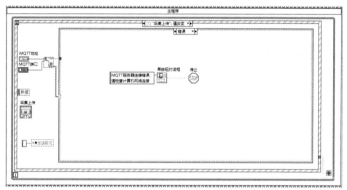

图 4-103　TCP 连接失败程序框图

步骤 5：在 TCP 连接是否正常对应的条件结构中，选择"无错误"分支，进入程序核心实现部分。根据前述程序设计思路，采集并上传数据至物联网平台，建立 TCP 连接后，需要顺序执行以下 4 个步骤。

- 发送 MQTT 协议的 CONNECT 报文，建立与 TLINK 平台 MQTT 协议设备的连接。
- 如果 MQTT 协议设备连接成功，则采集数据，封装并发送 PUBLISH 报文。
- 发送 MQTT 协议的 DISCONNECT 报文，断开与 MQTT 协议设备的连接。
- 断开 TCP 连接，结束本次 TCP 通信。

为了实现顺序逻辑执行这些功能，创建 4 帧的顺序结构帧作为该事件处理的程序总体结构，4 个顺序帧与上述 4 个步骤一一对应。

步骤 6：构造 MQTT 协议的 CONNECT 报文。MQTT 协议中 CONNECT 报文由 3 部分组成。

- 固定报头：10？？（？？需要进一步计算）。
- 可变报头：可以固定为 00 04 4D 51 54 54 04 C2 00 64。
- 负载报文：L1+客户端 ID+L2+用户名+L3+密码。其中 L1 为 2 字节表示的客户端

ID 字符长度，L2 为 2 字节表示的用户名字符长度，L3 为 2 字节表示的密码字符长度。
TLINK 平台中，用户名固定为 MQTT，密码固定为 MQTTPW。因此：

L2+用户名=00 04 4D 51 54 54

L3+密码=00 06 4D 51 54 54 50 57

所以只需要将负载报文中客户端 ID（设备序列号，字符串类型）转换为字节数组（调用节点"字符串至字节数组转换"），并统计出其字节数（调用节点"数组大小"），将字节数进行强制类型转换（调用节点"强制类型转换"），获取其双字节整型数组表示方式，并进一步地调用节点"数组插入"，将可变报头与负载报文进行字节数组合并，即可计算出固定报头中的剩余长度，从而完成全部 CONNECT 报文的创建。

基于上述思路，CONNECT 报文生成子 VI 设计方案如下。

- 子 VI 名称：MQTT_连接报文，图标显示"连接报文"。
- 子 VI 输入参数：客户端 ID（字符串类型）。
- 子 VI 输出参数：连接报文（U8 字节数组）。

子 VI 程序框图实现方法如图 4-104 所示。

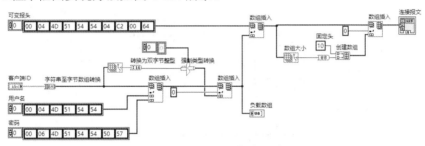

图 4-104　CONNECT 报文生成子 VI

步骤 7：构建 TLINK 中 MQTT 协议设备链接协议。在 TLINK 平台中，MQTT 协议设备数据写入的要求是 JSON 格式的字符串，如下所示。

```
{
  "sensorDatas":
  [
    {
      "sensorsId":200524925,
      "value":10.0
    }
  ]
}
```

这里借助 JSON API（非 LabVIEW 标配，需要自行安装），封装子 VI，实现指定 sensorsId、value 参数取值时，自动输出 JSON 格式的数据更新指令。

- 子 VI 名称：MQTT_JSON。
- 子 VI 输入参数：传感器 ID（U32 类型）、采集数据（DBL 类型）。
- 子 VI 输出参数：JSONStr（JSON 格式）。

子 VI 程序框图实现过程如图 4-105 所示。

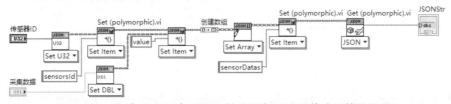

图 4-105　生成 TLINK 中 MQTT 协议设备 JSON 格式链接协议子 VI

步骤 8：MQTT 协议 PUBLISH 报文封装。如前所述，MQTT 协议中 PUBLISH 报文由 3 部分组成。

- 固定报头：30？？（？？需要进一步计算）。
- 可变报头：MQTT "设备序列号/传感器 ID" 格式字符串对应的字节数组及其长度。
- 负载报文：JSON 格式链接协议字符串（含测量数据值）对应的字节数组。

所以只需要将链接协议字符串转换为字节数组，即可构造出负载报文，将 "设备序列号/传感器 ID" 格式字符串转换为字节数组并统计出字节长度，可构造出可变报头部分，进而可计算出固定报头中的剩余长度，从而完成全部 PUBLISH 报文的创建。

基于上述思路，PUBLISH 报文生成子 VI 设计方案如下。

- 子 VI 名称：MQTT_发布报文，图标显示 "发布报文"。
- 子 VI 输入参数：客户端 ID（字符串类型，TLINK 平台中为 MQTT 协议设备序列号）、传感器 ID（U32 类型）、采集数据（DBL 类型）。
- 子 VI 输出参数：发布报文（U8 字节数组）。

子 VI 程序框图实现过程如图 4-106 所示。

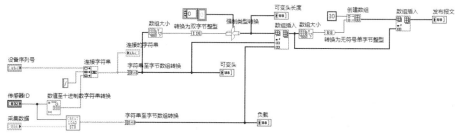

图 4-106　PUBLISH 报文生成子 VI

步骤 9：采集上传事件处理子框图中，选择顺序结构第 1 帧，完成 CONNECT 报文发送。

第 1 帧中根据用户设定的设备序列号向 TLINK 平台 MQTT 协议设备发送 CONNECT 报文，请求连接。当接收到 20 02 00 00 时表示连接成功，可以继续下一步工作。为了便于理解 MQTT 协议报文结构，连接成功则在前面板中显示字节数组内容，否则提示用户退出程序。对应的程序子框图如图 4-107 所示。

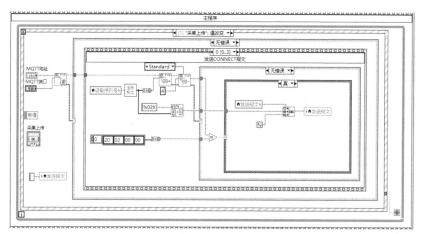

图 4-107　发送 CONNECT 报文成功

如果连接不成功则结束应用程序执行，对应的程序子框图如图 4-108 所示。

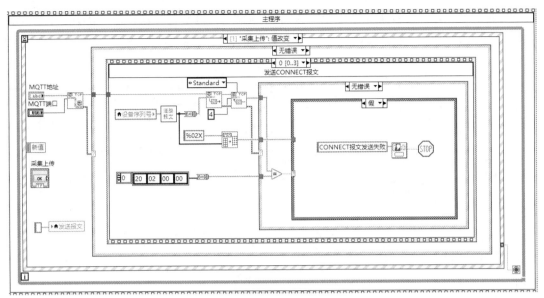

图 4-108 发送 CONNECT 报文失败

步骤 10：在采集上传事件处理子框图中，选择顺序结构第 2 帧，完成数据采集、显示，以及 PUBLISH 报文发送和本机显示。这里以产生指定区间随机数方式模拟数据采集，调用步骤 9 中创建的自定义子 VI，生成 PUBLISH 报文，调用节点"写入 TCP 数据"（函数→数据通信→协议→TCP→写入 TCP 数据），实现 PUBLISH 报文的发送功能。对应的程序子框图如图 4-109 所示。

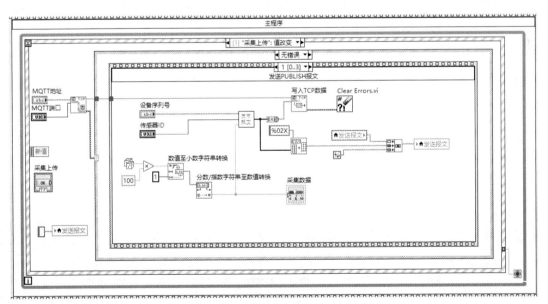

图 4-109 数据采集与 PUBLISH 报文发送

步骤 11：在采集上传事件处理子框图中，选择顺序结构第三帧，完成 DISCONNECT 报文发送和本机显示。由于 DISCONNECT 报文比较简单，因此仅需创建数据元素为 E0 00 的 U8 类型字节数组常量（DISCONNECT 报文），调用节点"字节数组至字符串转换"（函数→编程→字符串→路径/数组/字符串转换→字节数组至字符串转换），将 DISCONNECT

报文转换为字符串，然后调用节点"写入 TCP 数据"（函数→数据通信→协议→TCP→写入 TCP 数据），即可实现 DISCONNECT 报文发送的核心功能，对应的程序子框图如图 4-110 所示。

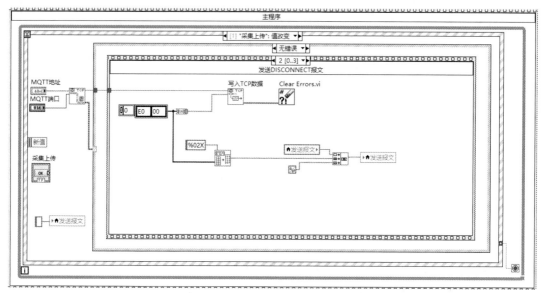

图 4-110　发送 DISCONNECT 报文

步骤 12：在采集上传事件处理子框图中，选择顺序结构第四帧，调用节点"关闭 TCP 连接"（函数→数据通信→协议→TCP→关闭 TCP 连接），结束本次 TCP 通信。对应的程序实现框图如图 4-111 所示。

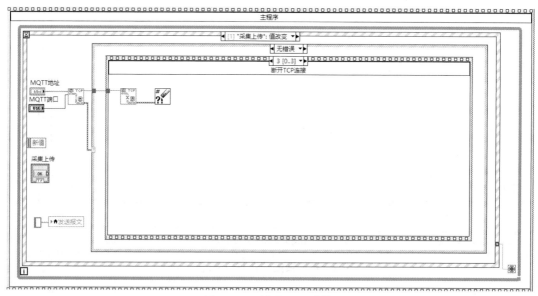

图 4-111　断开 TCP 连接

至此，完整的基于 MQTT 协议的物联网平台中采集数据上传程序全部完成，对应的完整程序框图结构如图 4-112 所示。

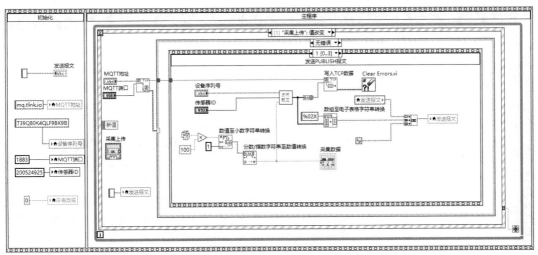

图 4-112　完整程序框图结构

4.5.6　结果测试

　　单击工具栏中的"运行"按钮 ⬛，测试程序功能。对应地，程序前面板初始界面如图 4-113 所示。

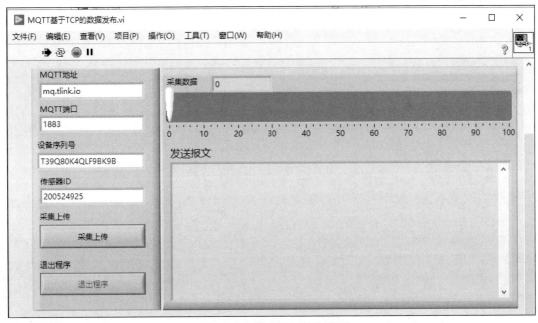

图 4-113　程序运行初始界面

　　单击"采集上传"按钮，本机显示采集数据 40.3，并显示 CONNECT 报文、PUBLISH 报文、DISCONNECT 报文字节数据内容。此时登录 TLINK 平台，页面左侧导航栏中可见前期创建的 MQTT 协议设备名称由灰色变为黑色，监控中心右侧设备信息可见"已连接"，且设备当前值与本机采集数据完全一致，如图 4-114 所示。

图 4-114　采集上传即物联网平台显示结果

　　由于篇幅所限，这里仅仅以 MQTT 协议的 CONNECT 报文、PUBLISH 报文的解析、生成为例，给出了 TCP 通信技术下的 MQTT 协议通信程序编写。希望能够抛砖引玉，激励读者参考相关文献，分析 MQTT 协议其他报文的生成方法，并进一步完善 TCP 通信技术下完整的 MQTT 协议的实现。

第 5 章

物联网特有技术

学习目标:

- 了解 GPS 定义技术基本原理,熟悉常用的 GPS 电子模块及其电气接口;
- 熟悉 GPS 模块输出数据帧的结构特点,能够编写程序解析 GPS 数据帧提取经纬度、时间等参数;
- 掌握百度电子地图相关 API 的调用方法,能够将 GPS 设备获取的坐标数据转换为地图坐标数据,能调用 API 将添加了当前位置标注的电子地图输出为图片并在本机显示;
- 了解 RFID 技术基本原理,掌握常用 RFID 读写器的使用方法;
- 利用 RFID 读写器进行基于典型 M1 卡片的充值/消费系统技术原型的设计与开发。

5.1 定位与识别概述

物联网系统中,物物之间的信息交换手段极为丰富,但是物物之间交换的信息必须携带 What(感知的状态数据)、Where(物体所处的位置)、Who(物体是什么)、When(什么时候提供的数据)等关键数据,接收数据的一方才能有效利用数据解决相关问题。在这些必须携带的信息中,"证明物体是什么"的技术称为目标识别技术,"证明物体在什么地方"的技术称为定位技术。

1. 定位技术

绝大多数应用场景下,缺少位置的感知信息是没有实用价值的,因此定位服务是物联网中的重要技术之一,其技术实现手段非常丰富。

(1) GPS 定位。

GPS 定位是应用最为广泛的一种定位手段。接收 GPS 卫星广播信号,通过解析可见 GPS 卫星的位置、距离等信息以及相应算法得出自己的位置信息。GPS 定位的精度高,只要能接收到 4 颗卫星的定位信号,就可以进行定位。但是 GPS 定位受天气和位置的影响较大。当遇到天气不佳的时候或者处于高架桥/树荫的下面、在高楼的旁边角落、地下车库、室内、露天的下层车库等由于较大范围遮挡无法看到天空的时候,GPS 定位就会受到相当大的影响，其至无法进行定位服务。

（2）基站定位。

基站定位指的是利用移动通信网络的基站信息进行定位。移动通信网络采取的是蜂窝结构，几乎每一个小区都有一个基站，每一个基站投入使用都会确定其全球唯一的 ID 编号、地理坐标等信息。用户终端会接入信号最强的一个蜂窝/基站，于是可以利用接入基站的坐标作为用户终端当前的坐标位置。这种方法只能大致定位（城市中基站部署密度较大，约 100m 一个，而乡村可能数千米才有一个基站，导致定位误差极大）。改进的基站定位方法有基于多基站（所有能够接收到信号的基站）的距离定位、基于入射角度定位，不过代价较大导致应用并不广泛。

（3）A-GPS 定位。

这种定位实际上是 GPS 和基站定位技术的综合体。在手机捕捉到卫星信号之前，首先将手机连接的基站地址通过移动通信网络传输至位置服务器，位置服务器将手机当前位置与该位置相关的 GPS 卫星方位、俯仰角等参数传输至手机。手机再根据这些参数寻找 GPS 卫星信号，进而计算出收集到的卫星的距离，并将距离数据回传至位置服务器，位置服务器根据距离数据并结合其他定位手段计算出手机更加精确的位置。

（4）Wi-Fi 定位。

Wi-Fi 定位技术多用于 GPS 信号无法到达的地方，借助广泛覆盖的 Wi-Fi 热点信息进行定位。一个 Wi-Fi 接入点（Access Point，AP）都有唯一标识该设备的 MAC 地址，覆盖范围有限（半径在 100m 以内），而且部署位置固定（这 3 个特性决定了其作为定位参考点的独特优势，有时也称为位置指纹定位）。因此手机在任何时刻捕捉到的信号最强热点所在位置即可被认为是手机所在位置。如欲更进一步提高定位精度，可采取多点定位方法。

（5）RFID 定位。

从 RFID 原理可见，每一个 RFID 标签聚都具有独一无二的 ID 编码，当标签与读写器进行数据交互时，该 ID 信息将被读取出来传输至计算机。如果读写器位置固定且已知，交互过程中将坐标位置写入标签，身份、位置信息即可确定并传输至位置服务器，以备后续其他流程使用。

（6）无线传感网定位。

无线传感网定位是指利用大量部署的传感器节点进行定位。根据节点是否已知自身位置，将节点分为信标节点和未知节点。信标节点携带 GPS 设备，可以获取自身精确位置。未知节点根据其与多个信标节点的距离建立模型计算出自身的位置，实现定位功能。

2. 识别技术

物联网追求的是"物物互联"，但是当赋予地球上所有的物品以唯一地址时，对各个物品所蕴含的信息的存储、识别、读取和传输就十分重要。这就需要应用到自动识别技术。

自动识别技术主要包括以下几种：光学符号识别技术、语音识别技术、生物计量识别技术、IC 卡技术、条形码技术、RFID 技术等。物联网应用开发中所涉及的自动识别技术常指的是射频识别技术。

其中条形码技术在我们生活中应用得十分广泛，几乎每件商品上都有条形码的身影，但是它也有例如读取速度慢、存储能力弱、工作距离近等很明显的缺点。

RFID 技术是利用射频信号、通过无线电波来实现无接触信息传递，并通过所传递的信息来达到自动识别目的的技术。RFID 技术的雏形甚至可以追溯到第二次世界大战时期，雷达系统为了区分敌我而使用的敌我飞机识别器。随着大规模集成电路、可编程存储器、微处理器以及软件技术的发展，RFID 技术才开始逐渐推广和部署在民用领域。

近年来 RFID 技术逐渐完善，它有许多独特的优势，例如防水防磁、读取速度快、存储能力强和识别距离远等，因此 RFID 能较好地替代现有的条形码技术。特别是有通信能力的 RFID 技术和赋予各种物体 IP 地址的 IPv6 技术的结合，充分结合了它们二者的优点，使物联网所倡导的人和人、人和物、物和物的互联成为可能。

5.2 GPS 通信程序设计

本节简要介绍 GPS 定位相关基础知识，以基于 GPS 数据捕获实现计算机中电子地图定位程序的设计为目标，简要介绍典型 GPS 模块及其使用方法，并使用 USB-TTL 扩展计算机串行端口，连接 UART 接口的 GPS 模块以实现经纬度等定位参数的采集；介绍电子地图二次开发技术中坐标转换 API、地图位置标注静态图输出 API 的使用方法，将 GPS 坐标转换为电子地图坐标，并以静态图的方式输出捕获的定位数据在电子地图上的位置标注，给出应用程序实现的完整步骤以及程序的测试。本节实例可为 GPS 应用相关程序的设计提供参考和借鉴。

5.2.1 背景知识

GPS 即全球定位系统，最初是由美国军方组织实施的一个项目，主要是为陆海空三军提供导航、定位、测速、情报收集、应急通信等服务，并建立了一个卫星导航定位系统，用以在全球范围内实现三维导航定位和测速。GPS 实用价值极高，逐渐在民用领域发挥了重要作用。

GPS 定位的基本原理是根据用户到多颗卫星（已知位置）之间的距离，测算用户在空间的位置，如图 5-1 所示。

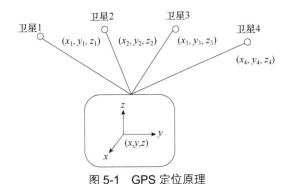

图 5-1 GPS 定位原理

假设用户接收机当前处于空间一点，位置未知，可设其坐标为（x,y,z）。接收机检测到卫星 1、2、3、4，并根据电磁波传输速率以及卫星 i 信号到达接收机的时间 Δt_i，可得到如下 4 个方程式。

$$[(x_1 - x)^2 + (y_1 - y)^2 + (z_1 - z)^2]^{1/2} = d_1 = C \times \Delta t_1$$
$$[(x_2 - x)^2 + (y_2 - y)^2 + (z_2 - z)^2]^{1/2} = d_2 = C \times \Delta t_2$$
$$[(x_3 - x)^2 + (y_3 - y)^2 + (z_3 - z)^2]^{1/2} = d_3 = C \times \Delta t_3$$
$$[(x_4 - x)^2 + (y_4 - y)^2 + (z_4 - z)^2]^{1/2} = d_4 = C \times \Delta t_4$$

上述 4 个方程式中，已知其中 3 个即可求解出待测点当前位置 x、y、z。如果在下一秒测量出一个新的坐标值，则可进一步计算出当前用户的运动速度和方向。实际上 GPS 坐标的解算更加复杂，需要考虑的修正量很多，这里仅仅是基本原理的介绍。比如前述解算方法实际上建立在 GPS 接收机与卫星的时钟始终完全相同，没有误差。但是在真实应用场景中时钟误差是必然存在的，Δt_i 有误差，距离就有误差，计算出来的坐标必然存在误差。为了解决这一问题，接收机引入第四颗卫星，以修正 Δt_i 误差，提高定位精度。也就是说，只要能够接收到 4 颗卫星的信号，就能实现高精度定位功能。

位置服务为物联网应用系统开发中极为重要的一个组成，GPS 定位作为众多定位技术中一种，应用极为广泛。除了美国的 GPS，俄罗斯的 GLONASS（格洛纳斯，全球轨道导航卫星系统）、欧洲的 Galileo-ENSS（欧洲导航卫星系统，即伽利略计划）、我国的 BD（北斗卫星导航系统，简称北斗系统）也是当前世界上几个主要的卫星导航与定位系统。尤其是北斗系统，技术性能已经与 GPS 不相上下。比较特殊的是，北斗系统还有双向短报文功能，类似于移动通信的短消息业，一次可以传输 40～60 个汉字的报文，在远洋航行、野外工作中具有极为重要的应用价值。

5.2.2　设计要求

借助 USB-TTL 模块、UART 接口的 GPS 模块，建立计算机与 GPS 模块之间的通信链路；基于 LabVIEW 设计程序，实现 GPS 模块中定位信息的提取，并且在百度电子地图中显示当前所在位置。具体实现功能如下。

- 通过串口连接 GPS 模块，实时接收 GPS 模块发送的定位数据。
- 显示 GPS 模块发送的原始数据。
- 提取 GPS 数据帧中日期、时间、经度、纬度等参数。
- 将 GPS 中"dddmm.mmmm"格式的经纬度参数转换为电子地图中以度为单位的经纬度参数。
- 借助百度电子地图坐标转换 API，将 GPS 坐标转换为百度电子地图坐标并显示。
- 借助百度电子地图静态图 API，生成并显示当前位置标注的电子地图静态图片。

5.2.3　模块简介

市面上销售的 GPS 模块的类型比较多，这里采用的是广州市星翼电子科技有限公司（后称正点原子）推出的 ATK1218-BD 模块（GPS+北斗双模定位），如图 5-2 所示。

图 5-2　典型 GPS 模块

ATK1218-BD 模块是一款高性能的定位模块。该模块特点如下。

- 模块采用 S1218-BD 模组，体积小巧，性能优异。
- 模块可通过串口进行各种参数设置，并可保存在内部闪存（FLASH），使用方便。
- 模块自带 IPX 接口，可以连接各种有源天线，建议连接 GPS+北斗双模有源天线。
- 模块兼容 3.3V/5V 电平，方便连接各种单片机系统。
- 模块自带可充电后备电池，可以保存星历数据。

ATK1218-BD 模块同外部设备的通信接口采用 UART（串口）方式，输出的 GPS/北斗定位数据采用 NMEA 0183 协议（默认）。NMEA 0183 是美国国家海洋电子协会（National Marine Electronics Association）为海用电子设备制定的标准协议。目前这已成了 GPS/北斗导航设备统一的 RTCM 标准协议。

NMEA 0183 协议采用 ASCII 字符串来传递 GPS 定位信息，一般称之为帧。帧格式组成结构为：$aaccc,ddd,ddd,…,ddd*hh(CR)(LF)。

- “$”：帧命令起始位。
- aaccc：地址域，前 2 位为识别符（aa），后 3 位为语句名（ccc）。
- ddd…ddd：数据。
- “*”：校验和前缀（也可以作为语句数据结束的标志）。
- hh：校验和（Checksum），$与*之间所有字符 ASCII 的校验和（各字节做“异或”运算，得到校验和后，再转换为十六进制格式的 ASCII 字符）。
- (CR)(LF)：回车和换行符，帧结束。

ATK1218-BD 模块常用的 NMEA 数据帧帧头如表 5-1 所示。

表 5-1　ATK1218-BD 模块常用数据帧帧头

序号	帧头	说明	最大帧长（字节）
1	$GNGGA	GPS/北斗定位信息	72
2	$GNGSA	当前卫星信息	65
3	$GPGSV	可见 GPS 卫星信息	210
4	$BDGSV	可见北斗卫星信息	210
5	$GNRMC	推荐定位信息	70
6	$GNVTG	地面速度信息	34
7	$GNGLL	大地坐标信息	—
8	$GNZDA	当前时间（UTC）信息	—

注　GPS 数据帧帧头中，$GN***表示 GPS/BD 双模模式，$GP ***表示 GPS 模式，$BD***表示北斗模式。

5.2.4　通信测试

计算机通过 USB-TTL 接口连接模块，大约 30s 初始化完成后即可接收到 ATK1218-BD 模块的定位数据。默认会输出 8 种帧数据，如图 5-3 所示。

```
$GNGGA,110517.000,2318.1179,N,11319.6990,E,1,11,1.8,112.9,M,-5.4,M,,0000*54
$GNGLL,2318.1179,N,11319.6990,E,110517.000,A,A*4F
$GNGSA,A,3,07,23,30,11,09,17,28,,,,,,2.6,1.8,1.8*28
$GNGSA,A,3,202,203,205,208,,,,,,,,,2.6,1.8,1.8*24
$GPGSV,4,1,13,11,75,173,31,07,59,317,45,08,50,019,24,01,50,165,26*75
$GPGSV,4,2,13,30,28,321,41,09,25,231,40,27,21,040,34,23,16,197,44*77
$GPGSV,4,3,13,16,15,084,07,22,08,132,18,28,07,297,39,17,05,239,41*70
$GPGSV,4,4,13,03,01,172,*4D
$BDGSV,3,1,09,208,80,317,31,207,73,100,25,210,73,348,25,203,64,187,38*68
$BDGSV,3,2,09,201,51,126,,202,44,239,43,205,24,255,36,209,04,202,*64
$BDGSV,3,3,09,206,04,174,*63
$GNRMC,110517.000,A,2318.1179,N,11319.6990,E,000.0,072.4,280316,,,A*77
$GNVTG,072.4,T,,M,000.0,N,000.0,K,A*12
$GNZDA,110517.000,28,03,2016,00,00*47
$GNGGA,110518.000,2318.1179,N,11319.6990,E,1,11,1.8,112.9,M,-5.4,M,,0000*5B
$GNGLL,2318.1179,N,11319.6990,E,110518.000,A,A*40
$GNGSA,A,3,07,23,30,11,09,17,28,,,,,,2.6,1.8,1.8*28
$GNGSA,A,3,202,203,205,208,,,,,,,,,2.6,1.8,1.8*24
$GNRMC,110518.000,A,2318.1179,N,11319.6990,E,000.0,072.4,280316,,,A*78
$GNVTG,072.4,T,,M,000.0,N,000.0,K,A*12
$GNZDA,110518.000,28,03,2016,00,00*48
$GNGGA,110519.000,2318.1179,N,11319.6990,E,1,11,1.8,112.9,M,-5.4,M,,0000*5A
$GNGLL,2318.1179,N,11319.6990,E,110519.000,A,A*41
$GNGSA,A,3,07,23,30,11,09,17,28,,,,,,2.6,1.8,1.8*28
$GNGSA,A,3,202,203,205,208,,,,,,,,,2.6,1.8,1.8*24
$GNRMC,110519.000,A,2318
```

图 5-3　ATK1218-BD 模块接收信号样例

很多时候，应用开发并不需要这么多信息，只需要 GPRMC/GNRMC 数据帧提供的信息就已经足够。可以借助正点原子提供的软件 GNSS_Viewer（可在正点原子销售网站下载）进行配置，使得模块只输出 GNRMC 定位信息。在 GNSS_Viewer 窗口，选择“Binary”→

"Configure NMEA Interval"，并把不需要输出的消息的 Interval 值设置为 0，只将 RMC Interval 设置为 1～255，Attributes 设置为"Update to SRAM+FLASH"，如图 5-4 所示。

如图 5-4 所示的设置，即可将 NMEA 协议的 GNRMC 之外的输出都关闭，设置好之后，单击"Set"按钮，模块只会输出 GNRMC，不再输出其他信息。

ATK1218-BD 模块支持最快 20Hz 的测量频率（默认为 5Hz），也就是 1s 最高可以输出 20 次定位信息。在 GNSS_Viewer 窗口，单击"Binary"→"Configure Position Rate"，设置 Uptate Rate 为 20Hz，Attributes 为"Update to SRAM+FLASH"，可实现设置 ATK1218-BD 模块的测量频率为 20Hz，ATK1218-BD 模块信号输出频率配置如图 5-5 所示。

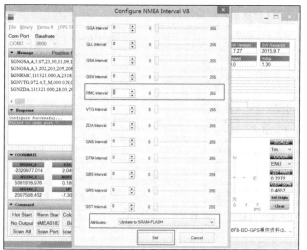

图 5-4　配置 ATK1218-BD 模块输出信号

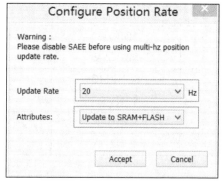

图 5-5　配置 ATK1218-BD 模块信号输出频率

单击"Accept"按钮，完成 ATK1218-BD 模块输出速率配置。此时打开串口调试助手，可观测新配置参数下的 ATK1218-BD 模块定位数据采集输出结果，如图 5-6 所示。

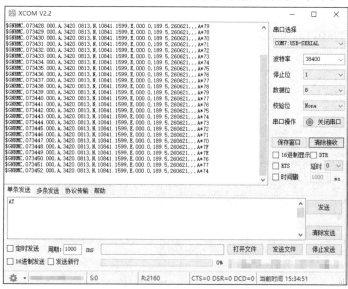

图 5-6　串口接收 ATK1218-BD 信号测试

5.2.5　硬件连接

计算机端 USB-TTL 模块与 ATK1218-BD 模块连接引脚对应关系如表 5-2 所示。

表 5-2　USB-TTL 模块与 ATK1218-BD 模块连接引脚对应关系

USB-TTL 引脚	ATK1218-BD 引脚
VCC	VCC
GND	GND
TXD	RXD
RXD	TXD

实物连接示意图如图 5-7 所示。

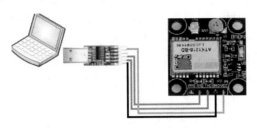

图 5-7　实物连接示意图

5.2.6　程序实现

1. 程序设计思路

由于 ATK1218-BD 模块工作时，按照指定的速率通过串口发送不同类型的定位数据帧，其数据帧提供的经纬度坐标数据为"ddmm.mmmm"格式的"度分"形式数据，而电子地图定位所需的经纬度坐标数据为"dd.dddd"格式的"度"数据，因此电子地图定位时必须解析 GPS 数据帧，将 GPS "度分"格式数据转换为以"度"为单位的坐标数据。为了实现快速开发目的，拟采取调用百度地图坐标转换 API 的形式实现 GPS 坐标转换为电子地图坐标。进一步地，调用百度电子地图静态图 API 生成当前位置的图片，实现当前位置可视化显示。无论是坐标转换还是定位图片生成，均为"请求—响应"的执行模式，需要一定的时长。为了确保程序运行的实时性，程序设计拟采取多线程的方式，其基本结构如图 5-8 所示。

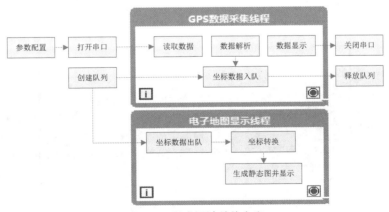

图 5-8　程序设计总体方案

线程 1：为 GPS 数据采集线程，循环读取 GPS 设备（ATK1218-BD）发送的定位数据帧，并在完成坐标数据单位转换后，将坐标数据加入队列。

线程 2：为电子地图显示线程，读取队列中定位数据，完成基于百度地图 API 的 GPS

坐标至电子地图坐标的转换，并进一步基于百度电子地图 API 实现定位坐标的地图标注以及定位结果对应静态图的生成和显示。

2．前面板设计

根据前述程序设计思路，按照以下步骤完成前面板控件设置。

步骤 1：为了选择设置蓝牙通信对应的串行端口，添加 I/O 控件"VISA 资源名称"（控件→新式→I/O→VISA 资源名称），并选择默认串口号。

步骤 2：为了显示串口接收信息，添加字符串类控件"字符串显示控件"（控件→新式→字符串与路径→字符串显示控件），设置标签为"原始数据"。

步骤 3：为了确定用户结束程序操作，添加布尔类控件"停止按钮"（控件→新式→布尔→停止按钮）设置按钮显示文本为"停止程序"。

步骤 4：为了显示 GPS 数据帧中提取的时间信息，添加字符串类控件"字符串显示控件"（控件→新式→字符串与路径→字符串显示控件），数量为 7 个，设置标签分别为"年""月""日""小时""分钟""秒""毫秒"。

步骤 5：为了显示 GPS 数据帧中提取的坐标信息，添加字符串类控件"字符串显示控件"（控件→新式→字符串与路径→字符串显示控件），数量为 4 个，设置标签分别为"GPS 经度""GPS 纬度""地图经度""地图纬度"。

步骤 6：为了显示电子地图中当前位置，添加图形类控件"二维图片"（控件→新式→图形→控件→二维图片），标签采取默认值"二维图片"，设置控件属性参数"高度"为 550，属性"宽度"为 850。

步骤 7：双击前面板，添加字符串"基于 GPS/BD 与百度电子地图的定位程序"，并调整其字体、字号、显示位置等参数。

调整各个控件的大小、位置，使得操作界面更加和谐、友好。最终完成的程序前面板设计结果如图 5-9 所示。

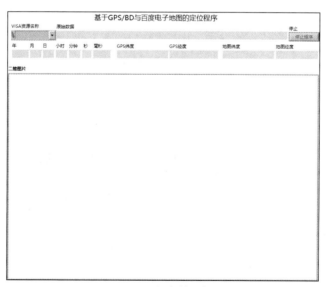

图 5-9　程序前面板

3．程序框图设计

步骤 1：调用节点"VISA 配置串口"（函数→数据通信→协议→串口→VISA 配置串口），

设置节点波特率为 38400（不同 ATK1218-BD 模块的波特率有所不同，可根据产品手册修改）。

步骤 2：为了实现 GPS 定位数据采集线程中获取的经度、纬度数据与显示线程共享，调用节点"获取队列应用"（函数→编程→同步→队列操作→获取队列引用），创建多线程之间共享数据的队列资源。

步骤 3：While 循环结构+节点"已用时间"（函数→编程→定时→已用时间）+条件结构，实现程序定时的 ATK1218-BD 模块数据的基本框架。设置已用时间值为 0.1（该参数根据 ATK1218-BD 模块输出速率调整，比如 ATK1218-BD 模块每秒输出 1 帧数据，则节点"已用时间"时间值设定为 1），用以实现每间隔 0.1s 检查、读取串口接收数据。

在条件结构"真"分支中，为表示到达指定时间间隔，调用节点"VISA 读取"（函数→数据通信→协议→串口→VISA 读取），读取串口中接收的 GPS 定位数据；并判断接收数据中是否包含 GPS 数据帧帧头"$GNRMC"。如果包含，则说明当前读取数据可以进行解析。

调用节点"电子表格字符串至数组转换"（函数→编程→字符串→电子表格字符串至数组转换），将用","间隔的 GPS 数据帧转换为字符串数组，其中索引 3、5 分别为纬度、经度参数。ATK1218-BD 模块输出的经纬度参数为 DDMM.MMMM 格式，将其转换为 DD.MMMMMM 格式，使之成为电子地图可直接识别和利用的有效参数。

将 DD.MMMMMM 格式的经度、纬度合成为","间隔的字符串，插入队列，以便地图显示线程使用该数据。

线程结束后（While 循环之外）调用节点"VISA 关闭"，关闭已经打开的串口，释放有关资源；调用节点"释放队列引用"，销毁队列占用的资源。最终完成的 GPS 数据采集线程程序子框图设计结果如图 5-10 所示。

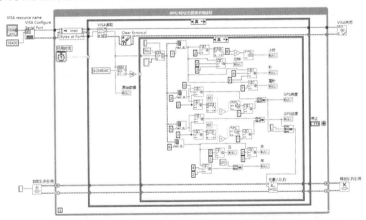

图 5-10 GPS 数据采集线程程序子框图

步骤 4：借助"While 循环+条件结构"实现地图显示线程。条件结构连接节点"已用时间"（函数→编程→定时→已用时间），设置已用时间值为 3，用以实现每隔 3s 在电子地图上标注一次当前位置。分 3 步完成上述功能。

（1）将 GPS 坐标转换为地图坐标。

由于各种原因，GPS 坐标和电子地图坐标并不相同，需要转换，可参见百度地图开放平台官方网页，了解百度电子地图坐标转换 API，将 GPS 坐标转换为百度电子地图坐标，API 接口调用形式为：http://api.map.baidu.com/geoconv/v1/?coords=经度,纬度&from=1&to= 5&ak= 用户密钥。

调用节点"元素出队列"（函数→编程→同步→队列操作→元素出队列），获取"经度,

175

纬度"格式的位置数据字符串；按照百度电子地图坐标转换 API 要求，将队列接收到的位置数据转换为百度电子地图坐标转换 API 请求字符串；调用节点"GET"（函数→数据通信→协议→HTTP 客户端→GET），其输入参数"URL"为步骤 3 生成的请求字符串，向百度地图坐标转换 API 发起访问请求。

节点"GET"返回参数 Body 为 JSON 格式字符串（具体格式参见百度地图开放平台官方网页），调用 JSON API 解析坐标转换结果，获取 GPS 经纬度对应的百度地图经纬度。

（2）生成位置标记的图片。

在 LabVIEW 中进行地图显示并非易事，这里采用集成开发思想，继续借助百度电子地图提供的静态图 API，生成带有当前位置标注的图片。详细了解百度电子地图静态图 API 可查阅百度地图开放平台官方网页。百度电子地图静态图典型调用形式如下。

http://api.map.baidu.com/staticimage/v2?ak=用户密钥&center=经度,纬度&width=显示宽度&height=显示高度&zoom=地图级别&markers=经度,纬度&markerStyles=l

调用节点"GET"（函数→数据通信→协议→HTTP 客户端→GET），其输入参数"URL"为步骤 3 生成的百度电子地图静态图 API 请求字符串；其输入参数"输出文件"连接当前 VI 路径下文件"MyDitu.png"（百度电子地图静态图为 PNG 格式），以实现静态图的生成。

（3）显示地图定位图片。

调用节点"读取 PNG 文件"（函数→编程→图形与声音→图形格式→读取 PNG 文件），其错误输入端口连接节点"GET"错误输出端口，形成顺序执行的逻辑关系；其输入参数"PNG 文件路径"连接步骤（2）设定的节点"GET"输出文件路径。

调用节点"绘制平化像素图"（函数→编程→图形与声音→图片函数→绘制平化像素图），其输入参数"图像数据"连接节点"读取 PNG 文件"输出；其输出端口"新图片"连接控件"二维图片"。

至此，经过两次 HTTP 服务请求，首先调用坐标转换 API 将 GPS 坐标转换为地图坐标，然后调用电子地图静态图 API，实现地图坐标的标注和显示图形生成。最终完成的地图显示线程程序子框图设计结果如图 5-11 所示。

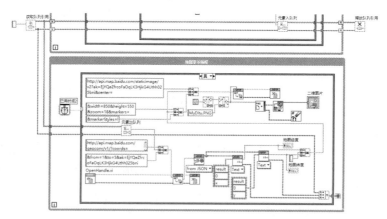

图 5-11　地图显示线程程序子框图

进一步，为了提供更加友好的人机交互界面，在程序执行前创建字符串显示控件"年""月""日""小时""分钟""秒""毫秒""原始数据""GPS 纬度""GPS 经度""地图纬度""地图经度"对应的局部变量，并赋值字符串常量，在程序运行前进行界面的初始化操作。完整的程序框图如图 5-12 所示。

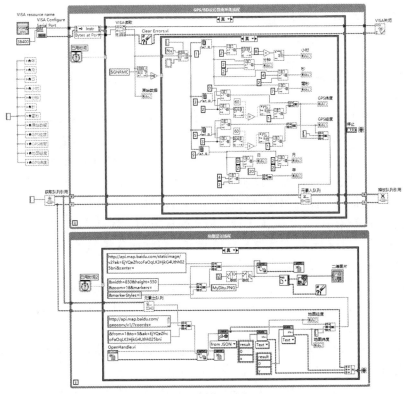

图 5-12　完整程序框图

5.2.7　结果测试

选择连接 ATK1218-BD 模块的串口，单击工具栏中的"运行"按钮 ⬙，测试程序功能，运行结果此处不做展示，请读者自行测试。

测试程序读取串口接收的定位数据，并对其中的 $GNRMC 数据帧进行解析，获取所在位置的经度、纬度，时间参数以及日期参数，并将获取的 GPS 坐标转换为以度为单位的坐标数据；然后借助百度地图坐标转换 API 将 GPS 坐标转换为地图坐标，并调用百度地图静态图 API，生成当前位置在地图上的图片化标记，实现 GPS 定位以及地图显示功能。本节实例对应功能的实现方法可直接应用于各类具有 GPS 定位需求的物联网应用系统中。

5.3　RFID 通信程序设计

本节简要介绍 RFID 技术相关基础知识，以售卖系统中基于 RFID 技术的卡片电子钱包充值、消费、查询等功能的程序设计为目标，简要介绍典型 RFID 读写器及其使用方法，借助 USB-TTL 模块、UART 接口的 RFID 读写器，建立计算机与 RFID 读写器之间的通信链路；基于 LabVIEW 设计程序，实现 RFID 卡片中数据的读写功能，并且模拟卡务中心缴费充值与消费场所刷卡消费行为，给出应用程序实现的完整步骤以及程序运行结果的测试。本节实例可为 RFID 应用相关程序的设计提供参考和借鉴。

5.3.1　背景知识

（1）RFID 技术概述。

RFID 技术是一项利用射频信号、空间耦合（交变磁场或电磁场）实现无接触信息传递并通过所传递的信息达到识别目标的技术。

RFID 系统一般由阅读器和应答器 2 部分组成。阅读器由高频模块(发送器和接收器)、控制单元以及阅读器天线组成,读取应答器信息。应答器由耦合元件及芯片组成,每个标签具有唯一的电子编码,用以标识目标对象,目前多数场合也将应答器称为电子标签或者智能标签。

RFID 阅读器和电子标签之间的通信可分为有感耦合(Inductive Coupling) 及后向散射耦合(Backscatter Coupling)两种。一般低频的 RFID 大都采用第一种方式,而高频的 RFID 大多采用第二种方式。工作时,标签(应答器)进入磁场后,接收阅读器发出的射频信号,凭借感应电流获得的能量发送存储在芯片中的产品信息,或者由标签(应答器)主动发送某一频率的信号,阅读器读取信息并解码后,送给应用程序做相应的处理。

RFID 技术简单实用,无须人工干预,操作快捷方便,应用广泛。RFID 既支持只读工作模式也支持读写工作模式,且无须接触或瞄准,可适应各种恶劣环境,识别距离可从几厘米到几十米,具有以下显著优势。

- 能快速、批量识别。标签以每秒 50～100 次的频率与阅读器进行通信,标签进入阅读器有效识别范围内,可即时读取其中的信息,实现快速识别;能够同时处理多个标签,实现批量识别。
- 标签数据可修改。标签内置存储器可动态写入数据,存储容量最多可达数十 KB,从而赋予 RFID 标签交互式便携数据。
- 数据更安全、可靠。RFID 应用中可以为标签数据的读、写等操作设置密码保护,从而使得 RFID 中存储的数据信息具有更高的安全性。
- 良好的可扩充性。RFID 技术可以轻而易举地与其他信息技术融合,实现对目标的动态追踪和监控。

(2)RFID 读写卡技术。

RFID 读写卡技术指的是利用 RFID 读写卡技术对于 RFID 电子标签(RFID 卡)内的数据进行读写操作的相关技术。RFID 电子标签根据商家种类的不同能存储从 512B 到 4MB 不等的数据。标签中存储的数据由系统的应用和相应的标准决定。例如,标签能够提供产品生产、运输、存储情况,也可以辨别机器、动物和个体的身份。标签还可以连接到数据库,存储产品库存编号、当前位置、状态、售价、批号的信息。因此基于 RFID 读写卡技术可以充分利用标签内部存储的数据,开发出各种各样生动、有趣的信息系统。

这里以民用领域使用频率极高的 M1 卡为例,对标签内部存储结构、读写方法进行简单介绍。该卡片内嵌芯片为 FM11RF08 或者飞利浦 S50。M1 卡内嵌芯片存储容量为 1KB,其存储结构一般分为 16 个扇区,每个扇区分为 4 块,每块 16 个字节。

M1 卡分为 16 个扇区,每个扇区由 4 块(块 0、块 1、块 2、块 3)组成,16 个扇区总计 64 块,按绝对地址编号为 0～63,其存储结构如表 5-3 所示。

表 5-3　M1 卡存储结构

扇区编号	数据块	字节内容	功能	数据块地址
扇区 0	块 0	—	数据块	0
	块 1	—	数据块	1
	块 2	—	数据块	2
	块 3	密码 A、存取控制、密码 B	控制块	3

续表

扇区编号	数据块	字节内容	功能	数据块地址
扇区 1	块 0	—	数据块	4
	块 1	—	数据块	5
	块 2	—	数据块	6
	块 3	密码 A、存取控制、密码 B	控制块	7
⋮	⋮	⋮		⋮
扇区 15	块 0	—	数据块	60
	块 1	—	数据块	61
	块 2	—	数据块	62
	块 3	密码 A　　存取控制　　密码 B	控制块	63

假设 m 表示扇区编号（0～15），n 表示该扇区内数据块号（0～3），则块地址的计算公式如下。

$$ADDR（块）=4m+n$$

由于密钥控制块为每一个扇区的第 3 块，因此 m 扇区的密钥地址计算方法如下。

$$ADDR（密钥）=4m+3$$

在所有扇区中，扇区 0 的块 0（绝对地址 0 块），用于存放厂商代码，已经固化，不可更改。

每个扇区的块 0、块 1、块 2 为数据块，可用于存储数据。数据块既可以用作一般的数据保存，进行读、写操作，也可以用作数据值，进行初始化值、加值、减值、读值操作。

每个扇区的块 3 为控制块，包括密码 A、存取控制、密码 B。控制块字节构成如表 5-4 所示。

表 5-4　控制块字节构成

字节	A0 A1 A2 A3 A4 A5	FF 07 80 69	B0 B1 B2 B3 B4 B5
含义	密码 A（6B）	存取控制（4B）	密码 B（6B）

每个扇区的密码和存取控制都是独立的，可以根据实际需要设定各自的密码及存取控制。存取控制为 4 个字节，共 32 位，扇区中的每个块（包括数据块和控制块）的存取条件是由密码和存取控制共同决定的，在存取控制中每个块都有相应的 3 个控制位，如表 5-5 所示。

表 5-5　块的存取控制位

块	控制位 1	控制位 2	控制位 3
块 0	C10	C20	C30
块 1	C11	C21	C31
块 2	C12	C22	C32
块 3	C13	C23	C33

3 个控制位以正和反两种形式存在于存取控制字节中，决定了该块的访问权限（如进行减值操作必须验证 Key A，进行加值操作必须验证 Key B，等等）。存取控制（4 个字节，

其中字节 9 为备用字节）字节取值如表 5-6 所示（表中_b 表示前缀控制位取反）。

表 5-6 存取控制字节取值

字节编号	位 7	位 6	位 5	位 4	位 3	位 2	位 1	位 0
字节 6	C23_b	C22_b	C21_b	C20_b	C13_b	C12_b	C11_b	C10_b
字节 7	C13	C12	C11	C10	C33_b	C32_b	C31_b	C30_b
字节 8	C33	C32	C31	C30	C23	C22	C21	C20
字节 9	—	—	—	—	—	—	—	—

其中各个扇区的数据块存取控制策略如表 5-7 所示。

表 5-7 数据块存取控制策略

控制位 1	控制位 2	控制位 3	访问条件			
C1x	C2x	C3x	读	写	增值	减值、传输、存储
0	0	0	KeyA/B	KeyA/B	KeyA/B	KeyA/B
0	1	0	KeyA/B	Never	Never	Never
1	0	0	KeyA/B	KeyB	Never	Never
1	1	0	KeyA/B	KeyB	KeyB	KeyA/B
0	0	1	KeyA/B	Never	Never	KeyA/B
0	1	1	KeyB	KeyB	Never	Never
1	0	1	KeyB	Never	Never	Never
1	1	1	Never	Never	Never	Never

表中 KeyA/B 表示密码 A 或密码 B，Never 表示任何条件下不能实现，x=0,1,2。

例如：当块 0 的存取控制位 C10 C20 C30=1 0 0 时，验证 KeyA 或 KeyB 正确后可读；验证 KeyB 正确后可写；不能进行加值、减值等操作。

块 3（控制块）的存取控制与数据块（块 0、1、2）不同，其存取控制策略如表 5-8 所示。

表 5-8 块 3 存取控制策略

控制位 1	控制位 2	控制位 3	密码 A		存取控制		密码 B	
C13	C23	C33	读	写	读	写	读	写
0	0	0	Never	KeyA/B	KeyA/B	Never	KeyA/B	KeyA/B
0	1	0	Never	Never	KeyA/B	Never	KeyA/B	Never
1	0	0	Never	KeyB	KeyA/B	Never	Never	KeyB
1	1	0	Never	Never	KeyA/B	Never	Never	Never
0	0	1	Never	KeyA/B	KeyA/B	KeyA/B	KeyA/B	KeyA/B
0	1	1	Never	KeyB	KeyA/B	KeyB	Never	KeyB
1	0	1	Never	Never	KeyA/B	KeyB	Never	Never
1	1	1	Never	Never	KeyA/B	Never	Never	Never

当块 3 的存取控制位 C13 C23 C33=0 0 1 时，对应的含义如下。

- 密码 A：不可读，验证 KeyA 或 KeyB 正确后，可写（更改）。
- 存取控制：验证 KeyA 或 KeyB 正确后，可读、可写。
- 密码 B：验证 KeyA 或 KeyB 正确后，可读、可写。

5.3.2 设计要求

借助 USB-TTL 模块、UART 接口的 RFID 读写器，建立计算机与 RFID 读写器之间的通信链路；基于 LabVIEW 设计程序，实现 RFID 卡片中数据的读写功能，并且模拟卡务中心缴费充值与消费场所刷卡消费行为。具体实现功能如下。

- 通过串口连接 RFID 读写器，向 RFID 读写器发送控制指令并读取返回数据。
- 能够读取当前卡片的类型编码、卡片（仅限于 S70、S50 类型卡片）ID 编码。
- 对于块 62 设置为钱包模式的卡片，能够查询卡内余额并显示。
- 当选择卡务中心工作模式时，能够将指定的金额进行充值操作，充值金额存储在卡内数据块 62 中，充值完成后显示最新余额。
- 当选择消费场所工作模式时，能够按照指定的消费金额对块 62 内存储金额进行扣减，并显示扣减后余额。
- 无论是充值还是消费，操作成功时，能够以指示灯形式进行操作提示。
- 读卡、查询余额、充值、消费 4 种典型操作的控制指令、返回信息能够实时显示。
- 程序可以在"卡务中心""消费场所"两种模式中任选一种工作模式，其中卡务中心可充值，消费场所只能扣减；两种工作模式下均可查询余额。

5.3.3 模块简介

市面上销售的 RFID 读写器类型十分丰富，本书使用的是深圳市昱闵科技有限公司出品的 M4255-HA 型 RFID 读写器，其外观如图 5-13 所示。

该模块主要参数如下。

通信接口：UART、RS232、RS485 等。

工作电压：DC3.3V、DC5V、DC12V。

工作电流：小于 45mA。

工作模式：主动读卡号、主动读数据块、主动读卡号

与数据块、命令等模式。

图 5-13　典型 RFID 读写器外观

工作频率：13.56MHz。

支持协议：ISO 14443A。

主要功能：读卡号、读写扇区数据块、扇区加密、增减值（充值消费）等。

读写距离：标准白卡大于 8cm。

通信波特率：默认为 9600bit/s，亦可在 4800~115200bit/s 范围内自由设置。

支持卡类型：Mifare1 S50、Mifare1 S70、ISO 14443A 等。

M4255-HA 型 RFID 读写器提供 8 个引脚，各引脚功能说明如表 5-9 所示。

表 5-9　M4255-HA 型 RFID 引脚功能说明

引脚编号	名称	功能说明
1	IO2	模块内置单片机直接输出的 I/O 引脚，可以通过命令控制高低电平
2	IO1	模块内置单片机直接输出的 I/O 引脚，可以通过命令控制高低电平
3	RXD	UART 接口数据接收，3.3V 或 5V 电平
4	TXD	UART 接口数据发送，3.3V 或 5V 电平
5	VCC	电源正极

引脚编号	名称	功能说明
6	GND	电源接地
7	2TXA	RS232 连接时作为数据发送 TXD，RS485 连接时作为数据线正 A
8	2TXB	RS232 连接时作为数据接收 RXD，RS485 连接时作为数据线负 B

M4255-HA 型 RFID 读写器与计算机之间通信时，计算机发送命令与接收的返回数据包结构约定如下。

（1）计算机发送命令结构。

计算机发送命令（RFID 读写器接收命令）为十六进制字节数组，其组成结构如表 5-10 所示。

表 5-10　RFID 读写器接收命令结构

字节索引	0	1	2	3	4～N	N+1
数据含义	命令类型	包长度	命令	地址	参数与数据	校验码

具体含义如下。

- 命令类型：占用 1B，可取值 0x01（卡片相关操作命令）、0x02（读写器参数查询）、0x03（读写器参数设置）、0x04（其他命令）。
- 包长度：占用 1B，用于表示整个数据包的长度。
- 命令：占用 1B，分为卡片操作命令、读写器参数查询命令、读写器参数设置等相关的具体命令。
- 地址：占用 1B，指定模块的地址。
- 参数与数据：与命令相关的参数或者数据，字节长度不定。
- 校验码：整个数据包的校验值，采取的是异或校验并取反的方法计算结果。

（2）计算机接收的返回数据包结构。

RFID 读写器返回数据包为十六进制字节数组，其组成结构如表 5-11 所示。

表 5-11　RFID 读写器返回数据包结构

字节索引	0	1	2	3	4	5～N	N+1
数据含义	命令类型	包长度	命令	地址	状态	参数与数据	校验和

返回包中命令类型和命令与发送命令结构中的对应，用于区别返回包执行哪个命令发回的结果。

- 命令类型：同计算机发送命令格式。
- 包长度：占用 1B，用于表示整个数据包的长度。
- 命令：同计算机发送命令格式。
- 地址：同计算机发送命令格式。
- 状态：0x00 表示成功，0x01 表示失败。
- 参数与数据：表示执行命令返回的参数或者数据。
- 校验和：整个数据包的校验值。

各类型命令对应的返回数据结构特点可进一步参见模块使用说明。

5.3.4　通信测试

假设当前使用常规白卡（S50），卡片设置数据块 62（十六进制表示为 3E）为钱包模式

（数据块值可进行增、减操作），可以实现充值与刷卡；使用的 RFID 读写器地址为默认的十六进制 20，计算机通过 USB-TTL 模块连接 RFID 模块，则卡片基本功能的测试既可以使用运行该模块配套的测试工具进行，也可以利用串口调试助手，人工生成对应的 RFID 模块控制指令进行。为了便于程序设计，这里采取基于串口调试助手的方式进行功能测试。

（1）读卡功能测试。

根据通信协议规约，读取卡片信息命令（十六进制）可以设置如图 5-14 所示。

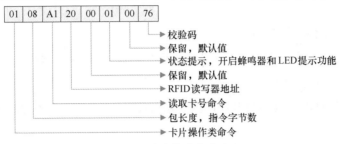

图 5-14 读卡指令字节含义

在串口调试助手中，输入十六进制读卡指令，单击"发送"按钮，测试结果如图 5-15 所示。

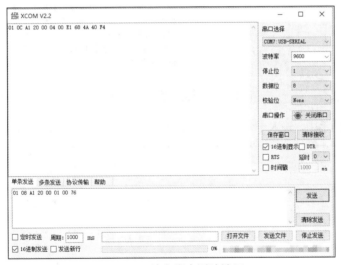

图 5-15 读卡指令测试结果

读卡成功，返回 12 个字节，其中字节 5、字节 6 对应的 04 00 表示卡片类型；字节 7～10 表示当前卡号；字节 11 为当前数据帧校验码。

（2）钱包模式设置功能测试。

假设数据块 62（十六进制 3E）设置为钱包模式，设置命令如图 5-16 所示。

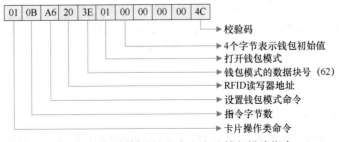

图 5-16 设置数据块 62（3E）为钱包模式指令

183

数据块 62 设置为钱包模式，既可借助串口调试助手进行设置，也可以借助模块生产商提供的测试工具软件设置。假设初始化钱包为 0，测试工具软件中钱包模式初始化设置如图 5-17 所示。

图 5-17　设置数据块 62（3E）为钱包模式初始化设置

（3）余额查询功能测试。

根据通信协议规约以及当前卡片钱包模式为数据块 62 的前提条件，查询信息命令可以设置为如图 5-18 所示。

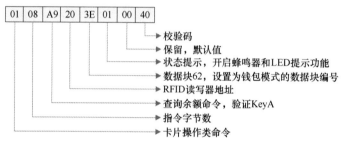

图 5-18　查询余额指令字节含义

在串口调试助手中，输入十六进制读卡指令，单击"发送"按钮，返回结果如图 5-19 所示。

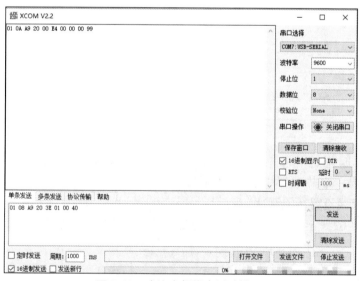

图 5-19　查询余额指令测试结果

查询成功，则返回 10 个字节，其中字节 5～8 对应的 4 个字节 E4 00 00 00 表示当前余额（低字节在前，高字节在后），对应的十进制余额为 228。

（4）充值功能测试。

根据通信协议规约以及当前卡片钱包模式为数据块 62 的前提条件，假设充值 100（对应十六进制字节数组表示且低字节在前的结果为 64 00 00 00），充值命令可以设置为如图 5-20 所示。

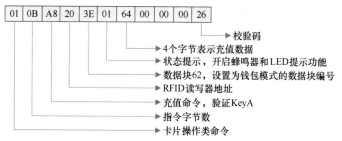

图 5-20 充值指令字节含义

在串口调试助手中，输入十六进制充值指令，单击"发送"按钮，返回结果如图 5-21 所示。

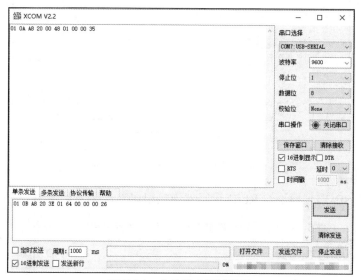

图 5-21 充值指令测试结果

充值命令发送后，返回 10 个字节，其中字节 5~8 对应的 4 个字节表示当前余额（低字节在前），即 48 01 00 00，对应的十进制值为 328；而充值前余额 228，本次充值 100，说明本次充值成功。

（5）消费功能测试。

根据通信协议规约以及当前卡片钱包模式为数据块 62 的前提条件，假设消费 100（对应十六进制字节数组表示且低字节在前的结果为 64 00 00 00），消费命令可以设置为如图 5-22 所示。

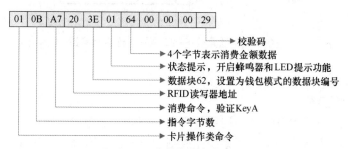

图 5-22 消费指令字节含义

在串口调试助手中，输入十六进制消费指令，单击"发送"按钮，返回结果如图 5-23 所示。

消费命令发送后，返回 10 个字节，其中字节 5~8 对应的 4 个字节表示当前余额（低字节在前），即 E4 00 00 00，对应的十进制值为 228；而消费前余额为 328，本次消费 100，说明本次消费扣减成功。

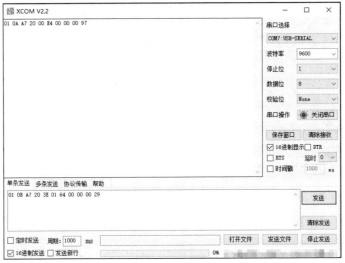

图 5-23　消费指令测试结果

5.3.5　硬件连接

计算机端 USB-TTL 模块与 RFID 读写器连接引脚对应关系如表 5-12 所示。

表 5-12　USB-TTL 模块与 RFID 读写器连接引脚对应关系

USB-TTL 引脚	RFID 引脚
VCC	VCC
GND	GND
TXD	RXD
RXD	TXD

实物连接示意图如图 5-24 所示。

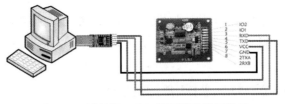

图 5-24　计算机-RFID 读写器连接示意图

5.3.6　程序实现

1. 程序设计思路

一般情况下，基于 RFID 的应用系统开发一般分为卡务中心应用子系统和消费场所应用子系统 2 部分。卡务中心应用子系统完成制卡、充值、查询余额等业务；消费场所应用子系统完成金额扣减、余额查询等业务。本节实例拟实现一种基于 RFID 技术的充值、消费应用系统。为了便于学习了解 RFID 读写卡技术，这里将充值、消费功能集成在一个应用程序之中。程序可以自由切换卡务中心和消费场所两种工作模式。由于基于 RFID 的卡片充值、刷卡消费应用中主要业务行为属于典型的离散事件处理模式，因此程序总体结构采取事件处理模式。程序需要处理的事件如下。

- "打开串口"按钮操作事件——单击按钮打开串口，打开失败则给予错误信息提示，打开正常则开始进一步工作。
- 复选框操作事件——勾选复选框，设置程序为卡务中心模式，解锁读卡、余额查询、充值等业务。
- "读卡"按钮操作事件——单击按钮，按照 RFID 读写器通信协议，发出读取卡片信息指令，读写器返回数据，并解析出卡片类型、卡片编号等信息。
- "查询余额"按钮操作事件——单击按钮，按照 RFID 读写器通信协议，发出读取余额查询指令，读取返回数据，并解析出当前设置为钱包模式的数据块中金额数值信息。
- "充值"按钮操作事件——单击按钮，按照 RFID 读写器通信协议，发出指定为钱包模式的数据块中增加指定金额的充值指令，读取返回数据，并解析出充值成功与否、当前设置为钱包模式的数据块中金额数值等信息。
- "消费"按钮操作事件——单击按钮，按照 RFID 读写器通信协议，发出指定为钱包模式的数据块中扣减指定金额的消费指令，读取返回数据，并解析出消费成功与否、当前设置为钱包模式的数据块中金额数值等信息。
- "停止程序"按钮操作事件→单击按钮，则退出程序。

为了使得程序人机交互效果更加友好，程序结构在循环事件处理结构的基础上，添加顺序结构，将这个程序分为 2 个顺序帧。其中第 1 帧为程序初始化帧，完成程序运行前各类控件的初始化；第 2 帧为主程序帧，即前面创建的循环事件处理程序结构，完成对程序中典型事件的处理。

为了便于学习，每一种事件都显示发出指令、返回数据，以便读者进一步熟悉 RFID 读写器通信协议。为了更加逼真地模拟刷卡消费过程，设置消费金额数与程序输出布尔变量持续时间（单位 s）保持一致——消费 N 元，则指定布尔变量保持特定的状态 Ns。在真实应用场景中，这种状态可转换为指定电平的程序控制输出，可以在此基础上进一步演化出多种应用场景。

2. 前面板设计

根据前述程序设计思路，按照以下步骤完成前面板控件设置。

步骤 1：为了选择设置链接 RFID 读写器对应的串行端口，添加 I/O 控件"VISA 资源名称"（控件→新式→I/O→VISA 资源名称），并选择默认串口号。

步骤 2：为了实现对串口资源的打开操作，添加布尔类控件"确定按钮"（控件→新式→布尔→确定按钮），设置标签为"打开串口"，设置按钮显示文本为"打开串口"。

步骤 3：为了实现卡务中心/消费场所 2 种程序运行模式的切换，添加布尔类控件"复选框"（控件→NXG 风格→布尔→复选框），设置标签为"工作模式"，修改控件的显示文本默认值"Off/On"为"卡务/消费"，复选框被勾选时为卡务中心模式，未被勾选时为消费场所模式。

步骤 4：为了确定用户结束程序操作，添加布尔类控件"停止按钮"（控件→新式→布尔→停止按钮）设置控件显示文本为"停止程序"。

步骤 5：为了触发读卡事件，添加布尔类控件"确定按钮"（控件→新式→布尔→确定按钮），设置标签为"读取卡号"，设置控件显示文本为"读卡"。

步骤 6：为了显示卡片类型和卡片 ID 编码，添加 2 个字符串类控件"字符串显示控件"（控件→新式→字符串与路径→字符串显示控件），设置标签分别为"卡片类型""当前卡号"。

步骤 7：为了触发查询余额事件，添加布尔类控件"确定按钮"（控件→新式→布尔→确定按钮），设置标签为"余额查询"，设置显示文本为"查询余额"。

步骤 8：为了显示卡内余额数值，添加数值类控件"数值显示控件"（控件→新式→数值→数值显示控件），设置标签为"当前余额"。

步骤 9：为了触发充值事件，添加布尔类控件"确定按钮"（控件→新式→布尔→确定按钮），设置标签为"充值按钮"，设置显示文本为"充值"。

步骤 10：为了设置充值金额，添加数值类控件"数值输入控件"（控件→新式→数值→数值输入控件），设置标签为"充值金额"。

步骤 11：为了触发消费事件，添加布尔类控件"确定按钮"（控件→新式→布尔→确定按钮），设置标签为"消费按钮"，设置显示文本为"消费"，调整控件尺寸至合适大小。

步骤 12：为了设置消费金额，添加数值类控件"数值输入控件"（控件→新式→数值→数值输入控件），设置标签为"消费金额"。

步骤 13：为了显示充值/消费事件执行结果，添加 2 个布尔类控件"圆形指示灯"（控件→新式→布尔→圆形指示灯），标签分别设置为"充值成功""消费成功"。

步骤 14：为了便于读者观测 RFID 读写器使用中的控制指令以及返回信息，添加 2 个字符串类控件"字符串显示控件"，设置标签分别为"发送指令""接收数据"，用以判断通信过程正常与否。

步骤 15：为了模拟基于消费金额的输出控制，添加数值类控件"数值显示控件"（控件→新式→数值→数值显示控件），设置标签为"输出控制"。

调整各个控件的大小、位置，使得操作界面更加和谐、友好。最终完成的前面板设计结果如图 5-25 所示。

3. 程序框图设计

程序实现按照以下步骤完成。

步骤 1：创建 2 帧的顺序结构，第 1 帧为初始化帧。设置第 1 帧"子程序框图标签"为"初始化"，以便提高程序框图可读性。在第 1 帧中通过局部变量、属性节点等方式操作界面有关控件初始状态，对应的程序子框图设计结果如图 5-26 所示。

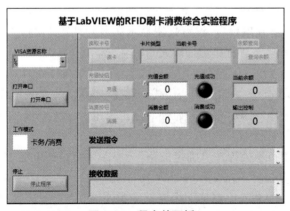

图 5-25　程序前面板

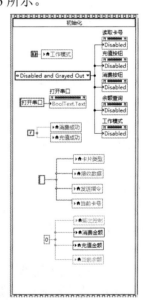

图 5-26　初始化帧程序子框图

　　在初始化帧中，对充值、消费、余额查询工作模式切换相关控件都进行了禁用设置，使得用户操作软件时，必须首先成功打开串口，才能继续进行下一步操作，为程序功能的正确实现提供操作时序保障。

　　步骤 2：在顺序结构中，设置第 2 帧"子程序框图标签"为"主程序"，以便提高程序框图可读性。主程序为"While 循环结构+事件结构"的设计模式，需要处理的事件包括"打开串口"按钮单击事件、"工作模式"复选框勾选事件、"充值按钮"按钮单击事件、"消费按钮"按钮单击事件、"余额查询"按钮单击事件、"读卡"按钮单击事件、"停止"按钮单击事件等。对应的主程序子框图结构如图 5-27 所示。

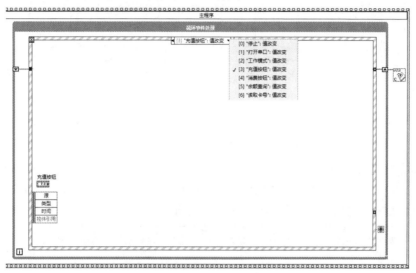

图 5-27　主程序子框图结构

　　步骤 3：在"打开串口：值改变"事件对应的程序子框图中，调用属性节点对按钮显示文本进行判断，如果按钮显示文本为"打开串口"，则调用节点"配置 VISA 串口"配置串口通信参数。若节点"配置 VISA 串口"配置通信参数成功，完成控件"读取卡号""工作模式""发送指令""接收数据"等控件的禁用属性解锁，设置"打开串口"按钮显示文本为"关闭串口"，其他控件的初始化操作（方法同前，不赘述）。对应的程序子框图如图 5-28 所示。

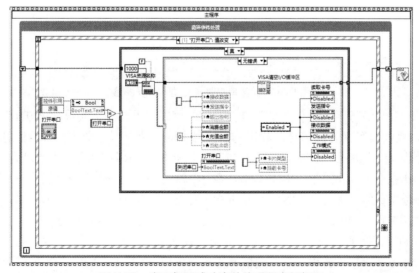

图 5-28　串口打开成功事件处理程序子框图

若节点"配置 VISA 串口"配置通信参数失败，以对话框的形式显示错误信息提示，然后停止应用程序的执行。对应的程序子框图如图 5-29 所示。

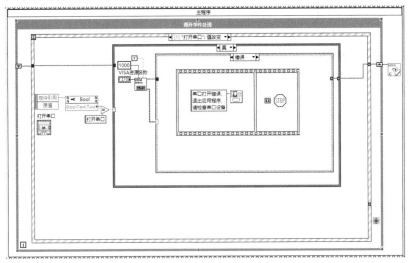

图 5-29 串口打开失败事件处理程序子框图

如果按钮显示文本为"关闭串口"，则调用节点"关闭 VISA 串口"，释放已经打开的串口资源。同时，"打开串口"按钮显示文本恢复为"打开串口"，其他控件显示内容恢复至程序初始状态，对应的程序子框图如图 5-30 所示。

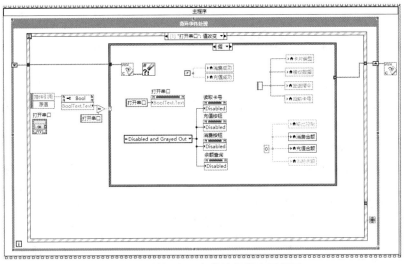

图 5-30 关闭串口事件处理程序子框图

步骤 4：在"读取卡号：值改变"事件对应的程序子框图中，实现向 RFID 读写器发出读卡指令，接收读写器返回信息，解析返回信息中的卡片类型、卡片编号等信息。

创建数据元素取值为"18 A1 20 01 07 6"的十六进制显示字节数组（向地址为 20 的 RFID 模块发出读卡指令），调用节点"字节数组至字符串转换"（函数→编程→字符串→路径/数组/字符串转换→字节数组至字符串转换），将读卡指令对应的字节数组转换为串口写入节点可发送的字符串；调用节点"VISA 写入"（函数→数据通信→协议→串口→VISA 写入）发送读卡指令。

按照 RFID 读写器通信协议，如果读卡指令发送成功，则模块返回 12 个字节，因此调用节点"VISA 读取"（函数→数据通信→协议→串口→VISA 读取），读取串口缓冲区 12 个字节并将其转换为制表位间隔的字符串。按照通信协议，接收数据中含有"01 0C A1"

表示 RFID 读取卡号成功。

为了获取接收数据中卡片编号相关数据，添加节点"截取字符串"（函数→编程→字符串→截取字符串），根据 RFID 读写器通信协议，设置其偏移量为 21、截取长度为 12，可获取"当前卡号"相关数据。

为了获取接收数据中卡片类型相关数据，添加节点"截取字符串"（函数→编程→字符串→截取字符串），根据 RFID 读写器通信协议，设置其偏移量为 15、截取长度为 5，可获取"卡片类型"相关数据。

当读卡成功时，添加条件结构，判断复选框"工作模式"状态，当复选框被勾选时，为卡务中心工作模式，此时解锁控件"余额查询""充值按钮"的禁用状态，而控件"消费按钮"则禁用。

对应的程序子框图如图 5-31 所示。

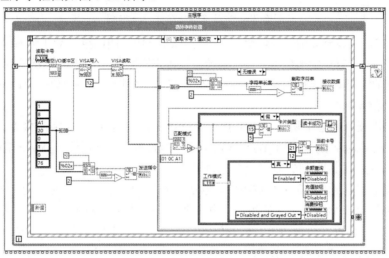

图 5-31 读取卡号事件处理程序子框图

步骤 5：在"工作模式：值改变"事件对应的程序子框图中，当复选框"工作模式"被勾选时，"充值按钮"解锁禁用状态，而"消费按钮"设置为禁用状态；当复选框"工作模式"未被勾选时，"消费按钮"解锁禁用状态，而"充值按钮"设置为禁用状态；同时对程序界面中的各类显示控件进行状态重置。对应的程序子框图如图 5-32 所示。

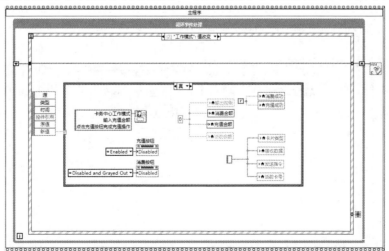

图 5-32 工作模式事件处理程序子框图

步骤 6：在"充值按钮：值改变"事件对应的程序子框图中，向指定数据块中写入用户输入的充值金额，并读取 RFID 器返回数据，充值指令执行正确则返回数据中包含卡内当前余额。

由于 RFID 器充值操作需要指定的数据块编号，因此首先编写子 VI，实现充值指令的生成。该子 VI 输入参数为充值金额，输出为符合通信协议中充值指令格式规约的字节数组，对应的程序子框图如图 5-33 所示。

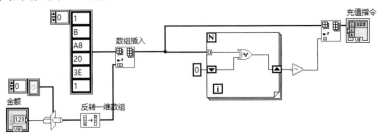

图 5-33　生成充值指令程序子框图

调用子 VI，生成充值指令，调用节点"字节数组至字符串转换"（函数→编程→字符串→路径/数组/字符串转换→字节数组至字符串转换），将充值指令对应的字节数组转换为 LabVIEW 中串口可发送的字符串；调用节点"VISA 写入"（函数→数据通信→协议→串口→VISA 写入）发送生成的充值指令。

按照 RFID 读写器通信协议，充值指令正确执行，则返回 10 个字节数据。因此为了读取充值指令对应的返回数据，调用节点"VISA 读取"（函数→数据通信→协议→串口→VISA 读取）读出串口缓冲区接收到的充值指令返回数据。

按照通信协议，返回 10 字节数组中，索引 5 开始的 4 个字节的内容为卡内余额，且低字节在前、高字节在后。为了正确解析余额数据，调用节点"数组子集"（函数→编程→数组→数组子集），设置索引值为 5、长度值为 4，提取串口返回字节数组中表示余额的 4 个字节数据。调用节点"反转一维数组"（函数→编程→数组→反转一维数组），将表示余额的 4 个字节数据恢复为高字节在前、低字节在后的常规表示模式。

为了将 4 个字节数组表示的余额数值转换为 U32 类型的整数，添加节点"强制类型转换"（函数→编程→数值→数据操作→强制类型转换），其端口"类型"连接设置为 U32 类型的数值常量 0，其端口"x"连接节点"反转一维数组"输出，其输出端口连接控件"当前余额"。

对应的程序子框图如图 5-34 所示。

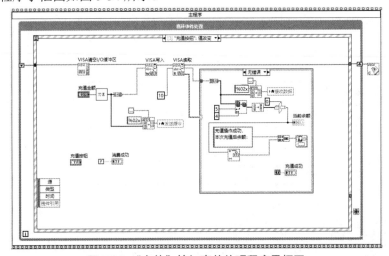

图 5-34　"充值"按钮事件处理程序子框图

步骤 7：在"消费按钮：值改变"事件对应的程序子框图中，向指定数据块中写入用户输入的消费金额，并读取 RFID 读写器返回数据，消费指令执行正确则返回数据中包含卡内当前余额。

由于 RFID 读写器消费（扣减金额）操作需要指定的数据块编号，因此首先编写子 VI，实现消费指令的生成。该子 VI 输入参数为消费金额，输出为符合通信协议中消费指令格式规约的字节数组，对应的程序子框图如图 5-35 所示。

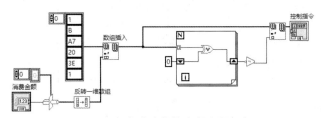

图 5-35　生成消费指令程序子框图

调用子 VI，生成消费指令，调用节点"字节数组至字符串转换"（函数→编程→字符串→路径/数组/字符串转换→字节数组至字符串转换），将消费指令对应的字节数组转换为 LabVIEW 中串口可发送的字符串。

调用节点"VISA 写入"（函数→数据通信→协议→串口→VISA 写入）发送生成的消费扣款指令。按照 RFID 读写器通信协议，消费指令正确执行，则返回 10 个字节数据。因此为了读取消费指令对应的返回数据，调用节点"VISA 读取"（函数→数据通信→协议→串口→VISA 读取），其端口"字节总数"设置为 10，读出串口缓冲区接收到的消费指令返回数据。

如果串口读取数据正常，按照通信协议，返回 10 字节数组，其中索引 5 开始的 4 个字节的内容为卡内余额，且低字节在前、高字节在后。

为了正确解析余额数据，调用节点"数组子集"（函数→编程→数组→数组子集），设置索引值为 5、长度值为 4，提取串口返回字节数组中表示余额的 4 个字节数据。

调用节点"反转一维数组"（函数→编程→数组→反转一维数组），将表示余额的 4 个字节数据恢复为高字节在前、低字节在后的常规表示模式。

为了将 4 个字节数组表示的余额数值转换为 U32 类型的整数，调用节点"强制类型转换"（函数→编程→数值→数据操作→强制类型转换），其端口"类型"连接设置为 U32 类型的数值常量 0，其端口"x"连接节点"反转一维数组"输出，其输出端口连接控件"当前余额"对应的局部变量。

为了增强程序运行的趣味性，借助"For 循环结构+延时函数"方式实现 $N-1,\cdots,0$ 的 1s 间隔倒计时，并在倒计时期间维持"消费成功"指示灯高亮状态（N 为实际消费金额。在真实应用场景中，这一部分可替换为硬件输出控制功能实现）。对应的程序子框图如图 5-36 所示。

步骤 8：在"余额查询：值改变"事件对应的程序子框图中，向 RFID 读写器发出余额查询指令，并读取 RFID 读写器返回数据，查询指令执行正确则返回数据中包含卡内当前余额。

在 RFID 读写器地址 20（十六进制）、数据块指定为 62（十六进制为 3E）的情况下，查询余额指令为"1 8 A9 20 3E 1 0 40"的十六进制显示字节数组，调用节点"VISA 写入"（函数→数据通信→协议→串口→VISA 写入），其端口"写入缓冲区"连接写入指令（字节数组）转换的字符串。

按照 RFID 读写器通信协议，如果读卡指令发送成功，则读写器返回 10 个字节，因此添加节点"VISA 读取"（函数→数据通信→协议→串口→VISA 读取），其端口"字节总数"

连接整数类型的数值常量 10。

按照通信协议规约，查询成功时返回字节数组中，索引 5 开始的 4 个字节为卡内余额（低字节在前，高字节在后）。

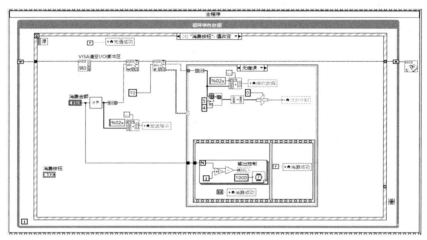

图 5-36　"消费"按钮事件处理程序子框图

为了正确解析余额数据，完成以下操作：首先调用节点"数组子集"（函数→编程→数组→数组子集），设置索引值为 5、长度值为 4，提取串口返回字节数组中表示余额的 4 个字节数据；然后调用节点"反转一维数组"（函数→编程→数组→反转一维数组），将表示余额的 4 个字节数据恢复为高字节在前、低字节在后的常规表示模式；最后调用节点"强制类型转换"（函数→编程→数值→数据操作→强制类型转换），将 4 字节数组转换为数值。

基于上述核心功能的实现方法，对应的程序子框图如图 5-37 所示。

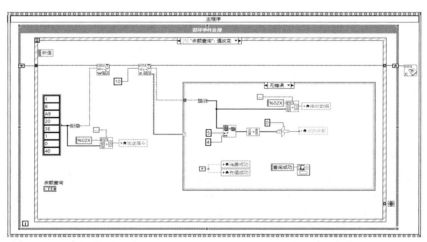

图 5-37　"查询余额"按钮事件处理程序子框图

步骤 9：在"停止：值改变"事件对应的程序子框图中，"停止"按钮连接 While 循环结构条件端子，实现应用程序的结束。

在 While 循环结构外添加节点"VISA 关闭"（函数→数据通信→协议→串口→VISA 关闭），实现程序结束运行时释放打开的串口资源功能。对应的程序子框图如图 5-38 所示。

至此，基于 RFID 技术的充值/刷卡消费实验程序全部完成，对应的完整程序框图结构如图 5-39 所示。

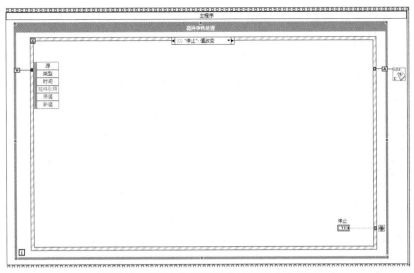

图 5-38 "停止"按钮事件处理程序子框图

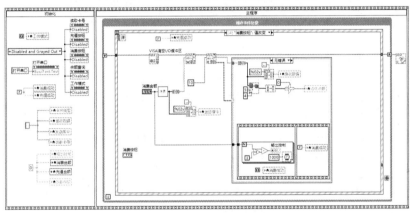

图 5-39 完整程序框图结构

5.3.7 结果测试

单击工具栏中的"运行"按钮 ⇨，测试程序功能。程序运行初始界面如图 5-40 所示。

选择连接 RFID 读写器的串口（本例中选择串口 7 即"COM7"），单击"打开串口"按钮，"读卡"按钮生效，复选框"工作模式"生效，如图 5-41 所示。

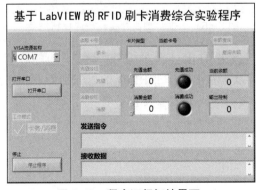

图 5-40 程序运行初始界面

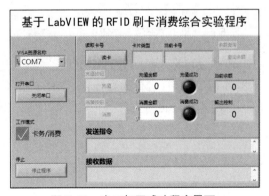

图 5-41 串口打开成功程序界面

单击"读卡"按钮，读取卡片信息，如果读卡成功，则"查询余额"按钮生效，根据复选框"工作模式"勾选状态，"充值""消费"按钮其中之一生效。程序显示所读卡片类型编码信息、卡号编码信息；显示读卡操作对应的控制指令和返回信息，并以简易对话框的形式显示操作提示信息，如图 5-42 所示。

　　单击"查询余额"按钮，程序显示查询指令和返回信息，并以简易对话框的形式显示操作提示信息，如图 5-43 所示。

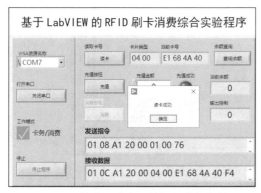

图 5-42　单击"读卡"按钮程序执行结果

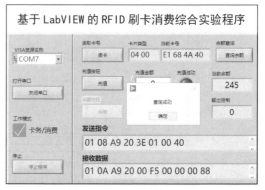

图 5-43　单击"查询余额"按钮程序执行结果

　　输入拟充值钱数，单击"充值"按钮，程序显示充值指令和返回信息，并以简易对话框的形式显示操作提示信息，结果如图 5-44 所示。

　　取消勾选复选框"工作模式"，"消费"按钮生效，输入拟消费金额，单击"消费"按钮，程序显示消费指令和返回信息。为了模拟消费享受服务的工作状态，程序采取消费金额对应的输出控制服务，比如消费 10 元，指示灯"消费成功"亮 10s，数值显示框"输出控制"则以倒计时模式显示消费服务进程，如图 5-45 所示。

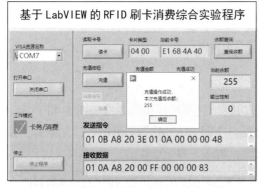

图 5-44　单击"充值"按钮程序执行结果

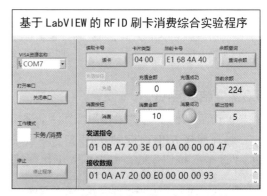

图 5-45　单击"消费"按钮程序执行结果

　　由结果可见，程序借助 RFID 读写器，既可以读出 RFID 卡片的编号、类型，也能够进一步对 RFID 卡片进行读写操作。这些功能不但可以单独形成基于 RFID 的以识别为主的物联网应用系统，也可以与其他物联网应用技术整合，形成更大规模的复杂应用系统。

第6章

近距离无线通信技术

学习目标：

- 了解近距离无线通信技术分类原则、主要技术及其优缺点；
- 了解蓝牙通信技术的基本原理，熟悉典型蓝牙通信模块的基本特性、控制指令；
- 能够根据一般蓝牙设备通信协议编写通信程序，建立计算机与蓝牙开关模块之间的通信连接，通过蓝牙开关无线控制指令的自动生成、发送，实现蓝牙开关的计算机控制功能；
- 了解 ZigBee 通信技术的基本原理，熟悉典型 ZigBee 模块的基本特性、控制指令；
- 基于 ZigBee 通信技术建立计算机与多个电能计量模块之间的通信连接，形成主从式电能计量测试网络，并完成多个计量从设备的指令控制、数据读取、数据帧解析、计量结果显示等功能；
- 了解 Wi-Fi 通信技术的基本原理，熟悉典型 Wi-Fi 模块的基本特性、控制指令；
- 能够编写程序控制 Wi-Fi 模块工作模式，基于 Wi-Fi 通信技术建立计算机与物联网平台之间的通信连接，并按照物联网平台定义设备的数据协议完成本机采集数据的封装、上传等功能。

6.1 近距离无线通信技术概述

近距离无线通信技术专指通信收发双方通过无线电波传输信息且传输距离限制在较短范围（几十米）以内时所使用的一系列技术，有时候也称为短距离无线通信。

物联网应用系统中的感知层的延伸往往依赖于近距离无线通信技术，这一需求也为近距离无线通信技术提供了丰富的应用场景，创造了良好的发展机遇，使之成为物联网的重要支撑技术。

物联网中使用较广泛的近距离无线通信技术有蓝牙、Wi-Fi、ZigBee 以及 NFC 等。每一种近距离无线技术都有其立足的特点，或基于传输速度、距离、耗电量的特殊要求，或着眼于功能的扩充性，或符合某些单一应用的特别要求，或建立竞争技术的差异化等，但是没有一种技术可以满足所有的需求，因此对于每一类常见技术，都要了解其技术特点和应用场景。

典型近距离无线通信技术及其典型应用场景如表 6-1 所示。

表 6-1　典型近距离无线通信技术及其典型应用场景

通信技术	典型应用场景
蓝牙	一种无线数据与语音通信的开放性全球规范，为固定设备或移动设备之间的通信环境提供通用的近距离无线接口，一般主要用于点对点通信。通信距离约 10m，在鼠标、键盘、耳机等消费电子产品中比较常见
Wi-Fi	以太网主要应用在家庭无线网络以及不便安装电缆的建筑物或场所，可以节省大量铺设电缆所需花费的资金。通信距离约 100m，满足高速无线传输需求。在家用电子设备、电器产品物联网应用中比较常见
ZigBee	一种遵循 IEEE 802.15.4 无线标准，新兴的近距离、低速率、低功耗、低成本的无线网络技术，主要应用在近距离范围内且数据传输速率要求不高的电子设备之间，组网传输。目前多用于无线传感网、自动化、远程控制，通信距离约 100m
NFC	基于非接触式 RFID 技术的近距离无线通信技术。广泛应用于数码相机、PDA、机顶盒、计算机、手机等之间的无线互连，实现电子设备之间近距离通信。一般用于相距 10cm 以内的数字设备通信

6.2　蓝牙通信程序设计

　　本节简要介绍蓝牙通信技术相关基础知识，以家居环境下多路灯光的蓝牙遥控开关控制程序设计为目标，简要介绍典型蓝牙通信模块及其使用方法，借助 USB-TTL 模块、UART接口的蓝牙通信模块，扩展形成计算机蓝牙通信端口，建立计算机与蓝牙开关模块之间的通信链路，并基于 LabVIEW 设计程序，给出实现蓝牙开关的遥控程序的完整步骤以及程序运行结果的测试。本节实例可为蓝牙通信技术应用相关程序的设计提供参考和借鉴。

6.2.1　背景知识

　　蓝牙（Bluetooth）实际上是一种技术规范，起源于爱立信移动通信公司研究移动电话及其附件之间实现近距离、低功耗、无线通信的可行性。意识到近距离无线通信的广阔应用前景后，爱立信将这种技术以 10 世纪丹麦国王 Harald Bluetooth 的姓进行命名，并联合诺基亚、英特尔、IBM 等公司成立了蓝牙特殊利益集团（Special Interest Group，SIG），共同完成了蓝牙技术标准制定和产品测试。

　　作为一种近距离无线通信技术规范，其最初目标是取代现有移动电话、PDA 等数字设备之间的有线连接。但是随着技术的不断进步，蓝牙技术已经广泛应用于日常生活的各个方面，而不再局限于移动电话、PDA 等及其附件之间的通信，目前几乎可以被集成到各种数字设备之中，实现数据传输速率要求不是很高的无线通信应用。

　　蓝牙通信中，提出通信要求的设备称为主设备，被动进行通信的设备称为从设备。理论上一个蓝牙主设备最多可以与 7 个蓝牙从设备进行通信，但实际上最常见的应用模式为蓝牙主设备与从设备之间的一对一通信（蓝牙从设备与从设备之间无法进行通信）。通信时，必须由主设备查找可连接的从设备，向指定从设备发起配对（PIN 码，又称配对码），连接成功后，双方即可收发数据（蓝牙通信建链成功的关键：配对码一致）。

　　蓝牙设备在出厂前即提前设置好两个蓝牙设备之间的配对信息，主端预存从端设备的PIN 码、地址等，两端设备加电即自动建立连接，透明串口传输，无须外围电路干预。

　　蓝牙技术具有以下特点。

　　（1）蓝牙使用全世界通用的 2.4GHz 的 ISM（Industrial Scientific Medical）频段，这个

频段无须许可即可使用。

（2）蓝牙装置微型模块化，可以极为方便地集成在各类电子系统中。

（3）蓝牙设备之间的数据传输无须复杂设定，不需要固定的基础设施。

（4）数据传输速率高，传输距离远，既可以传输数据，也可以进行语音通信。

（5）具有很好的抗干扰能力，采用跳频方式扩展频谱，可以抵抗外部 RF 设备干扰。

6.2.2 设计要求

借助 HC05、USB-TTL 模块，赋予计算机蓝牙通信功能，建立起计算机与典型蓝牙设备之间的通信链路，实现计算机对蓝牙设备的无线控制。以 YS-BLK 蓝牙开关模块为核心，完成灯光控制电路设计制作，并根据 YS-BLK 蓝牙开关模块的通信协议，编写、制作基于 LabVIEW 的蓝牙通信程序，实现计算机控制 LED 灯/日光灯的基本应用，达到智能家居环境灯光子系统的初步技术效果。

在 YS-BLK 蓝牙开关模块的 P1～P4 口连接 4 个 LED 灯，作为计算机控制的测试对象。计算机 LabVIEW 程序设计要求实现以下功能。

- 可以分别控制每一个灯的开关。
- 可以批量控制 4 个灯同时打开。
- 可以批量控制 4 个灯同时关闭。
- 控制指令输出后可查看反馈结果信息。
- 通信端口可以根据实际情况自由配置。

6.2.3 模块简介

1. 蓝牙通信模块 HC05

比较常用的实现蓝牙技术的通信模块为 HC 系列蓝牙通信模块（如 HC05/06/08），其中基于蓝牙 2.0 的 HC05 模块是使用最为广泛的蓝牙通信模块，其正面、背面如图 6-1 所示。

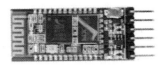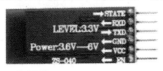

图 6-1　典型蓝牙通信模块 HC05

HC05 蓝牙通信模块的特点如下。

（1）采用 CSR 主流蓝牙芯片，蓝牙 v2.0 协议标准。

（2）输入电压：3.6V～6V，禁止超过 7V。

（3）波特率为 1200、2400、4800、9600、19200、38400、57600、115200，单位为 bit/s，用户可设置。

（4）带连接状态指示灯，LED 灯快闪表示没有蓝牙连接；LED 灯慢闪表示进入 AT 模式（命令响应工作模式）。

（5）集成 3.3V 稳压芯片，输入电压直流电 3.6V～6V；未配对时，电流约 30mA（因 LED 灯闪烁，电流处于变化状态）；配对成功后，电流大约为 10mA。

HC05 蓝牙通信模块广泛应用于智能家居、远程控制、数据记录、机器人、监控系统等领域。由于其性能优良，价格便宜，是近年来电子创客案头必备的重要模块。

如上所述，HC05 的主要工作是为开发者项目添加双向（全双工）无线功能。它可用于两个具有串行功能的微控制器之间的通信。

HC05 蓝牙通信模块具有两种工作模式：AT 模式和自动连接工作模式。在自动连接工作模式下模块可分为主（Master）、从（Slave）和回环（Loopback）3 种工作角色。当模块处于自动连接工作模式时，将自动根据事先设定的方式连接数据传输；当模块处于 AT 模式时能执行 AT 指令，用户可向模块发送各种 AT 指令，为模块设定控制参数或发布控制命令。

HC05 可自行配置工作于主机或从机模式下，模块指示灯可指示模块处于 AT 模式（参数配置）、主机未记录从机地址、主机记录从机地址等多个状态，其对应关系如表 6-2 所示。

表 6-2　HC05 工作状态与指示灯状态对应关系

工作状态	指示灯状态
AT 模式	慢闪（常亮长灭的闪烁），波特率为 38400
主机未记录从机地址	快速闪烁
主机记录从机地址	慢闪（长时间灭然后闪烁一下）
配对并连接成功	指示灯两闪一停

HC05 模块接口较为简单，主要用引脚功能对照如表 6-3 所示。

表 6-3　通信用引脚功能对值

引脚名称	功能
VCC	电源正，3.2V～6V 供电
GND	电源负，地
TXD	数据发送端
RXD	数据接收端

计算机或者笔记本计算机可以通过连接 HC05 实现系统扩展蓝牙通信功能的目的。由于 HC05 为 UART 串口设备，因此经常借助 USB-TTL 模块实现 HC05 和计算机系统之间的连接，将计算机系统的 USB 接口转换为蓝牙通信接口。HC05 模块与 USB-TTL 模块引脚连接关系如表 6-4 所示。

表 6-4　HC05 模块与 USB-TTL 模块引脚连接关系

HC05 引脚	USB-TTL 引脚
VCC	5V
GND	GND
TXD	RXD
RXD	TXD

HC05 支持使用标准 AT 命令。为此，用户必须在设备通电启动时按下板载按键进入命令模式；否则，设备将启动进入数据模式，这样它就可以与其他设备进行无线通信。常用的 AT 指令如表 6-5 所示。

表 6-5　HC05 常用 AT 指令

序号	AT 命令	命令含义
1	AT	设备检测，正常返回 OK，可以进行下一步操作
2	AT+ORGL	恢复出厂设置
3	AT+VERSION（非必需指令）	返回设备版本信息

序号	AT 命令	命令含义
4	AT+PSWD（非必需指令）	蓝牙通信模块连接密码查询、设置
5	AT+ROLE	蓝牙通信模块工作模式设置、查询
6	AT+UART	查询、设置模块波特率
7	AT+CMODE	查询、设置模块连接模式
8	AT+BIND	模块绑定的连接对象地址设置、查询

　　蓝牙通信模块 HC05 一般成对使用，一个设置为主模式，另一个设置为从模式。蓝牙通信模块 HC05 设置为主模式工作状态常用的 AT 指令如表 6-6 所示。

表 6-6　HC05 设置为主模式工作状态常用 AT 指令

序号	发送命令	返回结果	结果含义
1	AT+\r\n	OK	表示设备正常，可以进行下一步操作
2	AT+ORGL\r\n	OK	表示设备已经恢复出厂设置
3	AT+VERSION?\r\n（非必需指令）	VERSION:3.0-20170601	返回设备版本信息
4	AT+PSWD?\r\n（非必需指令）	+PIN:"1234" OK	返回蓝牙通信模块默认连接密码
5	AT+PSWD="1010"\r\n（非必需指令）	OK	设置新连接密码成功，可再次调用 AT+PSWD?\r\n 指令查看连接密码
6	AT+ROLE=1\r\n	OK	设置该模块工作模式为主模式（0 为从模式）
7	AT+ROLE?\r\n	+ROLE:1 OK	查询模块工作模式（1 为主模式）
8	AT+UART?\r\n	+UART:9600,0,0OK	查询模块波特率，当前设置为 9600
9	AT+CMODE=0\r\n	OK	设置模块连接模式为固定地址连接模式
10	AT+BIND=98d3,33,813aca\r\n	OK	设置绑定地址（该地址需要第二块蓝牙通信模块通过 AT 指令查询获得，查询指令：AT+ADDR?\r\n），注意：第一个逗号前地址不足 4 位时，需在前补 0 凑足 4 位
11	AT+BIND?	+BIND:18,E4,400006 OK	查询当前绑定的蓝牙地址

　　在串口调试助手中完成上述操作之后，相应的蓝牙通信模块 HC05 被设置成为主模式，并且绑定的模块地址为 98d3,33,813aca，通信速率为 9600bit/s。

　　进一步地，蓝牙通信模块 HC05 设置为从模式工作状态常用的 AT 指令如表 6-7 所示。

表 6-7　HC05 设置为从模式工作状态常用 AT 指令

序号	发送命令	返回结果	结果含义
1	AT+\r\n	OK	表示设备正常，可以进行下一步操作
2	AT+ORGL\r\n	OK	表示设备已经恢复出厂设置

续表

序号	发送命令	返回结果	结果含义
3	AT+VERSION?\r\n	VERSION:3.0-20170601	返回设备版本信息
4	AT+PSWD?\r\n	+PIN："1234" OK	返回蓝牙通信模块默认连接密码
5	AT+PSWD="1010"\r\n	OK	设置新连接密码成功，可再次调用 AT+PSWD?\r\n 指令查看连接密码，主模式和从模式的密码需要保持一致
6	AT+ROLE=0\r\n	OK	设置该模块工作模式为从模式（0 为从模式）
7	AT+ROLE=?\r\n	+ROLE:0 OK	查询模块工作模式（0 为从模式）
8	AT+UART=9600,0,0\r\n	OK	设置模块波特率，当前设置为 9600
9	AT+ADDR?\r\n	+ADDR:=98d3,33,813aca OK	查询模块物理地址（该地址在主模块绑定时需要）

　　重新上电后进入常规工作模式，等待 1～2s，指示灯两闪一停，表示自动完成配对。此时，运行串口调试助手阐述 2 个程序实例，分别为串口调试助手 A 和串口调试助手 B，再分别打开 2 个蓝牙通信模块对应的串口，即可进行数据互传（注意设置通信参数：9600，N，8，1，无流控）。此时，2 个蓝牙通信模块一旦上电后自动配对工作完成，就可以完全替代原来有线连接的串行端口，变身为无线串口，使用极为方便。

> **注**　上述测试步骤是将 2 个蓝牙通信模块设置为自动连接绑定地址的蓝牙设备模式（AT+CMODE=0 指令将蓝牙通信模块设置为固定地址连接模式，AT+BIND=98d3,33,813aca 指令强制要求蓝牙主模式设备连接地址为 98d3,33,813aca 的设备）。

　　一旦绑定地址，就只能 2 个绑定地址的蓝牙连接，其他的设备就不能连接了，如需和不同的设备建立连接，则不能设置为绑定地址，而需要改变蓝牙通信模块为任意地址连接模式（使用指令 AT+CMODE=1）。这样 2 个蓝牙通信模块之间可以连接，手机、平板电脑或者其他设备也可以连接，只是需要申请建立连接。

　　完成配对连接的蓝牙通信模块可视为标准的串口设备，其使用方法与计算机自身配置的串口使用方法几乎完全一致。只要会编写串行通信程序，就能借助蓝牙通信模块实现数据的近距离无线传输。

2. 蓝牙开关模块 YS-BLK

　　YS-BLK 是一款蓝牙开关集成模块，依靠蓝牙通信技术和智能手机、计算机建立通信连接，接收智能手机命令，执行对应开关状态的变化。蓝牙开关典型应用如图 6-2 所示。

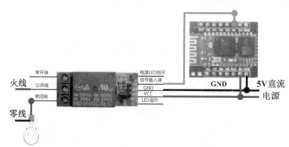

图 6-2　蓝牙开关典型应用

一旦计算机、单片机、嵌入式或者智能手机和蓝牙开关模块建立通信连接，就可以按照通信协议，发送相应的指令数据来控制蓝牙开关模块对应端口的电平的高低。YS-BLK 蓝牙开关模块典型指令说明如表 6-8 所示。

表 6-8　YS-BLK 蓝牙开关模块典型指令说明

指令类型	端口状态	控制指令	备注
自锁模式	P1 端口自锁	01 99 01 00 99	接收指令后端口输出状态与当前状态相反。控制指令由 5 个字节组成，其中：第 3 个字节 01，表示 P1 端口，02 则是 P2 端口，以此类推，10 表示 P10 端口；第 4 个字节 00，表示自锁模式
低电平输出模式	P1 端口输出低电平	01 99 01 01 99	接收指令后，端口输出低电平。控制指令由 5 个字节组成，其中：第 3 个字节 01，表示 P1 端口，02 则是 P2 端口，以此类推，10 表示 P10 端口；第 4 个字节 01，表示低电平输出模式
	P1～P4 端口输出低电平	01 99 15 01 99	P1、P2、P3、P4 端口同时输出低电平
高电平输出模式	P1 端口输出高电平	01 99 01 02 99	接收指令后，端口输出高电平。控制指令由 5 个字节组成，其中：第 3 个字节 01，表示 P1 端口，02 则是 P2 端口，以此类推，10 表示 P10 端口；第 4 个字节 02，表示高电平输出模式
	P1～P4 端口输出高电平	01 99 15 02 99	P1、P2、P3、P4 端口同时输出高电平
端口状态查询	查询 P2 端口状态	01 99 02 C0 99	接收指令后，查询对应端口的电平状态，高电平返回 H，低电平返回 L

结合蓝牙开关模块的工作模式以及控制指令，即可轻而易举地设计开发室内灯光的开关控制、门禁控制（电磁门锁）、自动浇水、自动风扇开关等应用。

6.2.4　通信测试

完成硬件连接后，在编写程序之前，还需要对计算机连接的 HC05 进行配置，使其可以自动完成与蓝牙开关模块的配对和通信链路的建立。可通过以下 5 个步骤完成。

步骤 1：HC05 进入 AT 模式。

完成 HC05 与计算机之间的硬件连接后，在上电前将板载按键按住不放，然后插电，如果模块上的指示灯处于慢闪（常亮长灭的状态），则进入 AT 模式。进入 AT 模式之后，就可以使用串口调试助手进行蓝牙通信模块工作参数设置的调试。

步骤 2：设置蓝牙通信模块 HC05 工作参数。

在串口调试助手中，依次发出以下指令，完成 HC05 工作参数设置。

- 设置串口波特率为 38400（HC05 AT 模式专用波特率）。
- 发送指令 AT+ORGL，将 HC05 模块恢复至出厂状态。
- 发送指令 AT+CMODE=1，将 HC05 设置为固定地址连接模式。
- 发送指令 AT+ROLE=1，设置 HC05 为主模式(可以主动发现并连接其他蓝牙设备)。
- 发送指令 AT+PSWD=1234，设置 HC05 配对码与拟连接设备的配对码保持一致。

- 发送指令 AT+EXSNIFF=98D3,32,20CC79，设置 HC05 与指定地址的蓝牙设备退出 "节能"模式（无休眠，一直保持连接）。

在 AT+EXSNIFF=98D3,32,20CC79 指令中，参数"98D3,32,20CC79"为笔者使用蓝牙开关 YS-BLK 模块的地址参数，其获取方式如下。

蓝牙开关模块 YS-BLK 上电后，可以借助手机蓝牙搜索功能，查看设备相关信息。一般蓝牙开关模块 YS-BLK 默认连接的设备名称为"BC04-B"，如图 6-3 所示。

注	上述步骤中，部分指令的执行会导致蓝牙通信模块退出 AT 模式，需要重新上电设置为 AT 模式，才能继续下一步的 AT 指令控制。

步骤 3：配置完毕后，HC05 断电，重新连接计算机，当 HC05 指示灯间隔 1s 闪烁 2 次，说明已经自动和蓝牙开关模块建立了连接，此时可以直接进行数据通信测试。

如果 HC05 无法与蓝牙开关模块建立通信链路，可多次重复步骤 2 的配置或更换 HC05 蓝牙通信模块。建立起通信连接后，可进行步骤 4。

步骤 4：为了确保 LabVIEW 程序能够正常运行，可对建立起通信连接的蓝牙通信模块进行测试。打开串口调试助手，设置波特率为数据通信专用的 9600（HC05 数据通信常用的波特率），以十六进制发送蓝牙开关 I/O 端口控制指令，如图 6-4 所示。

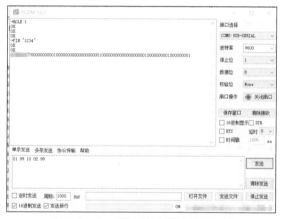

图 6-3　手机蓝牙搜索到的蓝牙开关设备　　　图 6-4　串口调试助手调试蓝牙开关

图中发送的十六进制指令数据 01 99 10 02 99，表示蓝牙开关模块 10 号端口输出高电平。指令发出后，接收到返回信息（普通二进制字符串），返回信息的每一个字符表示蓝牙通信模块对应端口的电平状态。

测试结果表明，蓝牙开关模块能够接收、执行 HC05 发送的控制指令，并且将执行结果反馈给 HC05。实际上蓝牙通信模块 HC05 此时可视为无线串口，其程序编写方法与串行通信程序编写并无差异。唯一需要考虑的问题就是 HC05 在连接的过程中，由于笔者采用的是比较廉价的替代版 HC05，而非原装版，经常会出现连接中断的情况，需要重新上电，等待 HC05 模块重新建立和连接，才能继续发送输出控制指令。

6.2.5　硬件连接

由于一般计算机并不具备蓝牙通信备接口，无法直接和蓝牙开关模块 YS-BLK 建立通信连接。但是借助计算机普遍存在的 USB 接口、USB-TTL 模块以及典型蓝牙通信模块 HC05，即可轻松建立起基于串口操作的蓝牙通信。计算机通过串口控制蓝牙通信模块 HC05

建立起与蓝牙开关模块 YS-BLK 的通信连接，向 YS-BLK 发出控制指令，实现基于蓝牙通信技术的无线遥控功能。

为了充分检验蓝牙开关模块 YS-BLK 的功能，其 I/O 端口 P1、P2、P3、P4 分别连接 LED 灯，并串接 200～1000Ω 电阻，以达到限流保护的目的。当 P1、P2、P3、P4 输出高电平时，LED 灯亮；当 P1、P2、P3、P4 输出低电平时，LED 灯灭。计算机端只需要按照 YS-BLK 模块通信协议发出指令，蓝牙开关模块 YS-BLK 接收控制指令，对指令进行解析，控制各个端口电平，即可达到无线控制的目的。

为了简化图形，这里仅以一个 LED 灯连接为例说明实物电路连接，如图 6-5 所示。

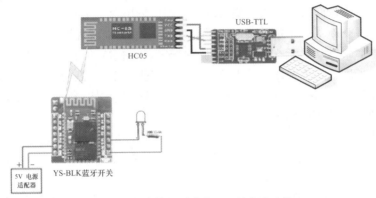

图 6-5 计算机测试蓝牙开关电路连接

6.2.6 程序实现

1. 程序设计思路

由于程序运行中需要根据操作人员意愿向蓝牙开关模块发送不同指令，属于典型的离散事件处理模式。因此程序总体结构采取事件处理模式。程序需要处理的事件如下。

- "打开串口"按钮操作事件——单击按钮打开串口，打开失败给予错误信息提示，打开正常则开始进一步工作。
- "开关 1"按钮操作事件——单击按钮，如果按钮显示文本为"打开"，则向蓝牙开关模块发送指令，使其 P1 端口输出高电平；如果按钮显示文本为"关闭"，则向蓝牙开关模块发送指令，使其 P1 端口输出低电平。
- "开关2""开关3""开关4"按钮操作事件与"开关1"按钮操作事件相同，此处不再赘述，向蓝牙开关模块发送指令，分别驱动蓝牙开关模块 P2、P3、P4 端口输出低电平。
- "开关1打开""开关2打开""开关3打开""开关4打开"按钮操作事件——单击按钮，向蓝牙开关模块发送指令，使其 P1～P4 端口输出高电平。
- "开关1关闭""开关2关闭""开关3关闭""开关4关闭"按钮操作事件——单击按钮，向蓝牙开关模块发送指令，使其 P1～P4 端口输出低电平。
- "停止"按钮操作事件——单击按钮，则退出程序。

为了使得程序人机交互效果更加友好，程序结构在循环事件处理结构的基础上，添加顺序结构，将这个程序分为 2 个顺序帧。其中第 1 帧为程序初始化帧，完成程序运行前各类控件的初始化；第 2 帧为主程序帧，即前面创建的循环事件处理程序结构，完成对程序中各类事件的处理。

2. 前面板设计

根据前述程序设计思路，按照以下步骤完成前面板控件的设置。

步骤 1：为了选择设置蓝牙通信对应的串行端口，添加 I/O 控件 "VISA 资源名称"（控件→新式→I/O→VISA 资源名称），并选择默认串口号。选中控件，可根据需要调整控件大小与字体。

步骤 2：为了确定用户打开串口操作，添加布尔类控件 "确定按钮"（控件→新式→布尔→确定按钮），调整控件尺寸至合适大小。

步骤 3：为了确定用户结束程序操作，添加布尔类控件 "停止按钮"（控件→新式→布尔→停止按钮），调整控件尺寸至合适大小。

步骤 4：为了显示串口接收信息，添加字符串类控件 "字符串显示控件"（控件→新式→字符串与路径→字符串显示控件），设置标签为 "串口返回结果"，调整控件尺寸至合适大小。

步骤 5：为了确认向蓝牙开关模块发送单个端口输出控制指令，添加 4 个布尔类控件 "确定按钮"（控件→新式→布尔→确定按钮），对应标签分别设置为 "开关 1""开关 2""开关 3""开关 4"，默认显示文本均设置为 "打开"，调整控件尺寸至合适大小。

步骤 6：为了确认向蓝牙开关模块发送 4 个端口批量输出控制指令，添加 2 个布尔类控件 "确定按钮"（控件→新式→布尔→确定按钮），标签分别设置为 "开关 1-4 打开""开关 1-4 关闭"，调整控件尺寸至合适大小。

步骤 7：为了显示各类输出指令执行结果，添加布尔类控件 "圆形指示灯"（控件→新式→布尔→圆形指示灯），并设置标签分别为 "灯 1""灯 2""灯 3""灯 4"，调整控件尺寸至合适大小。

步骤 8：双击前面板，添加字符串 "基于 LabVIEW 的蓝牙开关遥控程序"，并调整其字体、字号，显示位置等参数。

进一步调整各个控件的大小、位置，使得操作界面更加和谐友好。最终完成的前面板设计结果如图 6-6 所示。

3. 程序框图设计

程序实现按照以下步骤完成。

步骤 1：创建 2 帧的顺序结构，设置第 1 帧 "子程序框图标签" 为 "初始化"，并在第 1 帧中完成串口资源的初始化、全部开关按钮的初始化、串口返回结果显示内容的初始化以及灯 1～灯 4 圆形指示灯显示状态的初始化。最终完成的初始化帧程序子框图设计结果如图 6-7 所示。

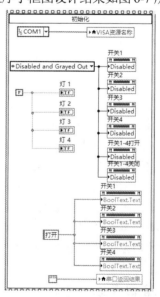

图 6-6　程序前面板设计结果　　图 6-7　初始化帧程序子框图

初始化帧中，对所有开关进行了禁用设置，使得用户操作软件时，必须首先成功打开串口，才能继续进行下一步操作，为程序功能的正确实现提供操作时序保障。

步骤 2：顺序结构中，设置第 2 帧"子程序框图标签"为"主程序"，并在第 2 帧 While 循环结构内嵌的事件结构中，实现前面板中全部按钮操作事件处理程序子框图的添加，如图 6-8 所示。

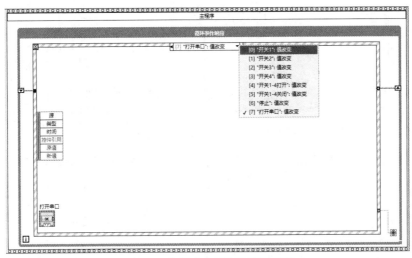

图 6-8 主程序全部事件处理列表

步骤 3：在"打开串口：值改变"事件对应的程序子框图中，借助条件结构检测串口是否成功。如果串口打开失败，通过对话框显示消息"串口打开错误"，如图 6-9 所示。

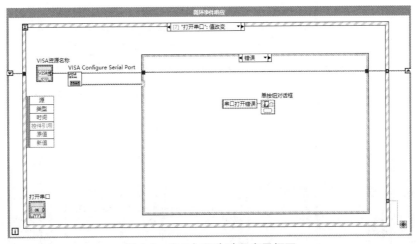

图 6-9 串口打开失败程序子框图

如果串口打开成功，则启用全部按钮开关，将蓝牙开关 1～4 端口输出低电平指令并发送出去，实现蓝牙开关控制 4 灯全灭功能。对应的子程序框图如图 6-10 所示。

步骤 4：在"开关 1：值改变"事件对应的程序子框图中，如果当前按钮显示文本为"打开"，发出开关 1 打开指令，接收返回信息，确定程序界面表示灯 1 的圆形指示灯是否点亮，对应的程序子框图如图 6-11 所示。

类似地，在"开关 1：值改变"事件中，当按钮显示文本为"关闭"时，对应的程序子框图如图 6-12 所示。

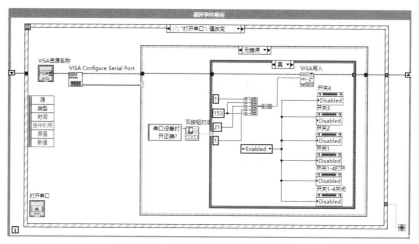

图 6-10　串口打开成功程序子框图

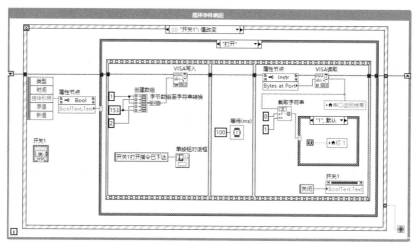

图 6-11　开关 1 显示文本为"打开"时的程序子框图

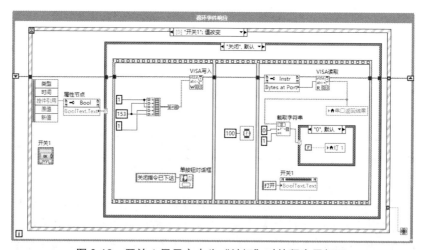

图 6-12　开关 1 显示文本为"关闭"时的程序子框图

　　用同样的方法，可以完成"开关 2：值改变""开关 3：值改变""开关 4：值改变"事件处理程序子框图。在"开关 4：值改变"事件中，当按钮显示文本为"打开"时程序子框图如图 6-13 所示。

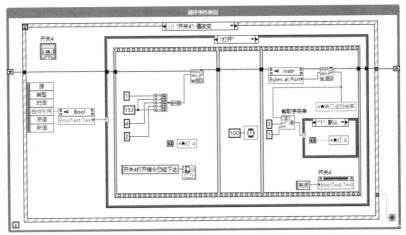

图 6-13　开关 4 显示文本为"打开"时的程序子框图

当按钮显示文本为"关闭"时程序子框图如图 6-14 所示。

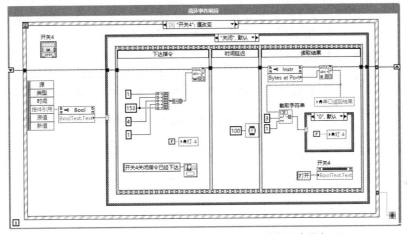

图 6-14　开关 4 显示文本为"关闭"时的程序子框图

可以发现，不同之处仅是发送的指令、提示信息以及控件显示文本。

类似地，"开关 1-4 打开：值改变"事件的处理，不同之处也仅在于不需要判断按钮显示文本，只要有用户单击按钮，就按照协议发送指令，并在短暂延时后读取串口接收信息，根据反馈信息确定各个布尔类型的圆形指示灯显示状态，如图 6-15 所示。

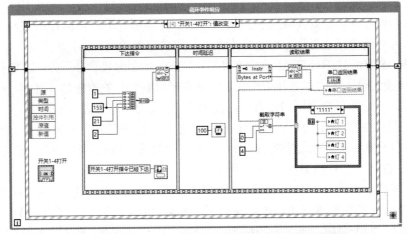

图 6-15　"开关 1-4 打开"按钮事件响应程序子框图

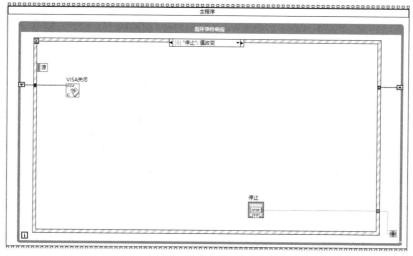

步骤 5：在"停止：值改变"事件对应的程序子框图中，关闭串口资源，结束 While 循环，对应的程序子框图如图 6-16 所示。

图 6-16　"停止"按钮事件响应程序子框图

完整的程序框图如图 6-17 所示。

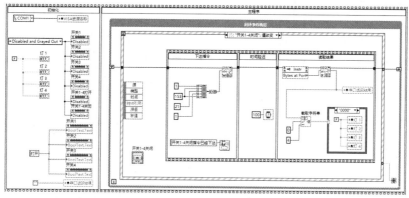

图 6-17　完整程序框图

6.2.7　结果测试

本项目必须首先建立起蓝牙开关模块和计算机所连接的蓝牙通信模块 HC05 之间的配对关系。具体过程如下：蓝牙开关模块上电，指示灯闪烁表示模块运行正常，指示灯仅亮无闪烁，表示模块工作不正常，指示灯不亮表示模块电源故障。

然后 HC05 通过 USB-TTL 连接至计算机，并按照前期配置参数工作。上电初期指示灯快闪，HC05 搜索可连接的蓝牙开关模块。一旦和配对蓝牙开关模块建立连接，指示灯间隔 1s 闪烁 2 次，此时即可按照串口设备，通过 HC05 对蓝牙开关模块进行操作。

单击工具栏中的"运行"按钮，测试程序功能。对应的程序运行初始界面如图 6-18 所示。

选择 HC05 模块实际对应的端口 COM8，单击"确定"按钮，打开串口设备 HC05。单击"开关 2"按钮，运行结果如图 6-19 所示。

此时按钮显示文本由"打开"变为"关闭"，控件"灯 2"亮，串口返回"0100000000"，表示 P2 端口输出高电平。基于 HC05 实现蓝牙开关模块的无线遥控功能至此得以正确实现。其他功能测试，限于篇幅，不一一赘述，感兴趣的读者，可以自行逐项测试。

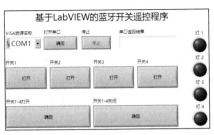

图 6-18 程序运行初始界面

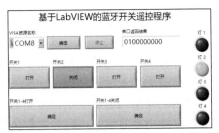

图 6-19 用户单击"开关 2"按钮后程序界面

6.3 ZigBee 通信程序设计

本节简要介绍 ZigBee 通信技术相关的基础知识,以多点电能计量集中监测程序设计为目标,简要介绍典型 ZigBee 模块及其使用方法,借助 USB-TTL 模块、UART 接口的 ZigBee 模块,以及连接 ZigBee 模块的电能计量模块形成 ZigBee 测量网络;将计算机作为监测系统主机,连接 ZigBee 模块的电能计量模块作为从机,形成主从式技术架构的无线监测系统。基于 LabVIEW 设计程序,给出基于 ZigBee 技术无线监测程序实现的完整步骤以及程序运行结果的测试。本节实例可为 ZigBee 通信技术应用相关程序的设计提供参考和借鉴。

6.3.1 背景知识

ZigBee 这一名称源于动物世界中蜜蜂相互传递信息的"8"字舞。研究发现蜜蜂(Bee)依靠飞翔和嗡嗡(Zig)抖动翅膀的舞蹈动作向同伴传递花粉的方位信息。蜜蜂就是依靠这样的方式构建了群体中的通信网络。这种通信的典型特点就是近距离、自组织、低速率、低功耗、低成本,主要用于自动控制和远程控制,可以嵌入各类设备之中,是一种近距离无线通信技术的廉价、低功耗解决方案。

ZigBee 实际上是在 IEEE 802.154 协议基础上的扩展,ZigBee 联盟制定了新的网络层和应用层。ZigBee 工作频段分为 868MHz(欧洲)、915MHz(美国)、2.4GHz(全球)3 个频段。每一个频段上信道数目不同,其中 2.4GHz 频段分为 16 个信道,数据传输速率为 250kbit/s。该频段为全球通用的工业、科学、医学频段,而且属于免费、免申请的无线电频段,使用时无须向无线电管理部门申请。

ZigBee 协议支持星形拓扑、树形拓扑、网状拓扑 3 类网络结构。

(1)星形拓扑。

星形拓扑结构由一个协调器(Coordinator)和若干终端(End Device)组成。一般采用主从式通信方式,通信仅在终端和协调器之间进行。如果确实需要终端之间进行通信,一般可通过协调器转发的方式实现。

这种拓扑方式的缺点是节点之间的数据路由只有唯一的路径,协调器可能成为整个网络的瓶颈。

(2)树形拓扑。

树形拓扑由一个协调器、若干路由器(Router)和若干终端组成。协调器通过一个或者多个路由器与终端形成一对多的连接关系。协调器和路由器之间为星形连接关系,路由器和终端之间亦为星形连接关系,路由器之间不连接,从而使协调器和终端之间可以形成多层结构,其可容纳的节点数量大幅度增加。

这种拓扑方式同样存在节点之间的数据路由只有唯一的路径的缺点,而且整个路由过程对于应用层是完全透明的。

（3）网状拓扑。

网状拓扑也由一个协调器、若干路由器和若干终端组成。与树形拓扑结构不同的是，网状拓扑具有更加灵活的信息路由规则，在可能的情况下，路由节点之间可以直接通信。这种路由机制使得信息的通信变得更有效率，而且意味着一旦一个路由路径出现了问题，信息可以自动沿着其他路由路径进行传输。

网状拓扑结构具有强大的功能，可以组成极为复杂的网络，可以通过"多级跳"的方式来通信，而且具备自组织、自愈功能。

6.3.2　设计要求

计算机作为监测系统主机，连接 ZigBee 通信模块 DL20，多个连接 DL20 的电能计量模块 IM1281B 作为从机，形成主从式技术架构的无线监测系统。计算机 LabVIEW 程序设计要求实现以下功能。

- 根据用户操作，读取指定地址设备指定的参数值。
- 根据用户操作，读取指定地址设备的全部 8 个参数值。
- 每一类操作可以观测发出的命令，可以观测模块返回的数据。
- 通信端口可以根据实际情况自由配置。

6.3.3　模块简介

1. ZigBee 模块简介

目前市面上比较流行的 ZigBee 模块有两大类：一类为 XBee（XBee Pro）及其兼容版。XBee 是美国 MaxStream 公司基于 ZigBee 技术设计的无线传输模块，支持基于 AT 指令的应用配置。XBee 模块一般通过一个 UART 串行接口与外部 MCU 进行交互。单片机或 ARM 等主控器件，只要逻辑电平不高于 XBee 模块的定义，通常都可以直接连接 XBee 的 UART 进行通信，而无须额外的上拉或下拉电阻。XBee 模块外观如图 6-20 所示。

另一类就是国内厂商基于 ZigBee CC2530 开发的传输模块。典型产品为深联智达科技有限公司开发的 DLxx 系列。以 DL20 为例，其外观如图 6-21 所示。

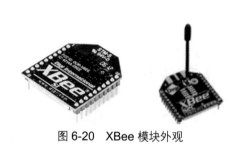

图 6-20　XBee 模块外观

图 6-21　DL20 模块外观

DL20 有两种工作模式：点对点模式和广播模式。点对点模式将模块分为 A 端和 B 端，此模式下需保证 2 个模块在同一信道下，且波特率相同。这种模式下通信可保证误比特率为 0。广播模式则为一个模块发送，所有距离可及且信道相同的模块都会接收到。这种模式下数据会有 1%左右的误比特率，在多点同时发送时，误比特率会显著增高。

使用时可以将同一信道的 2 个模块配置为点对点的 A 端和 B 端，以获得 0 数据丢失的性能。或者可以将多个模块全部配置为广播模式，以获得多对多的通信功能。除此之外的工作模式都是不可用的。

DL20 模块典型工作参数如表 6-9 所示。

表 6-9　DL20 模块典型工作参数

参数	值	说明
输入电压	3.0V～5.5V	电源输入到地的电压
工作电流	<30mA	接收和发送电流
点对点发送速率	最高 3300bit/s	距离 1m 单向传输时测得
传输距离	250m	空旷地可视范围内
无线频段	2400MHz～2450MHz	—
发射功率	4.5dBm	—
接收灵敏度	−97dBm	—
点对点误比特率	0	—
广播误比特率	1%	距离 1m 单向传输时测得

2. 电能计量模块简介

单相交流电能计量IM1281B模块是深圳市艾锐达光电有限公司为了适应各类厂家对自己的产品用电情况进行监控而研发的，也是交流充电桩、路灯监控、机房、基站监控、节能改造、智能用电管理、动环、安防监控、设备能耗监测等诸多行业各类电力监控需求厂家的配套模块。该模块采用工业级专用电能计量 SoC 芯片，电压电流全隔离采样，集成度更高，可靠性更好。模块体积小，方便集成、嵌入各种系统中，其外观如图 6-22 所示。

图 6-22　IM1281B 模块外观

该模块可实现采集单相交流电参数，包括电压、电流、功率、功率因数、频率、电能、温度等多个电参量。通信规约可选电力行业通用标准 DL/T 645-2007 或标准 Modbus RTU 规约，具有良好的兼容性，更方便通信及开发。此模块可应用于路灯监控、智能家居、智能家电、节能改造、智能用电管理、安防监控、设备能耗监测等诸多行业，是迈入"物联网时代"的重要配套模块。

IM1281B 模块引脚功能说明如表 6-10 所示。

表 6-10　IM1281B 模块引脚功能说明

编号	引脚	功能说明
1	V−	计量模块供电电源负
2	V+	计量模块供电电源正
3	RX	模块 UART TTL 电平接收，接外部 TX
4	TX	模块 UART TTL 电平发送，接外部 RX
5	PF	脉冲输出引脚（不用时可悬空）
6	UL	接火线
7	UN	接零线

模块采取 Modbus 协议通信，各个参数寄存器说明如表 6-11 所示。

表 6-11　IM1281B 模块寄存器说明

序号	项目	寄存器地址	字长/B	读/写	数据类型及说明
1	电压	0048H	4	读	十六进制无符号数，单位 0.0001V 实际值=HEX2DEC(寄存器值)单位×，以下相同
2	电流	0049H	4	读	十六进制无符号数，单位 0.0001A
3	有功功率	004AH	4	读	十六进制无符号数，单位 0.0001W
4	有功电能	004BH	4	读/写	十六进制无符号数，单位 0.0001kWh
5	功率因数	004CH	4	读	十六进制无符号数，单位 0.001
6	二氧化碳排量	004DH	4	读	十六进制无符号数，单位 0.0001kg
7	温度	004EH	4	读	十六进制无符号数，单位 0.01℃
8	频率	004FH	4	读	十六进制无符号数，单位 0.01Hz

通信数据帧的基本结构如表 6-12 所示。

表 6-12　通信数据帧的基本结构

设备地址	功能代码	数据段	CRC16 校验码
1 个字节	1 个字节	N 个字节	2 个字节（低字节在前）

设备地址：由 1 个字节组成，每个终端的地址必须是唯一的，仅仅被寻址到的终端会响应相应的查询。

功能代码：告诉被寻址到的终端执行何种功能。表 6-13 列出该模块所支持的主要功能代码，以及它们的功能。

表 6-13　模块支持的主要功能代码及其功能

功能代码	功能
03H	读一个或多个寄存器的值
10H	写一个或多个寄存器的值

数据段：包含终端执行特定功能所需要的数据或者终端响应查询时采集到的数据。这些数据的内容可能是数值、参考地址或者设置值。

CRC16 校验码：CRC16 占用 2 个字节，包含 1 个 16 位的二进制值。CRC 值由发送设备计算出来，然后附加到数据帧上，接收设备在接收数据时重新计算 CRC 值，然后与接收到的 CRC 域中的值进行比较，如果这 2 个值不相等，就发生错误。

典型读取设备多路寄存器的通信示例如下。

如前所述，该模块寄存器地址从 0048H 开始至 004FH 总计 8 个地址，为电能计量常用的参数对应寄存器地址，主机发送 8 个字节的数据，作为读取寄存器命令。假设欲读取地址为 01 的模块的 8 个寄存器地址信息，则发送命令为 01 03 00 48 00 08 C4 1A。其中：

- 01 为模块地址。
- 03 为功能码，表示读取命令。
- 00 48 为读取寄存器地址。
- 00 08 为读取寄存器个数。
- C4 1A 为 CRC16 校验结果。

指令发出后，模块返回的数据帧如下所示。

01 03 20 |00 21 8D D8| |00 01 38 75| |01 0C 63 08| |00 00 00 5A| |00 00 03 E8| |00 00 00 59|
|00 00 0C CB| |00 00 13 88| 1B C2

返回数据中前 3 个字节分别为：设备地址 01H，命令类型 03H，数据长度 20H（8 个寄存器×4B=32B），最后 2 个字节为 CRC 的校验码。

中间 32 个字节 4 个字节为一组，第一个寄存器对应的 4 个字节数据为 |00 21 8D D8|，按照寄存器中数据类型说明，则监测的电压实际值= HEX2DEC(00 21 8D D8)×0.0001V = 219.9000V。其中，函数 HEX2DEC 表示十六进制字节数组转十进制数值功能。

用同样的方法，可以解算出本帧数据中，电流为 7.9989A；功率为 1758.9000W；电能为 0.0090kWh；功率因数为 1.000；二氧化碳排量为 0.0089kg；频率为 50.00Hz。

6.3.4 通信测试

1. ZigBee 模块通信测试

DL20 使用之前首先需要按照如下步骤进行工作模式配置。

步骤 1：进入设置模式。在模块断电情况住按住按键不松手，然后模块供电，等待模块左右两侧的 4 个 LED 灯不断循环闪烁，释放按键，此时 LED 灯停止闪烁，即进入设置模式。

步骤 2：设置波特率。在设置模式中，第一个环节就是设置模块波特率。DL20 通过 LED 灯指示当前的波特率，短暂按键可以切换波特率。DL20 波特率与模块左右两侧的 4 个 LED 灯点亮颜色对应关系如图 6-23 所示。

步骤 3：设置信道。选择设定好的波特率，长按按键直到模块左右两侧的 4 个 LED 灯不断循环闪烁，释放按键，此时 LED 灯会快速闪烁，代表选中 1 个信道。短暂按下按键可以切换到下一个信道。本模块一共 16 个信道，对应 4 个 LED 灯的 16 种点亮状态。信道选择可以是 16 种的任意一种，但是保证所有模块在同一个信道。

步骤 4：设置工作模式。选择信道完毕，长按按键直到模块左右两侧的 4 个 LED 灯不断循环闪烁，释放按键，进入模块工作模式设置阶段。在此阶段点亮的 LED 灯会缓慢闪烁，短暂按下按键，会在 3 种模式之间切换。DL20 工作模式与 LED 灯点亮颜色对应关系如图 6-24 所示。

图 6-23 DL20 波特率与模块左右两侧的 4 个 LED 灯点亮颜色对应关系

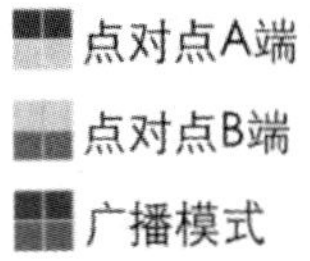

图 6-24 DL20 工作模式与 LED 灯点亮颜色对应关系

步骤 5：确认设置。所有设置工作完成后，再次长按按键直到模块左右两侧的 4 个 LED 灯不断循环闪烁，释放按键，此时所有 LED 灯常亮 2s。之后进入正常工作模式，配置的信息保存并即刻生效。（确认之前的任何阶段断点，设置的信息都不会保存。）

本节测试中设置波特率为 9600，4 个模块为 1 个模块设置为点对点 A 端，其余 3 个模块设置为点对点 B 端。在同一台计算机上通过 4 个 USB-TTL 连接 4 个 DL20 模块，打开连接 A 端模式的 DL20 模块的 COM5 发送数据，B 端模式的 COM6 接收数据，如图 6-25 所示。

B 端模式的 COM8、COM10 接收数据如图 6-26 所示。

从图 6-26 中可见，在端对端模式下，A 端发送数据，所有 B 端模块均能接收到，这种工作模式为一对多场景下设备之间通信提供了一种解决方案。

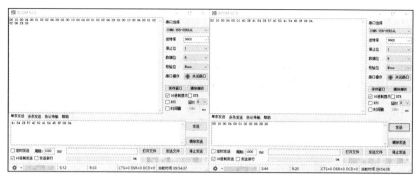

图 6-25　发送与接收测试

图 6-26　DL20 接收测试

2. 电能计量模块通信测试

计算机通过 USB-TTL 连接该模块，运行该模块配套的测试配置软件 IM-S11.exe，选择 COM10（连接模块的串口号）；默认波特率为 4800，设置设备地址号为 1，波特率为 9600，单击"设置"按钮，完成波特率修改。重新选择通信参数中波特率为 9600，单击"读取"按钮，显示模块波特率已经设置为 9600。

单击"定时开始"按钮，测试工具读取 8 个寄存器中的测量数据并显示，如图 6-27 所示。

为了简化工作，这里仅仅关注模块的通信功能，并未连接模块的 UL、UN 形成对负载的有效测量，所以显示结果大部分为 0，但这并不影响通信功能的测试、使用。

类似地，设置模块地址号为 2，则读取 8 个寄存器数据结果如图 6-28 所示。

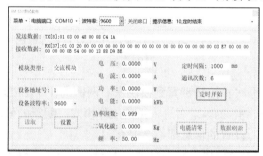

图 6-27　地址号为 1 的电能计量模块功能测试

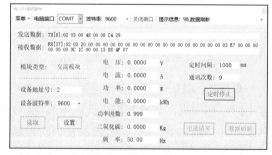

图 6-28　地址号为 2 的电能计量模块功能测试

由于电能计量模块提供标准 UART 接口，通过 UART 接口连接 ZigBee 模块 DL20 后，可形成远程无线通信，进一步拓展电能计量模块的使用方式。

6.3.5　硬件连接

为了实现上述目标，设计硬件连接由 2 部分组成，如下所示。

（1）计算机与实现 ZigBee 通信技术的 DL20 模块之间的连接，如表 6-14 所示。

表 6-14　计算机与 DL20 模块连接引脚对应关系

USB-TTL 引脚	DL20 引脚
VCC	VCC
GND	GND
RXD	TXD
TXD	RXD

（2）电能计量模块 IM1281B 与 DL20 模块之间的连接，如表 6-15 所示。

表 6-15　电能计量模块 IM1281B 与 DL20 模块连接引脚对应关系

IM1281B 引脚	DL20 引脚
V+	VCC
V−与 DL20 的 GND 共地	GND 与 IM1281B 的 V−共地
RXD	TXD
TXD	RXD

如果将多个电能计量模块 IM1281B 与 DL20 连接，则可形成一种主从架构下的多点电能参数监测功能，对应的实物连接示意图如图 6-29 所示（注意：每一个模块必须设置为独一无二的地址，设置范围为 1～255）。

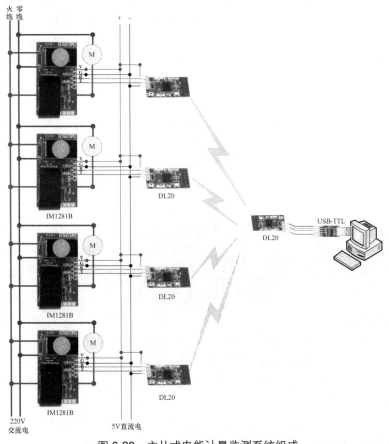

图 6-29　主从式电能计量监测系统组成

6.3.6　程序实现

1. 程序设计思路

为了快速实现设计目的，硬件上采用 2 个电能测量模块 IM1281B，分别连接设置为点对点 B 端工作模式的 DL20，作为远程现场测量装置。计算机连接设置为点对点 A 端工作模式的 DL20。通信程序设计采取主从式工作方式，计算机作为主机发起基于 Modbus 协议的命令，对应的测量模块返回测量数据，计算机对返回数据进行解析处理。为了简化程序流程，这里采取多线程程序设计，其中：线程 1 为主线程，主要处理用户界面事件。用户选择不同的测量设备发出测量命令，读取返回数据进行解析和显示。该线程需要处理的事件如下。

- "数据采集"按钮操作事件——单击按钮，判断用户选择的监测对象，如果是 1 号设备，则向 1 号设备发出读取全部测量数据的命令，并接收 1 号设备返回数据，解析返回数据中 1 号设备测量的 8 个参数值；如果是 2 号设备，则向 2 号设备发出读取全部测量数据的命令，并接收 2 号设备返回数据，解析返回数据中 2 号设备测量的 8 个参数值。
- "清空发送"数据按钮操作事件——单击按钮，将历次发送的数据显示文本框清空。
- "清空接收"数据按钮操作事件——单击按钮，将历次接收的数据显示文本框清空。
- "停止"按钮操作事件——单击按钮，则退出程序。

线程 2 为通信数据接收与显示线程。当通信端口接收到测量终端反馈的数据时，对数据的合法性进行检验，数据合法则进行解析并显示检测的 8 个电能参数。

为了使程序人机交互效果更加友好，在循环事件处理结构的基础上，为程序结构添加顺序结构，将这个程序分为 2 个顺序帧。其中第 1 帧为程序初始化帧，完成程序运行前各类控件的初始化；第 2 帧为主程序帧，即实现程序主体功能的多线程，完成对程序中各类事件的处理以及通信过程中接收数据的处理和显示。

对应的程序框图基本结构如图 6-30 所示。

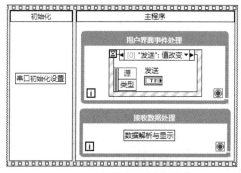

图 6-30　程序框图基本结构

2. 前面板设计

根据前述程序设计思路，按照以下步骤完成前面板控件设置。

步骤 1：为了选择设置 ZigBee 通信对应的串行端口，添加 I/O 控件"VISA 资源名称"（控件→新式→I/O→VISA 资源名称），并选择默认串口号。选中控件，可根据需要调整控件大小与字体。

步骤 2：为了方便用户选择不同设备发送命令，添加列表框控件"列表框"（控件→新式→列表、表格和树→列表框），设置标签为"选择监测设备 ID"。

步骤 3：为了实现用户以指令形式发出设备控制命令，添加布尔类控件"确定按钮"（控件→新式→布尔→确定按钮），修改控件标签为"采集数据"，设置其按钮显示文本为"定向采集数据"。选中控件，可根据需要调整控件大小与字体。

步骤 4：为了显示历次用户发出的控制指令，添加字符串类控件"字符串显示控件"（控件→新式→字符串与路径→字符串显示控件），设置标签为"发送指令一览"，调整控件尺寸至合适大小。

步骤 5：为了根据需要清空发送指令信息，添加布尔类控件"确定按钮"（控件→新式→布尔→确定按钮），修改控件标签为"清空发送"，设置其按钮显示文本为"清空发送"。选中控件，可根据需要调整控件大小与字体。

步骤 6：为了根据需要清空接收指令信息，添加布尔类控件"确定按钮"（控件→新式→布尔→确定按钮），修改控件标签为"清空接收"，设置其按钮显示文本为"清空接收"。选中控件，可根据需要调整控件大小与字体。

步骤 7：为了确定用户结束程序操作，添加布尔类控件"停止按钮"（控件→新式→布尔→停止按钮），设置其按钮显示文本为"停止程序"，调整控件尺寸至合适大小。

步骤 8：为了显示 2 个监测点的 8 个数据，添加 2 个数值类型的数组控件（控件→新式→数组、矩阵与簇→数组），数组框架内添加"数值显示控件"，设置数据类型为 DBL，数组标签设置为"数组 1""数组 2"。选中控件，可根据需要调整控件大小与字体。

步骤 9：为了便于用户观测，根据电能测量模块 IM1281B 通信协议相关约定，以文字注释形式添加数组 1、数组 2 中 8 个数据的含义、数值单位。

步骤 10：为了显示串口接收信息，添加字符串类控件"字符串显示控件"（控件→新式→字符串与路径→字符串显示控件），设置标签为"接收数据一览"，调整控件尺寸至合适大小。

步骤 11：双击前面板，添加字符串"基于 ZigBee 通信技术的电能参数无线监测程序设计"，并调整其字体、字号、显示位置等参数。

进一步调整各个控件的大小、位置，使得操作界面更加和谐、友好。最终完成的前面板设计结果如图 6-31 所示。

3. 程序框图设计

程序实现按照以下步骤完成。

步骤 1：创建 2 帧的顺序结构，第 1 帧为初始化帧。设置第 1 帧"子程序框图标签"为"初始化"，以便提高程序框图可读性。

使用局部变量对控件"数组 1""数组 2""发送指令一览""接收指令一览"进行初始赋值操作。

调用节点"VISA 资源名称""VISA 清空 I/O 缓冲区"打开串口，并清空串口缓冲区；使用属性节点对列表控件"选择监测设备 ID"进行初始状态设置。对应的初始化帧程序子框图设计结果如图 6-32 所示。

步骤 2：顺序结构中，设置第 2 帧"子程序框图标签"为"主程序"，以便提高程序框图可读性。主程序为"While 循环结构+事件结构+移位寄存器"的设计模式，实现对"采集数据""清空发送""清空接收""停止"等按钮的事件处理，对应的主程序事件处理结构如图 6-33 所示。

步骤 3：在"采集数据：值改变"事件对应的程序子框图中，创建控件"选择监测设备 ID"属性节点，选择"创建→属性节点→选中行"，以获取当前列表框选择的监测设备编号；判断用户当前在列表框中的选项，如果用户选择设备 1，则创建 8 个元素的 U8 类型的十六进制表示的数组，数组元素取值设置为 "1 3 0 48 08 C4 1A"；完成地址为 1 的数据读取命令的构造；调用节点 "数组至电子表格字符串转化"，将字节数组类型的指令转换为串口可发送的字符串类型数据；调用节点 "VISA 写入"（函数→数据通信→协议→串口→VISA 写入），将由字节数组转换的字符串写入串口缓冲区，实现指令的发送；同时借助局部变量，实现当前发送指令的显示，对应的程序子框图如图 6-34 所示。

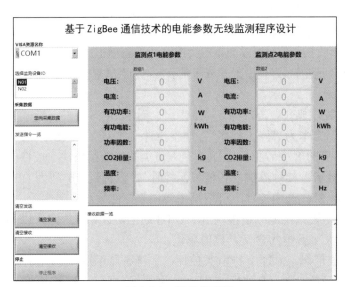

图 6-31　程序前面板

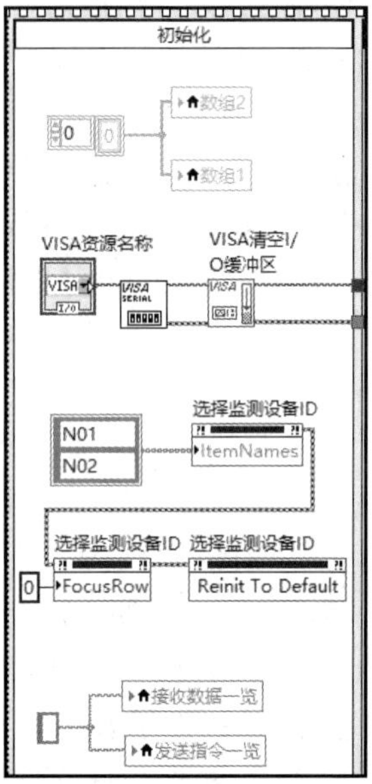

图 6-32　初始化帧程序子框图

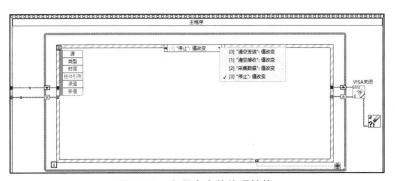

图 6-33　主程序事件处理结构

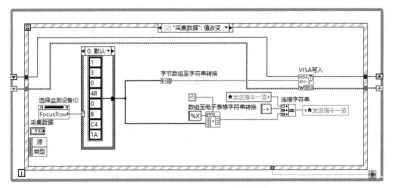

图 6-34　选择设备 1 采集数据

如果用户选择设备 2，则创建 8 个元素的 U8 类型的十六进制表示的数组，数组元素取值设置为"2 3 0 48 0 8 C4 29"，完成地址为 2 的数据读取命令的构造，其他程序实现与用户选择设备 1 中程序实现完全相同，对应的程序子框图如图 6-35 所示。

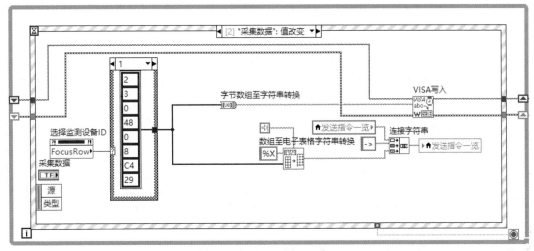

图 6-35 选择设备 2 采集数据

步骤 4：在"清空接收：值改变"事件对应的程序子框图中，通过局部变量赋值方式设置字符串控件"接收数据一览"为空字符串，达到清空显示内容的目的，同时直连 While 循环结构左右两侧移位寄存器，实现事件结构中串口资源的传递，对应的程序子框图如图 6-36 所示。

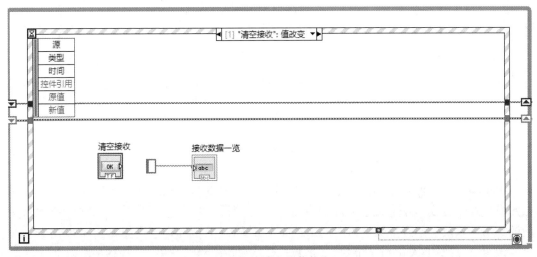

图 6-36 清空接收信息

步骤 5：在"清空发送：值改变"事件对应的程序子框图中，通过局部变量方式设置字符串控件"发送指令一览"为空字符串，实现当前显示内容的清空功能，同时借助移位寄存器传递程序使用的串口资源，对应的程序子框图如图 6-37 所示。

步骤 6：为了实现程序可靠地退出，在用户界面事件除线程对应的 While 循环外，调用节点"VISA 关闭"（函数→数据通信→协议→串口→VISA 关闭）与节点"清除错误"（函数→编程→对话框与用户界面→清除错误），实现程序结束运行后所占用资源的释放，对应

221

的用户界面事件处理线程完整的程序子框图如图 6-38 所示。

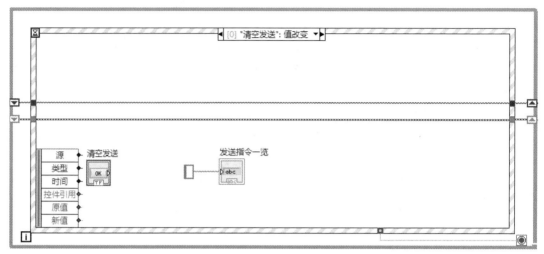

图 6-37　清空发送信息

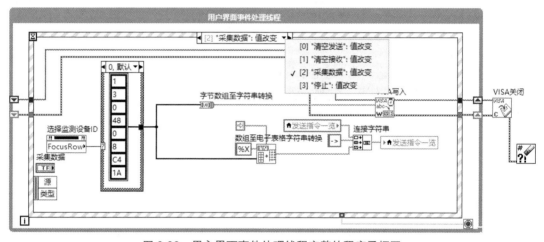

图 6-38　用户界面事件处理线程完整的程序子框图

　　步骤 7：为了实现单独线程处理串口接收各个测量模块返回数据，以"While 循环结构+移位寄存器"的方式实现串口数据读取以及读取数据的解析和显示功能。

　　由于串口接收的数据为模块返回的 37 个字节电能测量结果，因此首先编写自定义 VI，按照模块通信协议，对模块返回的 37 个字节进行解析，生成返回数据 ID、8 个测量数据对应的数组，以及全部测量数据对应的字符串。该子 VI 对应的程序框图如图 6-39 所示。

　　调用节点"VISA 串口字节数"（函数→数据通信→协议→串口→VISA 串口字节数），获取串口接收缓冲区字节数。当串口缓冲区字节数大于 0 时，表示接收到模块返回的测量数据，此时调用前面封装的自定义 VI，解析模块返回数据中的地址信息、测量数据对应的十六进制数据字符串以及 8 个浮点型测量数值对应的数组。如果解析的模块地址为 1，该线程以十六进制字符串方式显示接收数据，但仅仅刷新程序界面数组 1 显示的内容，对应的程序子框图如图 6-40 所示。

　　如果解析的模块地址为 2，该线程以十六进制字符串方式显示接收数据，但仅仅刷新程序界面数组 2 显示的内容，对应的程序子框图如图 6-41 所示。

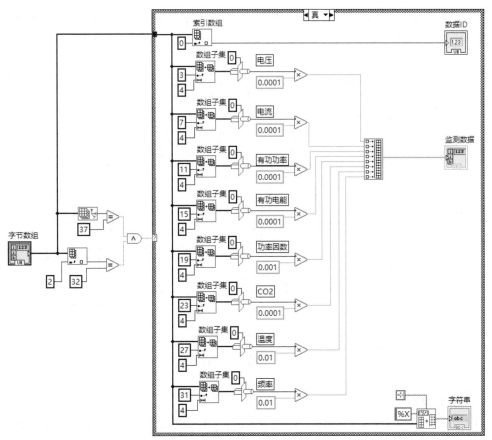

图 6-39　模块返回数据解析程序框图

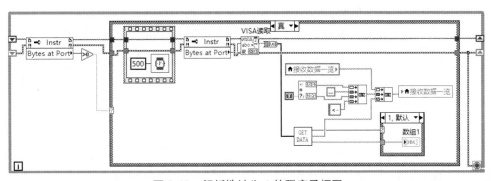

图 6-40　解析地址为 1 的程序子框图

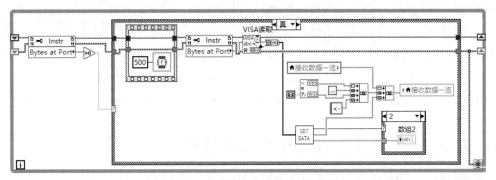

图 6-41　解析地址为 2 的程序子框图

至此，完整的基于 ZigBee 通信技术的多点电能参数无线监测程序框图结构，如图 6-42 所示。限于篇幅，这里仅仅给出了主要功能的实现，继续完善和扩充功能，请读者自行开展。

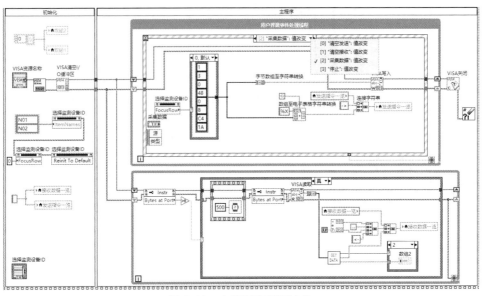

图 6-42　完整程序框图结构

6.3.7　结果测试

单击工具栏中的"运行"按钮，测试程序功能。对应的程序运行初始界面如图 6-43 所示。

分别选择通过 DL20 建立连接的 2 个电能测量模块 N01、N02，单击"定向采集数据"按钮，程序运行结果如图 6-44 所示。

图 6-43　程序运行初始界面

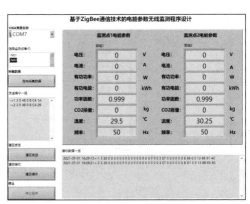

图 6-44　数据采集结果

由于电能测量模块未连接实际负载，但这并不影响基于 DL20 的通信功能测试，毕竟模块检测的功率因数、温度、频率等参数已被正确解析，说明了基于 DL20 可以快速构建无线通信网络，在近距离一对多的多机通信或多对多的多机通信场景下具有一定的应用价值。

6.4　Wi-Fi 环境下 TCP/UDP 通信程序设计

本节简要介绍 Wi-Fi 通信技术相关基础知识，以 Wi-Fi 环境下基于 UDP 的物联网云平台连接和数据上传程序设计为目标，简要介绍典型 Wi-Fi 模块及其使用方法，借助 USB-TTL 模块、UART 接口的 Wi-Fi 模块，建立计算机连接物联网云平台的通信链路；基于 LabVIEW 设计程序，给出实现基于 Wi-Fi 技术连接的"云、网、端"技术架构下计算机采集数据并上传物联网平台的应用程序完整步骤以及程序运行结果的测试。本节实例可为 Wi-Fi 通信技术应用相关程序的设计提供参考和借鉴。

6.4.1   背景知识

Wi-Fi（Wireless Fidelity）实质上是一种商业认证，在无线局域网的范畴是指"无线相容性认证"。Wi-Fi 是众多利用 2.4GHz 或 5GHz 工业、科学和医疗频带（Industrial Scientific and Medical Band，ISM）免许可频谱分配的一种典型的近距离无线联网的技术。最初主要用于替代传统网线，不再使用通信电缆将计算机和网络连接起来，而以无线的方式进行连接，从而实现无线局域网的快速部署。常见的联网方式是通过一个无线路由器构建热点，则无线路由器信号覆盖的有效范围都可以采用 Wi-Fi 的连接方式进行联网，无论是网络的构建还是终端的移动性，其便捷程度都得到大幅度提升。

Wi-Fi 技术遵循 IEEE 所制定的 802.11x 系列标准，主要有 3 个标准：802.11a、802.11b 和 802.11g。Wi-Fi 链路层采用以太网协议为核心。连接无线局域网通常可以设置密码保护，也可以是开放的。Wi-Fi 可以实现几十米到几百米范围内多设备之间的信息传输。

Wi-Fi 无线网络的基本组成为 AP 热点和无线网卡，可配合既有的有线架构来分享网络资源，以实现更大范围的数据通信。Wi-Fi 无线网络的架设费用和复杂程度远远低于传统的有线网络。Wi-Fi 应用的一般组成结构如图 6-45 所示。

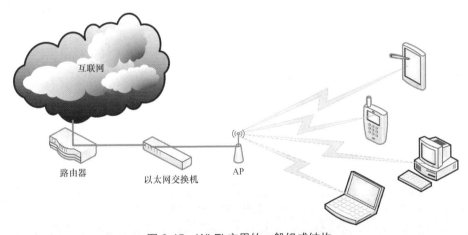

图 6-45   Wi-Fi 应用的一般组成结构

Wi-Fi 因其信号覆盖范围广、传输速度快、使用门槛低等显著优点被广泛用于物联网应用。家庭环境中 Wi-Fi 技术的普及程度使其在智能家居领域有着其他无线技术协议无法比拟的优势，所以智能家电、智能终端大多都采用基于 Wi-Fi 的联网方式。

物联网系统在设计、开发时，不仅存在借助 Wi-Fi 技术接入互联网的技术需求，往往还会借助 Wi-Fi 技术快速建立无线局域网，实现多个电子设备的快速组网与数据通信。

6.4.2 设计要求

在物联网应用开发中，一般是前端感知层设备借助 Wi-Fi 模块快速部署一对多的主从式无线通信系统或者端对端通信系统，有时也借助 Wi-Fi 模块接入 AP 快速进行互联网通信，实现数据的云端发布或访问。对计算机系统而言，特别是笔记本计算机，一般凭借自身配置的无线网卡连接互联网或者直接使用有线网卡接入互联网（这种方式下通信程序的编写可直接使用 LabVIEW 提供的 TCP、UDP 相关功能），较少用 Wi-Fi 模块进行数据通信。

这里仅借助 LabVIEW 平台体验 Wi-Fi 模块的使用方法。Wi-Fi 模块的使用方法具有通用性，无论是建立本地局域网实现 MCU、嵌入式系统之间的通信，还是借助 AP 实现更大范围的物联网应用，均可采取同样的 AT 指令控制方法对模块进行控制，实现期望的组网应用。如能基于 LabVIEW 实现 Wi-Fi 模块的联网和通信，那么其他开发平台上也具有触类旁通之效果。

本节实例中，还是以计算机为数据采集装置，使用 Wi-Fi 模块，建立计算机与物联网平台 TLINK 的通信连接，模拟物联网应用中感知层设备网络化应用场景。已经在 TLINK 物联网云平台创建的 UDP 设备信息如图 6-46 所示。

图 6-46 物联网平台 TLINK 中创建的 UDP 设备信息

设备对应的数据帧格式如图 6-47 所示。

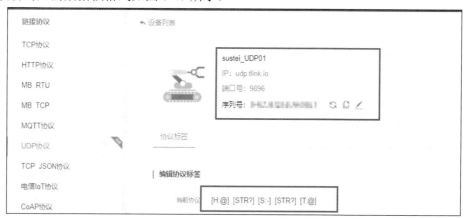

图 6-47 TLINK 中创建的 UDP 设备通信数据帧格式

本节程序设计借助已经设置为开机进入透传模式的 ESP8266，建立与 TLINK 物联网平台的通信链接，并实现以下主要功能。

- ESP8266 配置为开机进入透传模式，与计算机指定串口端口连接。
- 能够按照指定时间间隔以指定区间随机数产生方式模拟数据采集。
- 在连接 ESP8266 的串口打开情况下，可以启动或中止数据采集。
- 能够将本机以分格、同屏的波形图表形式显示采集的 2 路数据。
- 能够将采集的数据封装为 TLINK 物联网平台中创建 UDP 设备定义的数据帧格式。
- 能够借助串口将采集的数据以及封装的数据帧上传至 TLINK 物联网平台事先定义的设备。

6.4.3 模块简介

ESP8266 是乐鑫公司开发的一套高度集成的 Wi-Fi 芯片，可以方便地进行二次开发。国内对应的典型模块为正点原子出品的高性能的 UART 接口 Wi-Fi 模块 ATK-ESP8266。ATK-ESP8266 集成了正点原子自主开发的 ATK-ESP-01 模块。ATK-ESP8266 模块采用串口（LVTTL）与 MCU（或其他串口设备）通信，内置 TCP/IP 协议栈，能够实现串口与 Wi-Fi 之间的转换。

通过 ATK-ESP8266 模块，传统的串口设备只是需要简单的串口配置，即可通过网络（Wi-Fi）传输自己的数据。ATK-ESP8266 模块支持 LVTTL 串口，兼容 3.3V 和 5V 单片机系统。模块支持串口转 STA、串口转 AP 和串口转 STA+AP 三类 Wi-Fi 应用模式，从而快速构建基于 Wi-Fi 通信技术的数据传输方案。

ATK-ESP8266 模块非常小巧（19mm×29mm），模块通过 6 个间距 2.54mm 的引脚与外部连接，方便集成，模块外观如图 6-48 所示。

图 6-48 典型 Wi-Fi 模块外观

模块主要工作参数如下。
- 接口方式：TTL 串口。
- 天线形式：PCB 天线。
- 工作电压：3.3V。
- 内置协议：LwIP，支持本地固件升级。
- 指令：AT 指令。
- 支持：原子云，各种工作模式，UART/GPIO/PWM/ADC/IIC 接口，支持串口转 Wi-Fi STA、串口转 AP 和 STA+AP 模式。

模块的各个引脚功能如表 6-16 所示。

表 6-16 模块引脚功能

序号	引脚名称	功能说明
1	VCC	电源（3.3V～5V）
2	GND	电源地
3	TXD	TTL 电平串口发送引脚
4	RXD	TTL 电平串口接收引脚
5	RST	复位（低电平有效）
6	IO-0	低电平进入固件烧写模式，高电平运行模式（默认）

ESP8266 支持 3 种工作模式，即"STA""AP""STA+AP"模式。
- STA 模式：模块通过路由器连接网络，手机或者计算机实现该设备的远程控制。
- AP 模式：模块作为热点，手机或者计算机连接模块创建的热点并与该模块通信，实现局域网的无线控制。

■ STA+AP 模式：两种模式共存，模块既可以通过路由器连接到互联网，也可以作为 Wi-Fi 热点，使其他设备连接到这个模块，实现广域网与局域网的无缝切换。

ESP8266 通过 AT 指令控制模块工作状态，AT 指令不区分大小写，均以回车符、换行符结尾。其主要指令分为模块测试类、工作参数查看类、基本设置类、应用模式设置类等。

模块测试类 AT 指令如表 6-17 所示。

表 6-17　模块测试类 AT 指令

指令	功能	使用说明
AT	测试指令	可以检测模块的好坏，连线是否正确
AT+GMR	版本信息	查看固件版本
AT+RST	重启指令	软件重启
AT+RESTORE	恢复出厂设置	如配置错误，则重置

工作参数查看类 AT 指令如表 6-18 所示。

表 6-18　工作参数查看类 AT 指令

指令	功能	使用说明或示例
AT+CMD?	查询指令	可以查看当前该指令的设置参数
AT+CMD=?	测试指令	查看当前该设置的范围
AT+CMD	执行指令	—
AT+CWLAP	查看当前可搜索的热点	可做 Wi-Fi 探针（STA 下使用）
AT+CWLIF	查看已接入设备的 IP、MAC 地址	AP 模式下用
AT+CIPAP	查看 AP 的 IP 地址	如 AT+CIPAP="192.168.4.1"
AT+CIPSTA	查看 STA 的 IP 地址	如 AT+CIPSTA="192.168.4.2"
AT+CIFSR	查看当前连接的 IP 地址	—
AT+CIPSTATUS	获得当前连接状态	—

基本设置类 AT 指令如表 6-19 所示。

表 6-19　基本设置类 AT 指令

指令	功能	使用说明或示例
AT+UART	串口配置	AT+UART=115200,8,1,0,0
AT+CWMODE	基本模式配置	[1Sta：2AP：3Sta+AP]
AT+CIPMODE	设置透传模式	0 表示非透传，1 表示透传
AT+CIPMUX=0/1	设置单/多路连接	0 表示单连接，1 表示多连接
AT+CIPSTART	建立 TCP/UDP 连接	AT+CIPSTART=[id],[type],[addr],[port]

应用模式设置类 AT 指令如表 6-20 所示。

表 6-20　应用模式设置类 AT 指令

指令	功能	使用说明或示例
AP 模式		开启模块热点
AT+CWMODE=2	开启 AP 模式	配置模式要重启（AT+RST）后才可用
AT+CWSAP	配置热点的参数	AT+CWSAP="ESP8266"，"TJUT2017",6,4

续表

指令	功能	使用说明或示例
AT+CIPMUX=1	设置多连接	因为只有多连接才能开启服务器
AT+CIPSERVER	设置 Server 端口	AT+CIPSERVER=1,8686
STA 模式		—
AT+CWMODE=1	开启 STA 模式	配置模式要重启（AT+RST）后才可用
AT+CWJAP	当前 STA 加入 AP 热点	AT+CWJAP="ESP8266"，"TJUT2017"
AT+CIPMUX=0	打开单连接	—
AT+CIPMODE=1	透传模式	透传模式必须选择单连接
AT+CIPSTART	建立 TCP 连接	AT+CIPSTART="TCP"，"192.168.4.1",8686
AT+CIPSEND	开始传输	—
AT+SAVETRANSLINK	开机自动连接并进入透传模式	AT+SAVETRANSLINK=1，"192.168.4.1",8686，"TCP"
AT+SAVETRANSLINK=0	取消开机透传和自动 TCP 连接	—
AT+CWAUTOCONN	设置 STA 开机自动连接	AT+CWAUTOCONN=1

ESP8266 通过 TTL 电平实现与计算机、MCU 等进行通信，与计算机连接时，一般需借助 USB-TTL 模块，连接关系如图 6-49 所示。

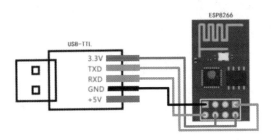

图 6-49 USB-TTL 与 ESP8266 连接关系

> **注** 关于 VCC 的选取，在 USB-TTL 模块上有 3.3V 和 5V 两个引脚可以作为 VCC，但是一般选取 5V 作为 VCC。如果选取 3.3V，可能会因为供电不足而引起不断地重启和复位。

6.4.4 通信测试

本节拟实现基于 ESP8266 模块将本地采集数据上传至 TLINK 物联网平台，因此通信测试将分为两个阶段：一是 TLINK 中云端 UDP 设备的创建与测试，二是基于 ESP8266 实现与物联网平台的连接，并将本地采集数据上传至物联网平台创建的云端 UDP 设备。

1. TLINK 中 UDP 设备创建与测试

在 TLINK 中首先完成注册，然后单击控制台，在左侧导航栏中选择"设备管理→添加设备"，并在添加设备界面选择链接协议为"UDP"，如图 6-50 所示。设置设备中创建的传感器相关数据（名称、单位等），单击地图设置设备所在位置，单击"创建设备"按钮，完成 UDP 设备的创建。选择添加设备界面右侧连接"设置连接"，进入设备数据协议定义页面，如图 6-51 所示。

图 6-50　添加 UDP 设备

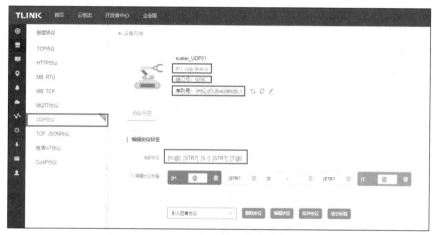

图 6-51　UDP 设备连接参数与数据帧格式

假设测量值为 22.33 和 44.55，则图 6-51 中所示数据协议对应数据帧为@22.33-44.55@，对应的上行数据则为连接设备序列号开头的数据帧：▓▓▓▓▓▓▓▓▓▓@22.33-44.55@。

有关 TLINK 中 UDP 设备连接必需的参数如 IP 地址、端口、序列号、用户定义的协议至关重要，必须单独提取并记录，以便后续使用。

2. ESP8266 连接 TLINK 物联网平台并上传数据测试

如前文所述，ESP8266 一共有 3 种角色/工作模式，分别是 STA（客户端模式）、AP（接入点模式）、STA+AP（2 种模式共存）。模块在不同工作模式下又分为 TCP 服务器、TCP 客户端、UDP 这 3 类应用场景，这就使得 ESP8266 应用形式极其丰富。

在很多项目中，都会使用到无线通信。通过无线通信向服务器发送数据，通过无线通信实现远程控制等。ESP266 支撑的 AP 和 STA 模式，简单来说，AP 模式是指可以将 ESP8266 作为热点，可以让其他的设备连接它；STA 模式是指可以连接当前环境下的 Wi-Fi 热点。

通常情况下，我们使用 ESP8266 接入路由器或者热点，将 ESP8266 配置成 TCP 客户端模式，将自己的计算机、手机等设置成 TCP 服务器模式或者在物联网平台创建 TCP 设备。通过物联网平台提供的 TCP 服务器，ESP8266 将数据发送给云端 TCP 服务器，其他终端访问云端 TCP 服务器，可以实现不同终端的远程通信。

条件具备的情况下，也会使用 ESP8266 接入路由器或者热点，将 ESP8266 配置成 UDP 模式，将自己的计算机、手机等设置成 UDP 服务器模式或者在物联网平台创建 UDP 设备。通过物联网平台提供的 UDP 服务器，ESP8266 将数据发送给云端 UDP 服务器，其他终端访问云端 UDP 服务器，可以实现不同终端的远程通信。

计算机连接 ESP8266，使用前首先打开串口，设置波特率为 115200，输入指令"AT"并按"Enter"键，单击"发送"按钮，模块返回 OK 表示功能正常，如图 6-52 所示。

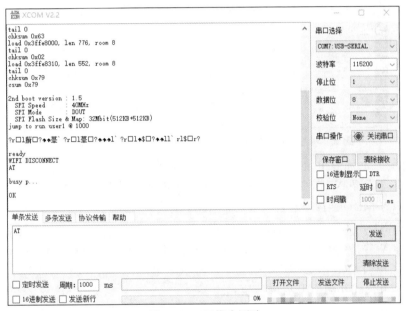

图 6-52　AT 指令测试

ESP8266 的使用场景丰富，这里假设 ESP8266 连接当前环境的热点，与服务器建立 TCP连接，进行数据透传。完成这一目标，一般需要以下指令。

- AT+CWMODE=1：设置工作模式（STA 模式）。
- AT+RST：模块重启（生效工作模式）。
- AT+CWJAP="111","11111111"：连接当前环境的 Wi-Fi 热点（热点名、密码）。
- AT+CIPMUX=0：设置单路连接模式。
- AT+CIPSTART="TCP","×××.×××.×××.×××",××××：建立 TCP 连接。
- AT+CIPMODE=1：开启透传模式。
- AT+CIPSEND：透传模式下传输数据。
- +++：退出透传模式。

比如，计算机连接 TLINK 物联网平台中创建的 TCP 设备，将本地数据上传至 TLINK云端，对应的串口中执行的指令序列及测试结果如图 6-53 所示。

注　TLINK 中 TCP 设备数据的上传分为 2 个步骤，先传送 TLINK 中 TCP 设备的序列号，再传送设备对应的数据帧。与 TLINK 物联网平台 TCP 设备连接上传数据时，按照通信规约，无论是设备序列号发送还是数据帧发送，都不能附加换行符！否则 TCP 连接会自动断开。

图 6-53　创建 TCP 连接、发送数据及物联网平台测试结果

UDP 通信时，与 TCP 通信需要的 AT 指令基本相同，唯一不同的就是建立连接的通信参数设置。以下几条 AT 指令用来完成 UDP 通信连接和数据透传。

- AT+CWMODE=1：设置工作模式（STA 模式）。
- AT+RST：模块重启（生效工作模式）。
- AT+CWJAP="111","11111111"：连接当前环境的 Wi-Fi 热点（热点名、密码）。
- AT+CIPSTART="UDP","×××.×××.×××.×××",××××：建立 UDP 连接。
- AT+CIPMODE=1：开启透传模式。
- AT+CIPSEND：透传模式下传输数据。
- +++：退出透传模式。

当计算机连接 TLINK 物联网平台中创建的 UDP 设备，将本地数据上传至 TLINK 云端时，对应的串口中执行的指令序列及测试结果如图 6-54 所示。

图 6-54　创建 UDP 连接、发送数据及物联网平台测试结果

与 TCP 设备不同的是，TLINK 物联网平台中的 UDP 设备数据上传，只需要一个步骤即可。完成连接后，直接发送有设备序列号和 UDP 设备定义的数据帧连接形成的数据即可，不需要换行符！

> **注** 发送数据时不要勾选新行！发送 AT 指令时必须勾选新行，但是退出透传模式时，+++指令不能勾选新行。

正如前面模块功能测试部分所述，ESP8266 完成热点连接、服务器连接、工作模式设置、透传模式设置等一系列操作，才能开始发送和接收数据。发送数据的前期设置比较烦琐，而且任何一个环节都无法保证一次性设置成功。比较幸运的是，如果需要模块上电自动连接到某个 IP 地址并进入透传模式，ESP8266 提供了如下 2 个指令。

- AT+SAVETRANSLINK

=<mode>,<remote IP or domain name>,<remote port>[,<type>,<TCP keep alive>]。

该指令将透传模式及建立的 TCP 连接均保存在 FLASH 系统参数区，下次上电自动建立 TCP 连接并进入透传模式。本节实例连接 TLINK 物联网平台的 UDP 服务器，将本地采集数据上传至云端。对应的 UDP 服务器 IP 地址为 47.106.61.135，端口为 9896。因此实际调用形式如下：

AT+SAVETRANSLINK==1,"47.106.61.135",9896,"UDP"

第一个参数 1 表示保存开机并进入透传模式，第二个参数为 TLINK 中 UDP 服务器的 IP 地址，第三个参数为 UDP 服务器端口，第四个参数表示协议类型为 UDP。

- AT+CWJAP_DEF=<ssid>,<pwd>[,<bssid>]

该指令用来设置 ESP8266 需要连接的 AP、密码，指令执行后，对应设置会被保存至 FLASH 系统参数区。假设连接 AP 的名称为 abc，密码为 0123456789，则该指令调用的具体形式为 AT+CWJAP_DEF="abc","0123456789"。

完成上述设置后，ESP8266 断电，等待下次以上电开机进入透传模式时使用。

6.4.5 硬件连接

为了实现上述设计，计算机借助 USB-TTL 连接 Wi-Fi 模块 ATK-ESP8266-01，计算机采集数据，控制 Wi-Fi 模块接入具有互联网访问权限的热点，通过 Wi-Fi 模块 ATK-ESP8266-01 将采集数据上传至 TLINK 物联网平台。该模块与计算机连接关系如表 6-21 所示。

表 6-21 USB-TTL 与 ATK-ESP8266-01 引脚连接

USB-TTL 引脚	ATK-ESP8266-01 引脚
VCC	VIN
GND	GND
RXD	TXD
TXD	RXD

实物连接示意如图 6-55 所示。

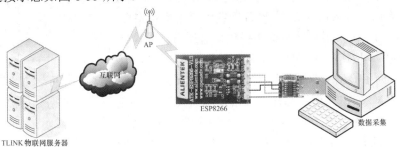

图 6-55 Wi-Fi 连接物联网平台连接示意

6.4.6　程序实现

1．程序设计思路

程序设计采取轮询模式，即在 While 循环结构中，程序利用条件结构检测前面板中主要控件（串口操作按钮、数据采集按钮、采集时间间隔等）操作状态，做出相应的处理。

主要检测并处理的状态如下。

- "串口打开"按钮操作状态检测——该按钮在"打开串口""关闭串口" 2 个状态之间切换，按钮机械动作模式设置为"单击时转换"。按钮状态为"真"时，按照指定参数打开连接 ESP8266 模块的串口，启用 Wi-Fi 数据通信模块；否则关闭串口，停止使用 Wi-Fi 数据通信模块。
- "数据采集"按钮操作状态检测——该按钮在"启动数据采集""暂停数据采集" 2 个状态之间切换，按钮机械动作模式设置为"单击时转换"，按钮状态为"真"时，采集数据并上传云端，否则不做任何处理。
- "已用时间"节点状态检测——检测指定目标时间是否到达，如果到达，则开始依次进行数据采集和云端上传工作。
- "停止"按钮操作状态检测——检测是否存在单击按钮导致按钮值发生改变，如果满足条件则退出程序。

为了使得程序人机交互效果更加友好，程序结构在循环事件处理结构的基础上，添加顺序结构，将这个程序分为 2 个顺序帧。其中第 1 帧为程序初始化帧，完成程序运行前各类控件的初始化；第 2 帧为主程序帧，即前面创建的循环事件处理程序结构，完成对程序中各类状态的实时检测，并针对检测结果做出相应的处理。

2．前面板设计

根据前述程序设计思路，按照以下步骤完成前面板控件设置。

步骤 1：为了设置连接 ESP8266 模块的串行端口，添加 I/O 类控件"VISA 资源名称"（控件→新式→I/O→VISA 资源名称）。

步骤 2：为了触发串口操作事件，添加布尔类控件"确定按钮"（控件→新式→布尔→确定按钮），设置标签为"打开串口"，设置按钮显示文本为"打开串口"。

步骤 3：为了直观显示串口打开/关闭状态，添加布尔类控件"方形指示灯"（控件→新式→布尔→方形指示灯），设置标签为"串口状态"。

步骤 4：为了实现数据采集采样时间间隔设置，添加数值类控件"数值输入控件"（控件→新式→数值→数值输入控件），设置标签为"采样间隔(s)"，设置数据类型为 U16。

步骤 5：为了触发数据采集事件，添加布尔类控件"确定按钮"（控件→新式→布尔→确定按钮），设置标签为"采集按钮"，设置按钮显示文本为"启动数据采集"。

步骤 6：为了直观显示当前是否进行数据采集，添加布尔类控件"方形指示灯"（控件→新式→布尔→方形指示灯），设置标签为"采集状态"。

步骤 7：为了确定用户结束程序操作，添加布尔类控件"停止按钮"（控件→银色→布尔→停止按钮），按钮标签、显示文本保持默认值。

步骤 8：为了显示 2 路数据采集波形，添加图形类控件"波形图表"（控件→新式→图形→波形图表），右击控件，选择"分格显示曲线"，实现 2 路采集数据分屏显示的功能。

步骤 9：为了显示系统当前时间，添加字符串类控件"字符串显示控件"（控件→新式→字符串与路径→字符串显示控件），设置标签为"系统时间"。

步骤 10：为了显示每一次数据采集时间，添加字符串类控件"字符串显示控件"（控件→新式→字符串与路径→字符串显示控件），设置标签为"采集时间"。

步骤 11：为了显示当前采集的 2 路数据取值，添加字符串类控件"字符串显示控件"（控件→新式→字符串与路径→字符串显示控件），设置标签为"当前数据"。

步骤 12：添加修饰类控件，将程序界面分为用户操作区、曲线显示区、参数显示区；双击前面板，输入程序标题文字信息，并设置文字大小、字体。

调整各个控件的大小、位置，使得操作界面更加和谐、友好。最终完成的程序前面板设计结果如图 6-56 所示。

3. 程序框图设计

步骤 1：创建 2 帧的顺序结构，第 1 帧为初始化帧。设置第 1 帧"子程序框图标签"为"初始化"，以便提高程序框图可读性。

初始化帧中，使用属性节点设置控件"采集按钮""波形图表"状态，并使用局部变量对程序接入哪种有关控件初始取值进行设置，对应的初始化帧程序子框图设计结果如图 6-57 所示。

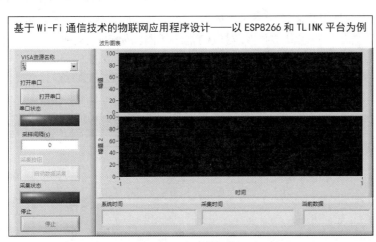

图 6-56　程序前面板

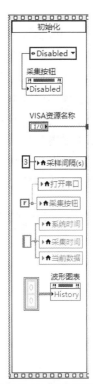

图 6-57　初始化帧程序子框图

步骤 2：顺序结构中，设置第 2 帧"子程序框图标签"为"主程序"，以便提高程序框图可读性。主程序为"While 循环结构+移位寄存器+条件结构"的轮询模式总体结构。移位寄存器用于循环中串口引用的传递，三重嵌套的条件结构实现程序操作流程：打开串口成功，则判断采集按钮状态；当采集按钮被按下，则启动定时采集功能，按照指定时间间隔采集数据，并将采集的数据上传至物联网平台，对应的主程序结构如图 6-58 所示。

While 循环中，调用节点"获取日期/时间字符串"（函数→编程→定时→获取日期/时间字符串），设置参数"需要秒"为"真常量"，调用节点"连接字符串"（函数→编程→字符串→连接字符串），构造年、月、日、时、分、秒格式的时间字符串，实现完整系统时间的输出功能。

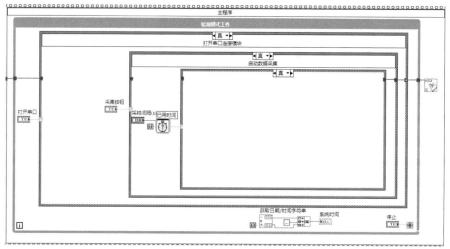

图 6-58　主程序结构

在 While 循环结构右侧添加节点"VISA 关闭"(函数→数据通信→协议→串口→VISA 关闭),实现程序结束运行时释放相关资源功能;将控件"停止"连接 While 循环结构条件端子,实现结束应用程序运行的控制。

步骤 3:While 循环结构内,判断按钮控件"打开串口"状态(按下为"真",弹起为"假")。当按钮弹起时,使用属性节点设置按钮显示文本为"打开串口"(当按钮被按下时,使用属性节点设置按钮显示文本为"关闭串口",达到 1 个按钮 2 种功能的目的),调用节点实现;通过属性节点设置采集按钮为禁用状态,即串口关闭时,无法启动数据采集;并借助局部变量设置"采集状态""串口状态"为逻辑"假",对应的程序子框图如图 6-59 所示。

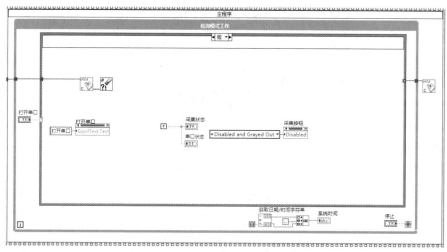

图 6-59　关闭串口对应的程序框图

步骤 4:按钮控件"打开串口"被按下时,其连接条件结构的"真"分支内调用节点"VISA 配置串口"(函数→数据通信→协议→串口→VISA 配置串口)继续进行通信参数配置,设置波特率为 115200,设置"启用终止符"为"假常量"(默认终止符与实际传输数据相同时会导致通信数据帧截断)。

通过属性节点设置按钮控件"打开串口"显示文本为"关闭串口",实现按钮控件的复用,下次按下按钮则实现功能与按钮显示的布尔文本一致,完成串口的关闭。

　　通过属性节点设置按钮控件"采集按钮"为解除按钮禁用状态，实现串口打开，采集按钮启用；串口关闭，采集按钮禁用功能。

　　步骤 5：判断按钮控件"采集按钮"状态，当按钮被按下时，通过属性节点设置按钮控件"采集按钮"显示文本为"启动数据采集"，否则设置为"停止数据采集"，实现按钮控件的复用。

　　当按钮被按下时，调用节点"已用时间"（函数→编程→定时→已用时间），输入参数"目标时间"的取值，实现定时采集数据的时间间隔触发条件。对应的程序子框图如图 6-60 所示。

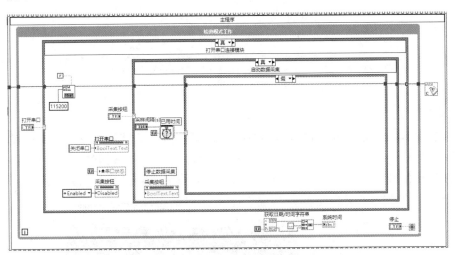

图 6-60　启动数据采集程序子框图

　　步骤 6：判断节点"已用时间"是否到达目标时间，如果是，则启动数据采集，实现定时数据采集功能。以 0～100 随机数产生的方式模拟 2 路数据采集，按照" ▉▉▉▉▉▉▉▉▉▉@d1-d2@"格式将采集的数据封装为物联网平台创建的 UDP 设备数据帧，调用节点"VISA 写入"（函数→数据通信→协议→串口→VISA 写入），将输出的上传数据从串口发送出去，实现基于 ESP8266 模块的本机采集数据的云端发布核心功能。对应的程序子框图如图 6-61 所示。

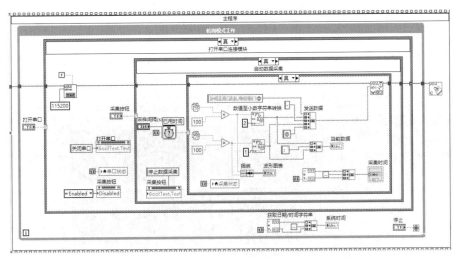

图 6-61　定时采集、上传物联网平台程序子框图

　　至此，完整的基于 Wi-Fi 通信技术实现本机采集数据并上传至物联网平台的相关程序全部完成，对应的完整程序框图如图 6-62 所示。

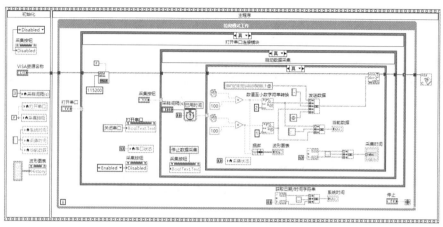

图 6-62　完整程序框图

6.4.7　结果测试

　　选择连接 ESP8266 模块的串行端口，单击工具栏中的"运行"按钮 ⇨，测试程序功能。初始状态，串口尚未打开，采样间隔默认设置为 3s，数据采集按钮禁用，波形显示为空，系统时间显示区域实时刷新。对应的程序前面板运行初始界面如图 6-63 所示。

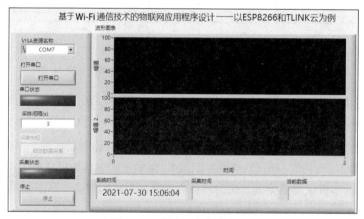

图 6-63　程序运行初始界面

　　单击"打开串口"按钮，按钮显示文本变为"关闭串口"，方形指示灯高亮，表示串口已经成功打开。"采集按钮"按钮解除禁用状态，结果如图 6-64 所示。

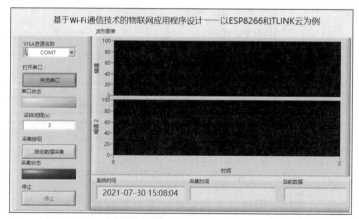

图 6-64　串口打开成功

　　单击"采集按钮"按钮，默认的按钮文本从"启用数据采集"变为"停止数据采集"，方形指示灯"采集状态"高亮（由于截图需要，先暂停采集，会导致采集状态显示复位），波形图表分格显示 2 路采集参数，并且实时刷新程序界面对应显示区域的数值显示，如图 6-65 所示。

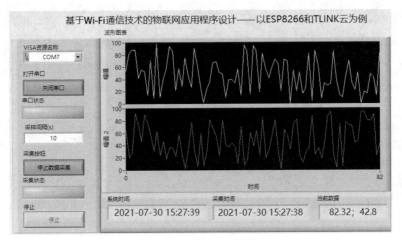

图 6-65　启动定时采集

　　登录 TLINK 物联网平台个人账号，查看监控中心对应的 UDP 设备。监控中心设备名称由灰变黑，链接状态显示"已连接"，且当前设备附属的 2 个传感器取值与程序最后一次上传结果完全一致，说明设计目标已经实现。TLINK 监控中心显示结果如图 6-66 所示。

图 6-66　物联网平台设备实时数据

　　限于篇幅，这里给出的是 UDP 下的 ESP8266 开机透传以及对应的软硬件设计并实现本机采集数据上传至物联网平台。基于 TCP 实现类似的功能，对应的方法与 UDP 的完全一致，区别仅在于设置透传参数时将 UDP 修改为 TCP。完成开机上电进入透传模式设置后，ESP8266 实际上就转换为一种具有网络通信功能（且自动连接目标计算机）的串口设备，使用十分简单、方便，电子系统开发爱好者应该给予足够的重视。

第 7 章

远距离无线通信技术

学习目标：
- 了解远距离无线通信技术分类原则、主要技术及其优缺点；
- 了解以 GSM/GPRS 为代表的 2G 通信技术的基本原理，熟悉 GSM/GPRS 模块的基本特性、典型控制指令；
- 能够编写程序控制 GSM/GPRS 模块的工作状态，建立计算机与物联网平台之间基于 GPRS 通信技术的通信连接，并实现计算机与物联网平台创建的 TCP 设备之间的数据通信；
- 了解以 NB-IoT 为代表的窄带物联网通信技术的基本原理，熟悉典型 NB-IoT 模块的基本特性、控制指令；
- 能够编写程序控制 NB-IoT 模块的工作状态，建立计算机与物联网平台之间基于 NB-IoT 通信技术的通信连接，并实现计算机与物联网平台创建的 MQTT 协议设备之间的数据通信；
- 了解 LORA 通信技术基本原理，熟悉典型 LORA 模块的基本特性、控制指令；
- 能够编写程序控制 LORA 模块的工作模式，并基于 LORA 技术建立计算机与多个电能计量模块之间的通信连接，形成主从式电能计量测试网络，并完成多个计量从设备的指令控制、数据读取、数据帧解析、计量结果显示等功能。

7.1 远距离无线通信技术概述

物联网应用场景对无线通信在大范围、远距离等方面提出了更高的要求，覆盖距离远、组网灵活、部署成本较低、安全性能好、能耗低以及设备容量大等是目前物联网领域新的需求和挑战。为满足越来越多远距离通信的连接需求，具有远距离、低功耗、大量连接的低功耗广域网应运而生，其典型技术包括 GSM/GPRS、NB-IoT、LORA 等。

1. GSM/GPRS 技术

主要针对工业级应用，利用 GSM（Global System for Mobile Communications，全球移动通信系统）的短消息和 GPRS（General Packet Radio Service，通用分组无线服务）业务

为用户搭建了一个超远距离的数据传输平台。GSM 依靠 SMS（Short Message Service，短消息业务）进行通信双方的信息交换，一般适用于实时性要求不高、采样速率比较低的场景。GPRS 有高速、双向、远距离以及实时在线等技术特点，非常适合一些远程设备操作和远程设备升级等应用项目。GSM/GPRS 通信依托商用的移动通信网络，不需要单独建立通信网络，移动网络信号覆盖的区域均可进行网络通信。

GSM/GPRS 通信技术目前已经得到广泛应用，但是移动通信网络信号无法覆盖的区域，GSM/GPRS 通信技术也无用武之地。

2．NB-IoT 通信技术

窄带物联网（Narrow Band Internet of Things，NB-IoT）成为万物互联网络的一个重要分支。NB-IoT 构建于蜂窝网络，实际上是一种移动通信技术的低成本部署解决方案。作为一种可在全球范围内广泛应用的新兴技术，NB-IoT 聚焦低功耗、广覆盖物联网市场，具有覆盖广、连接多、速率低、成本低、功耗低、架构优等特点。一个 NB-IoT 基站就可以比传统的 2G、蓝牙、Wi-Fi 多提供 50～100 倍的接入终端，并且只需一节电池，设备就可以工作 10 年。

NB-IoT 支持星形结构通信网络架构，通信距离可以在 10km 以上，而实际上目前市售的 NB-IoT 模块配置了专用 SIM 卡，如果再借助物联网云平台，其通信距离几乎没有任何约束和限制。目前典型的应用场景包括共享单车、智能水表、智能气表、智能电表等。但是对于 NB-IoT 基站无法覆盖的区域，该项技术亦无用武之地。

3．LORA 通信技术

LORA 是远距离无线电（Long Range Radio）的英文缩写，它最大的特点就是在同样的功耗条件下比其他无线方式传播的距离更远，实现了低功耗和远距离的统一。它在同样的功耗下的通信距离比传统的无线射频通信距离远 3～5 倍。

LORA 是全球免费频段运行的 LPWAN 通信技术中的一种，该技术基于扩频技术的超远距离无线传输方案。这一方案改变了以往关于传输距离与功耗的折中考虑方式，为用户提供一种简单的能实现远距离、长电池寿命、大容量的系统，进而扩展传感网。目前，LORA 网络已经在世界多地进行试点或部署，具有良好的应用前景。

7.2　GSM/GPRS 通信程序设计

本节简要介绍 GSM/GPRS 通信技术相关基础知识，以基于 GPRS 通信技术建立本机与物联网云平台的 UDP 连接和数据上传程序设计为目标，简要介绍典型 GPRS 模块及其使用方法，借助 USB-TTL 模块、UART 接口的 GPRS 模块，建立计算机连接物联网云平台的通信链路；基于 LabVIEW 设计程序，给出基于 GPRS 技术连接的"云、网、端"技术架构下计算机采集数据，并以 UDP 方式上传物联网平台的应用程序实现的完整步骤以及程序的测试结果。本节实例可为 GPRS 通信技术应用相关程序的设计提供参考和借鉴。

7.2.1　背景知识

GSM/GPRS 通信技术同属基于移动通信网络中数据传输的技术。GSM 是指借助移动通信网络的短消息功能进行数据传输，而 GPRS 则是指借助移动通信网络的数据流量进行网络数据通信。一般而言，GSM 技术对应的电子模块只能进行短消息以及常规电话通信，而GPRS 技术对应的电子模块则同时兼具短消息功能和网络通信功能。

1．GSM 通信技术

GSM 是一种起源于欧洲的移动通信技术标准。它采用电话交换的技术，是第二代移动通信技术。其开发目的是让全球各地可以共同使用一个移动电话网络标准，让用户使用一部手机就能在全球通行无阻。我国于 20 世纪 90 年代初引进并采用此项技术标准。目前，中国已经建成全球规模最大的移动通信网络。随着通信技术的不断进步，移动通信从早期的第二代移动通信技术发展为当前的第五代（5G）移动通信技术，成为物联网技术普遍应用的重要"推手"。

GSM 网络的数据传输业务速率最高可达 9.6kbit/s，且其数据传输业务费用低廉，适合低频率、小数据量的数据传输。GSM 网络已在全球范围内实现了联网和漫游，因此在组建系统时无须组建专用的网络，同时也不需要维护网络。

SMS 作为 GSM 网络的一种基本业务，当物联网的感知层获取到所需的传感数据时，可以借助 GSM 网络的 SMS 功能，将采集的数据以短消息的形式发送至网络中的其他装置，实现物物互联的效果。

GSM 网络的 SMS 功能还具备一个较大的优势——每一个 GSM 通信装置都安装有 SIM卡，该 SIM 卡的卡号具有全球唯一性，可发挥识别物体 ID 的作用。另外，GSM 网络亦可借助其基站定位技术，为物联网应用提供相应的定位技术支持（适合精度要求不高的场合）。

物联网应用中使用的 GSM 通信装置（又称 GSM 模块），本质上讲就是一个简易的 2G 设备，使用 AT 指令实现计算机/微控制器/嵌入式系统/PLC 等平台对模块的控制。典型的 AT 指令如下。

```
AT+CMGF        //设置短消息发送模式
AT+CSCA        //设置 SMS 中心号码
AT+CMGR        //读取短消息指令
AT+CMGS        //发送短消息指令
```

通过 AT 指令，计算机/微控制器/嵌入式系统/PLC 等平台可控制 GSM 将感知的数据或者状态发送至监控中心或者其他目标平台，同样也可以接收来自其他平台发送的短消息，并根据其消息内容执行相应的控制动作，实现基于 GSM 网络 SMS 功能的远程监测和控制。

2. GPRS 通信技术

GPRS 是移动电话用户可以使用的一种移动数据业务。有别于旧的电路交换连接（一个数据连接要创建并保持一个电路连接，在整个连接过程中这条电路将被独占，直到连接被解除），GPRS 基于无线分组交换技术，使多个用户可以共享传输信道，共享带宽。

GPRS 技术是 2G 的 GSM 技术向 3G 转变的过渡技术，通过在 GSM 网络中增加一些节点，如 GGSN（Gateway GPRS Support Node，网关 GPRS 支持节点）和 SGSN（Serving GPRS Support Node，服务 GPRS 支持节点），使其可以和 ISDN（Integrated Services Digital Network，综合业务数字网）、LAN（Local Area Network，局域网）等不同的数据网络连接，其中 SGSN 主要用于记录移动终端的当前位置信息，并且在移动终端和 GGSN 之间完成移动分组的数据发送与接收。

由于 GPRS 具备不同的数据网络连接的功能，使得借助 GPRS 技术进行网络通信成为现实可操作的主要技术——包括收发 E-mail、进行 Internet 浏览等，而且具有"永远在线""流量计费""回响快速""传输高速"等优点。

在物联网应用开发中，一般借助 GPRS 模块进行物联网通信功能的设计和开发。和 GSM模块一样，GPRS 模块也使用 AT 指令进行控制。GPRS 模块功能极为丰富，但是物联网应用中最常用的莫过于基于 GPRS 模块建立模块与物联网应用服务器之间的 TCP/UDP 连接，并进行数据通信。

```
GPRS 网络通信常用的 AT 指令如下。
AT+CREG        //查询是否注册到网络
AT+CSQ         //查询信号质量
AT+CGATT       //附着网络
```

```
AT+CIPSTART        //接收服务器 IP 地址
AT+CIPSEND         //进入发送模式
```

GPRS 模块兼容 GSM 模块，而且二者均属于"2G 通信时代"的产物。虽然在物联网应用中两者常用的技术完全不同（一个主要使用 SMS，另一个主要使用网络通信），但是一般而言，GPRS 模块具备 GSM 模块功能，所以业内还是习惯将其名称组合为 GSM/GPRS。

在真实应用场景中，GSM/GPRS 通信技术由于借助现有的移动通信网络进行数据通信，所以有手机信号的地方，都可以使用该技术。而物联网应用中尚未淘汰该技术的主要原因则在于小数据量远程传输应用场合，该技术借助成熟的移动通信网络，无须专门建设网络基础设施，可以节省大量成本。不过在基站信号较差的地方，可能会导致数据传输不稳定，而且每一次通信都会产生费用，具有一定的运营成本。表 7-1 给出了不同领域的 GSM/GPRS 典型应用场景。

表 7-1 GSM/GPRS 典型应用场景

应用领域	应用场景
公共事业	智能水表、智能水务、智能气表、智能热表
设备管理	设备状态监控，白色家电管理，大型公共基础设施、管道、管廊安全监控
智能建筑	环境报警系统、中央空调监管、电梯物联网、人防空间覆盖
农业与环境	农业物联网、畜牧业养殖、空气实时监控、水质实时监控
其他应用	移动支付、智慧社区、智能家居、文物保护

随着移动通信技术的不断发展，GSM 通信技术已经淡出"江湖"。GPRS 通信技术虽然仍在继续使用，但是俨然已被新兴的 NB-IoT 通信技术抢占了"半壁江山"，市场份额不断缩小。

7.2.2 设计要求

借助 GSM/GPRS 模块 SIM900A，建立计算机与 TLINK 物联网平台之间的通信链路，实现计算机采集数据能够借助 GPRS 通信技术，以 UDP 通信的方式上传至 TLINK 物联网平台，从而实现万物互联目标下的数据共享功能，为后续多终端、多平台实时共享数据，基于数据开发相关应用奠定坚实基础。

计算机 LabVIEW 程序设计要求实现以下功能。
- 可以分别用指令测试、控制 SIM900A。
- 可以模拟数据采集，产生 2 个传感器的测量数据。
- 可以在本地观测、记录采集的传感器数据。
- 可以将采集的数据封装为 TLINK 物联网平台中 UDP 对应的消息模型。
- 控制指令将消息模型发送至 TLINK 物联网平台。

7.2.3 模块简介

SIM900A 是一款高性能工业级 GSM/GPRS 模块。工作频段为 900/1800MHz 双频模式，可以低功耗实现语音、SMS、数据和传真信息的传输（GPRS 功能）。SIM900A 模块采用 SMT（Surface Mount Technology，表面安装技术）封装，采用 ARM926EJ-S 架构，性能强大，可以内置客户应用程序；可广泛应用于车载跟踪、车队管理、无线 POS、PDA、智能抄表与电力监控等众多方向。

SIM900A 模块支持通过串口与单片机/嵌入式系统/计算机进行通信，可以非常方便地与单片机/嵌入式系统/计算机进行连接。模块采用 AT 指令集的开发方式，并附带硬件流控制，从而实现语音、短信和 GPRS 数据传输（支持 TCP、UDP、HTTP、FTP 等协议）等功能。该模块在使用之前需要安装通信运营商的 SIM 卡（支持移动、联通，但是不支持电信，需开通 GPRS 功能），通过流量实现网络通信功能。实验发现，市售的用于 NB-IoT 模块的物联网卡，在 SIM900A 模块上也可以使用。

SIM900A 模块要求 5V 供电，调试初期，计算机 USB 供电可以满足要求。但是长时间传输数据用电量大，推荐 1A 以上的直流电，TTL 电平串口自适应兼容 3.3V 和 5V 单片机，可以直接连接单片机，待机在 80mA 左右，可以设置休眠状态实现 10mA 左右的低功耗；计算机调试 USB-RS232 和 USB-TTL 均可。SIM900A 模块外观如图 7-1 所示。

在物联网应用开发中，该模块更多使用 GPRS 数据通信功能（TCP 或 UDP），而早期的 GSM 的 SMS 功能目前已经退出历史舞台。因此本书将主要介绍模块的 GPRS 通信功能及其在物联网应用系统开发中的应用。

需要注意的是，模块上电前，应该首先装入 SIM 卡（上电后装入可能存在 SIM 卡无法识别，导致通信失败的情况），对应的插卡位置如图 7-2 所示。

图 7-1　SIM900A 模块外观

图 7-2　SIM900A 插卡位置

将 SIM 卡正确装入卡槽后，可以将电源接入模块的电源接口。此时模块上的两个指示灯开始闪烁，可以通过观察模块集成的指示灯 D5 和 D6 的闪烁状态来大致判断模块的工作状态，如表 7-2 所示。

表 7-2　SIM900A 指示灯含义

指示灯 D5	指示灯 D6	模块工作状态
长亮	快闪（亮 1s 灭 1s）	正在搜索网络
长亮	慢闪（亮 1s 灭 3s）	可以正常工作
长亮几秒灭 1s	快闪（亮 1s 灭 1s）	电源欠压或欠流
熄灭	慢闪（亮 1s 灭 3s）	来电提示
灭一下后长亮	慢闪（亮 1s 灭 3s）	接收到短消息

SIM900A 的各类功能均采取 AT 指令的方式实现，其指令根据用途分为：一般性指令、SMS 相关指令、语音功能相关指令、数据业务相关指令、MMS（Multimedia Messaging Service，彩信）相关指令、FTP 相关指令、HTTP 相关指令等。其中物联网应用开发常用的为一般性指令，主要用于模块初始化；SMS 相关指令，主要用于以短消息方式实现 M2M 物联网应用；数据业务相关指令，用于实现物联网应用开发中最为活跃的功能。上述 3 类常用指令及其功能如表 7-3 所示。

表 7-3　GSM/GPRS 常用 AT 指令

指令类别	指令	功能
一般性指令 （初始化常用指令）	AT	检查模块可用性
	ATE0	关闭回显模式
	AT+CPIN?	检查 SIM 卡
	AT+IPR	设置模块波特率
	AT+CSQ	查询信号质量
	AT+CGREG?	查询模块是否注册网络
	AT+CGATT?	查询模块是否注册 GPRS
SMS 相关指令 （收发短消息常用指令）	AT+CPMS	查询 SIM 卡内短消息使用状态
	AT+CNMI	新消息指示
	AT+CMGF	设置短消息发送模式
	AT+CSCS	设置短消息编码格式
	AT+CSCA	设置 SMS 中心号码
	AT+CSMP	设置短消息文本模式
	AT+CMGS	发送短消息
	AT+CMGR	读取短消息
	AT+CMGD	删除短消息
数据业务相关指令 （TCP/UDP 通信常用指令）	AT+CSTT	设置 APN，使用前需保证已经附着 GPRS
	AT+CIICR	激活移动场景
	AT+CIFSR	获得本地 IP 地址
	AT+CIPSTART	建立 TCP（UDP）连接
	AT+CIPCLOSE	关闭 TCP（UDP）连接
	AT+CIPSHUT	关闭移动场景
	AT+CIPMUX	多路 IP 连接，最多支持 8 路连接
	AT+CIPSTATUS	检查网络连接状态
	AT+CIPSERVER	模块设置为服务器
	AT+CIPSEND	启动数据发送，接收到＞符号即可发送
	AT+CIPMODE	选择 TCP/IP 应用模式，透传/非透传

注　目前在移动通信网络公司办理开卡业务，一般都会开通 GPRS 数据业务，开机后会自动附着网络，进入移动应用场景，无须设置，所以实际上并不使用上述部分指令。

7.2.4　通信测试

本节测试的目的是借助 GSM/GPRS 模块 SIM900A 将计算机采集的数据上传至 TLINK 物联网平台中创建的 UDP 设备，因此测试分为两个阶段；第一阶段为 TLINK 物联网平台中 UDP 设备的创建与测试；第二阶段为 GSM/GPRS 模块 SIM900A 基于 UDP 的数据上传过程测试。

（1）TLINK 物联网平台中 UDP 设备的创建与测试。

　　登录 TLINK 物联网平台，选择左侧导航栏"设备管理→添加设备"，创建名为"sustei_UDP01"、协议为 UDP 的设备，并添加 2 个传感器，如图 7-3 所示。

图 7-3　TLINK 中创建的 UDP 设备

　　完成 UDP 设备创建后，在 TLINK 平台导航栏选择"设备管理→设备列表"，选择创建的名为"sustei_UDP01"的设备，单击设备信息行右侧的"设置连接"，进入设备通信协议定义界面。在该界面内定义设备通信协议为字符串通信模式，数据帧头、数据帧尾均为@，2 个传感器参数通过符号"-"间隔，如图 7-4 所示。

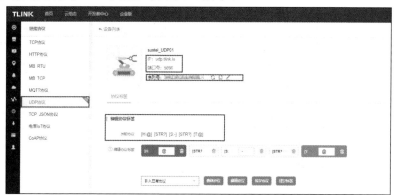

图 7-4　UDP 设备连接参数与数据帧格式

（2）SIM900A 基于 UDP 的数据上传过程测试。

　　模块测试前首先保证连线正确，可采用 USB-TTL 模块连接计算机与 SIM900A 模块，亦可采用 USB-RS232 线材连接计算机与 SIM900A 模块，如图 7-5 所示。

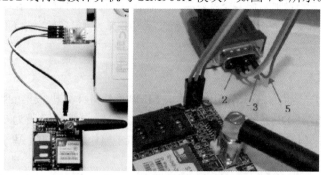

图 7-5　计算机与 SIM900A 连接

安装好 SIM 卡，模块上电。上电后会发现红灯闪烁，一开始闪烁频率很高。这说明模块在寻找基站，请等待一会儿。经过十几秒（一般到新的地方等待的时间会比较长），红灯闪烁频率变低，说明连接到基站。

打开串口软件，根据自动识别的串口号，选择正确的串口号。波特率默认为 9600，如需更改，输入 AT+IPR=××××即可，也可以在软件界面更改。

使用前一般需在串口调试助手中依次输入以下指令，检查 SIM 卡是否插入模块、模块能否上网：

```
AT              //同步波特率，检查模块可用性
AT+CPIN?        //检查 SIM 卡是否插入，是否牢固
AT+COPS?        //检查模块是否能上网
```

如果正常，则发送每一条指令后都会返回"OK"，测试结果如图 7-6 所示。

图 7-6　SIM 卡是否插入及模块能是否上网 AT 指令测试

依次输入如下指令，检查模块以及 SIM 卡数据业务是否正常：

```
AT+CGREG?       //检查网络注册情况
AT+CGATT?       //检查是否附着 GPRS 网络
```

如果正常，则发送每一条指令后都会返回"OK"，测试结果如图 7-7 所示。

在串口调试助手中输入如下指令，连接 TLINK 物联网平台 UDP 服务器：

AT+CIPSTART="UDP","udp.tlink.io","9896"

指令中第一个参数表示建立 UDP 连接；第二个参数表示 UDP 连接的远程主机的 IP 地址或域名；第三个参数表示 UDP 远程主机端口。连接正常，则返回"CONNECT OK"，如图 7-8 所示。按照前文创建的 TLINK 中 UDP 设备数据传输协议，假设传输的数据帧为"@123-456@"，TLINK 中 UDP 设备数据上传需要在数据帧前添加设备序列号，前文中创建的设备的序列号为"███████"，因此向 TLINK 平台 UDP 设备发送的完整数据如下：

　　　　███████@123-456@

　　SIM900A 建立 UDP 连接后发送数据，首先需要串口发送指令"AT+CIPSEND"，待收到符号">"，即可发送组织好的数据（数据输入串口发送数据输入区，单击"发送"按钮即可）。完成后再以十六进制发送"1A"，才算是一次数据的发送。

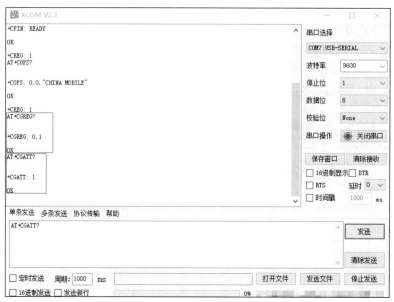

图 7-7　检查模块以及 SIM 卡数据业务是否正常 AT 指令测试

图 7-8　GPRS 模块连接物联网平台上的 UDP 服务器 AT 指令测试

　　为了简化上述发送过程，可以输入发送数据"████████████@123-456@"后，设置串口缓冲区以 HEX 模式发送，将字符串转换为字节数组形式，在字节数组后添加数据"1A"，然后单击"发送"按钮，可以一次性完成数据发送，如图 7-9 所示。

　　进入 TLINK 平台，可见名为"sustei_UDP01"的设备名称颜色由灰色变黑色，表示 TLINK 中创建的 UDP 设备已经和计算机建立连接，设备显示的最新数据恰恰就是刚才上传的 123.00、456.0，如图 7-10 所示。

图 7-9 GPRS 模块 UDP 连接方式发送数据 AT 指令测试

图 7-10 物联网平台 UDP 设备实时数据

连续上传 TLINK 物联网平台数据，按照 SIM900A 使用规则，在保持 UDP 设备通信连接的前提下，先发送 "AT+CIPSEND" 以启动 UDP 数据发送，然后将转换为字节数组的数据发送出去，依此循环，直至结束数据上传。

至此，基于 GPRS 模块 SIM900A 实现物联网平台数据上传功能全部实现。结束测试，可发送 "AT+CIPCLOSE=1" 实现模块的快速关闭。

由于篇幅所限，这里仅仅测试了基于 SIM900A 的 UDP 连接，TCP 连接与 UDP 连接过程大同小异，仅仅在于指令 "AT+CIPSTART="UDP","udp.tlink.io","9896"" 的参数设置。

另外，无论是 UDP 连接还是 TCP 连接，其传输的数据帧既可以是字符串形式的数据帧，也可以是字节数组形式的数据帧（字节数组形式的数据帧需要在发送数据帧的最后一个字节添加 "1A" 后再发送）。

还有，无论是 UDP 连接还是 TCP 连接，可以选择设置为透传或者非透传模式，也可以设置为单连接模式或者多路连接模式——模块可以同时建立多路不同协议的连接，对于各种灵活应用读者可自行测试。

7.2.5 硬件连接

为了实现上述设计，计算机借助 USB-TTL 连接 GPR/GSM 模块 SIM900A。计算机采集数据，通过 GPR/GSM 模块 SIM900A 将数据上传至 TLINK 物联网平台。计算机与 GPRS/GSM 模块 SIM900A 的连接关系如表 7-4 所示。

表 7-4　计算机与 SIM900A 模块的连接关系

计算机 USB-TTL 引脚	SIM900A 引脚
VCC	VCC
GND	GND
RXD	5VT
TXD	5VR

基于 GPRS 的物联网系统主要组成及其连线示意图如图 7-11 所示。

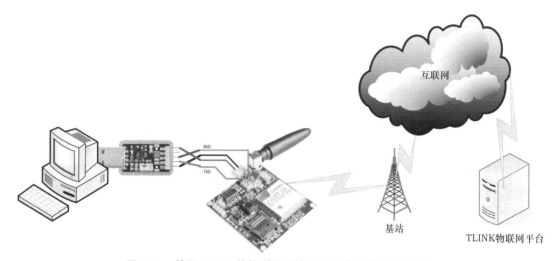

图 7-11　基于 GPRS 的物联网系统主要组成及其连线示意图

7.2.6　程序实现

1. 程序设计思路

由于目前移动通信公司办理的 SIM 卡均已开通 GPRS 数据业务，在模块可用的前提下，连接正确上电后等待十几秒，SIM900A 模块会自动附着网络，实际使用时完全可以不按照指令集提供的参考流程一步步配置，而是直接向模块发送建立通信连接的指令，即可进入数据发送模式（模块工作状态指示灯慢闪模式）。

基于上述原则，为了简化程序设计，采取轮询设计模式进行编程。通过程序界面中提供的按钮控件，提供"连接服务器""采集上传数据""退出程序"等控件功能。初始状态只能操作"连接服务器""退出程序"，连接成功后"连接服务器"按钮禁用，"采集上传数据"按钮解除禁用状态：当用户单击按钮取值为"真"时，启动数据采集并上传至物联网平台云端服务器；当用户单击按钮取值为"假"时，暂停数据采集并上传至物联网平台云端服务器。用户单击"退出程序"按钮，结束应用程序执行。

轮询过程中主要检测并处理的状态如下。

- "连接服务器"按钮操作状态检测——按钮状态为"真"时，向 SIM900A 发出建立 TLINK 物联网平台 UDP 服务器连接指令，连接成功则解除"采集上传数据"按钮的禁用状态，并设置自身"连接服务器"按钮为禁用；否则断开当前连接，保持"采集上传数据"按钮的禁用状态。

- ■ "采集上传数据"按钮操作状态检测——该按钮取值为"真"时，按照指定时间间隔模拟一次数据采集，并将采集数据封装为 TLINK 中创建设备对应的数据帧格式，启动 SIM900A 数据发送任务，接收到 ">" 时，发送封装好的数据。发送完毕后检查当前通信链路连接状态，并控制对应指示灯提示用户。
- ■ "退出程序"按钮操作状态检测——检测是否存在单击按钮导致其值发生改变的条件，如果该按钮被单击，则退出程序。

为了使得程序人机交互效果更加友好，在循环事件处理结构的基础上，为程序结构添加顺序结构，将这个程序分为 2 个顺序帧。其中第 1 帧为程序初始化帧，完成程序运行前各类控件的初始化；第 2 帧为主程序帧，即前面创建的循环事件处理程序结构，完成对程序中各类状态的实时检测，并针对检测结果做出相应的处理。

2. 前面板设计

根据前述程序设计思路，按照以下步骤完成前面板控件设置。

步骤 1：为了选择设置 GPRS 模块对应的串行端口，添加 I/O 控件"VISA 资源名称"（控件→新式→I/O→VISA 资源名称），并选择默认串口号。选中控件，可根据需要调整控件大小与字体。

步骤 2：为了实现用户以指令形式发出 GPRS 模块自检命令，添加布尔类控件"确定按钮"（控件→新式→布尔→确定按钮），修改控件标签为"连接服务器"，设置其按钮显示文本为"连接服务器"。选中控件，可根据需要调整控件大小与字体。

步骤 3：为了显示计算机与 TLINK 平台 UDP 服务器的连接状态，添加布尔类控件"方形指示灯"（控件→新式→布尔→方形指示灯），设置标签为"连接状态"。

步骤 4：为了实现向 TLINK 物联网平台中指定的 UDP 设备发布数据，添加字符串类控件"字符串显示控件"（控件→新式→字符串与路径→字符串显示控件），修改控件标签为"设备序列号"。选中控件，可根据需要调整控件大小与字体。

步骤 5：为了实现程序按照指定的时间间隔采集数据并将数据上传至 TLINK 平台，添加数值类控件"数值输入控件"（控件→新式→数值→数值输入控件），设置标签为"采样间隔(s)"，设置其数据类型为 U32，设置数值居中显示，字号为 26。

步骤 6：为了触发用户开启数据采集并上传云端工作，添加布尔类控件"确定按钮"（控件→新式→布尔→确定按钮），设置标签为"采集与上传"，设置按钮显示文本为"采集上传数据"，调整控件尺寸至合适大小。

步骤 7：为了确定用户结束程序操作，添加布尔类控件"停止按钮"（控件→新式→布尔→停止按钮），设置标签与按钮显示文本均为"退出程序"，调整控件尺寸至合适大小。

步骤 8：为了显示采集数据，添加图形类控件"波形图表"（控件→新式→图形→波形图表），调整其大小；右击控件，选择"分格显示曲线"，以实现 2 路信号分别显示的功能。

步骤 9：为了实时显示系统当前时间，添加字符串类控件"字符串显示控件"（控件→新式→字符串与路径→字符串显示控件），设置标签为"系统时间"，调整控件尺寸至合适大小。

步骤 10：为了实时显示数据采集时间，添加字符串类控件"字符串显示控件"（控件→新式→字符串与路径→字符串显示控件），设置标签为"采集时间"，调整控件尺寸至合适大小。

步骤 11：为了实时显示采集的 2 路数据，添加字符串类控件"字符串显示控件"（控件→新式→字符串与路径→字符串显示控件），设置标签为"当前数据"，调整控件尺寸至合适大小。

进一步调整各个控件的大小、位置，使得操作界面更加和谐、友好。最终完成的程序前面板设计结果如图 7-12 所示。

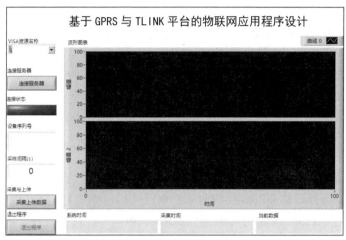

图 7-12　程序前面板

3. 程序框图设计

步骤 1：创建 2 帧的顺序结构，第 1 帧为初始化帧。设置第 1 帧"子程序框图标签"为"初始化"，以便提高程序框图的可读性。

初始化帧中，调用节点"配置 VISA 串口"，完成串口通信参数配置并打开串口；借助属性节点设置"连接服务器"按钮解除默认的禁用状态，设置"采集上传数据"按钮为禁用状态，清空波形图表的显示内容；借助局部变量对程序界面其他控件进行初始赋值，对应的初始化帧程序子框图设计结果如图 7-13 所示。

步骤 2：顺序结构中，设置第 2 帧"子程序框图标签"为"主程序"，以便提高程序框图的可读性。主程序为"While 循环结构+条件结构"框架下的轮询模式。在 While 循环结构中调用节点"获取日期时间字符串"（函数→编程→定时→获取日期时间字符串），并封装为"年、月、日、时、分、秒"形式的时间信息，实现程序运行期间当前时间的实时刷新显示。

在 While 循环右侧边框外调用节点"VISA 关闭"（函数→数据通信→协议→串口→VISA 关闭），并连接右侧边框外的 VISA 资源数据通道，实现循环结束后释放 VISA 端口所占内存；添加节点"清除错误"（函数→编程→对话框与用户界面→清除错误），连接"VISA 关闭"错误输出端口，实现串口操作过程中异常情况的简单处理功能。

该部分程序框图如图 7-14 所示。

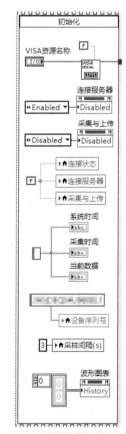

图 7-13　初始化帧程序子框图

图 7-14 轮询程序结构片段

步骤 3：在第 2 帧 While 循环中，首先借助属性节点判断按钮控件"连接服务器"是否为禁用状态，检测按钮控件状态取值。如果按钮被按下，且按钮处于解除禁用状态，需要控制 GPRS 模块建立与 TLINK 平台 UDP 的连接，并进行对应的处理工作，具体内容如下。

创建字符串常量，赋值 "AT+CIPSTART="UDP","udp.tlink.io","9896""（建立与 TLINK 平台的连接，参数 "udp.tlink.io" 表示 UDP 通信目标计算机地址，参数 "9896" 表示目标计算机通信端口），将此 AT 指令和"行结束常量"连接，形成完整的可直接发送的 GPRS 控制指令。

调用节点 "VISA 写入"（函数→数据通信→协议→串口→VISA 写入），其端口"写入缓冲区"连接前面生成的 AT 指令，节点所需 VISA 资源连接 While 循环结构左侧数据通道提供的引用，完成对 GPRS 模块进行 UDP 连接的控制。

延时等待 2s 后，调用节点 "VISA 读取"（函数→数据通信→协议→串口→VISA 读取），其端口"字节总数"连线节点 "VISA 串口字节数"输出端口 "Bytes at Port"，完成串口数据读取功能；调用节点"匹配模式"（函数→编程→字符串→匹配模式），判断串口读取数据中是否包含 "CONNECT OK"，如果包含，则表示 GPRS 模块已经建立和 TLINK 物联网平台的通信连接。

当建立 GPRS 模块与物联网平台的通信连接后，借助属性节点设置按钮控件"连接服务器"为禁用状态，设置按钮控件"采集上传数据"为解除禁用状态，同时按钮控件"连接服务器"为局部变量，设定取值为"假常量"，使其不具备在此操作建立 UDP 服务器连接的可能性；方形指示灯"连接状态"为局部变量，设定取值为"真常量"，使其在连接成功后高亮显示。对应的程序子框图如图 7-15 所示。

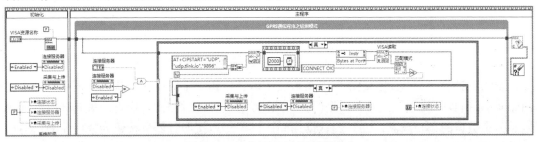

图 7-15 连接 TLINK 服务器成功

发送指令 "AT+CIPSTART="UDP","udp.tlink.io","9896"" 后，串口接收信息中如果未包含 "CONNECT OK"，则表示连接 TLINK 物联网平台失败。此时调用节点 "VISA 写入"（函数→数据通信→协议→串口→VISA 写入）发送 AT 指令 "AT+CIPCLOSE=1"，断开与 TLINK 平台的连接，按钮控件"连接服务器"属性节点为禁用状态，设定其取值为"Enabled"，解除其禁用状态，以便用户再次连接；按钮控件"采集上传数据"属性节点为禁用状态，设定其取值为"Disabled"；根据程序运行状态设置有关按钮的可用状态，实现程序操作逻辑的控制。对应的程序子框图如图 7-16 所示。

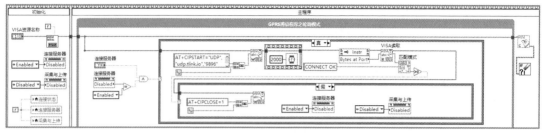

图 7-16　连接 TLINK 服务器失败

步骤 4：在 While 循环中，并行检测"采集上传数据"按钮状态，当按钮被按下，且按钮处于解除禁用状态时，则以指定区间随机数的形式模拟数据采集，将采集数据封装为 TLINK 平台中定义的 UDP 设备对应的数据帧，发送 AT 指令启动 GPRS 模块 UDP 连接下的数据发送功能，将封装好的数据发送至 TLINK 云端。在发送数据完成后，借助 AT 指令判断网络连接状态，如果连接正常，则继续按照指定时间间隔采集数据，否则"采集上传数据"按钮禁用，"连接服务器"按钮解除禁用，用户重新建立连接，再次开始数据采集。为了完成上述目标，首先设计对应的程序子框图如图 7-17 所示。

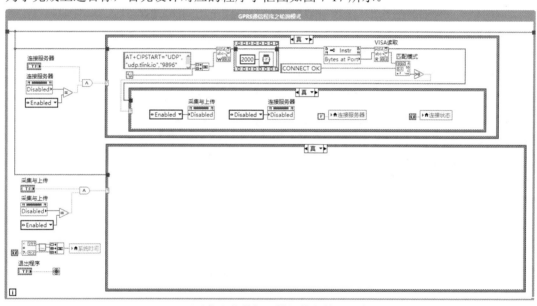

图 7-17　"采集上传数据"按钮状态检测程序子框图

步骤 5：当"采集上传数据"按钮被按下，且按钮处于解除禁用状态，调用节点"已用时间"（函数→编程→定时→已用时间），设置节点目标时间到达后自动重新计时，实现定时采集数据的逻辑判断。在采集数据期间，设置"连接服务器"按钮为禁用状态。对应的程序子框图如图 7-18 所示。

步骤 6：由于 TLINK 平台前期创建的 UDP 设备使用字符协议，而且 GPRS 模块发送数据时，常规模式下需要首先以 ASCII 字符形式发送 TLINK 所需的数据帧，然后以十六进制形式发送"1A"，才表示一次数据发送的完成。这一系列操作比较麻烦，灵活性不足。由于 ASCII 字符串本质上讲也是二进制数据，因此本书提出一种新的解决方案：将拟发送的字符协议数据帧转换为字节数组，然后为字节数组添加新元素值 1A，再将新生成的字节数组转换为 ASCII 字符串，作为 GPRS 模块发送的数据内容。这样一来，可以将 GPRS 模块中所说的 2 阶段发送过程压缩为 1 阶段！

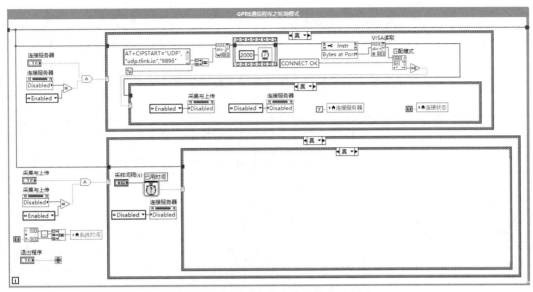

图 7-18 定时采集并上传的程序子框图

为了进一步简化主程序版面，将上述过程封装为子 VI，子 VI 输入参数为 TLINK 中 UDP 设备对应的设备序列号，输出参数如下。

- 发送数据：GPRS 模块中发送的数据内容，格式规范符合 TLINK 中 UDP 设备数据帧规范。
- 采集数据文本：采集到的数据封装为程序界面显示的格式，字符串类型。
- 输出簇：采集到的数据封装为簇，以便程序界面中波形图表同屏显示 2 路信号。

对应的子 VI 程序框图如图 7-19 所示。

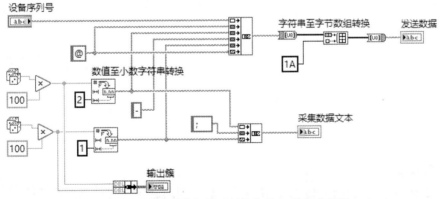

图 7-19 数据采集与结果封装为子 VI 的程序框图

步骤 7：节点"已用时间"输出端口"结束"所连接条件结构中，设定的目标时间到达，则开启定时数据采集、上传物联网平台。按照 GPRS 模块发送数据流程，首先发送 AT 指令"AT+CIPSEND"，启动 GPRS 模块数据发送，调用前面自定义的 VI，模拟数据采集，生成上传数据帧，生成波形图表显示 2 路数据的簇数据，生成发送指令对应的字符串。

调用节点"VISA 写入"（函数→数据通信→协议→串口→VISA 写入）发送上传数据帧，等待 0.1s 后，调用节点"VISA 清空 I/O 缓冲区"（函数→数据通信→协议→串口→VISA 清空 I/O 缓冲区）清空串口缓冲区。发送 AT 指令"AT+CIPSTATUS"，检查网络连接状态，延时 200ms，接收串口数据，并判断接收数据帧是否包含"OK"。如果包含，则网络保持连接，借助属性节点设置"连接服务器"按钮为禁用状态；否则表示网络连接中断，借助属性节点设置"连接服务器"按钮为解除禁用状态，提示用户重新建立网络连接。

完整的、按照指定时间间隔进行数据采集并上传 TLINK 平台云端的程序子框图如图 7-20 所示。

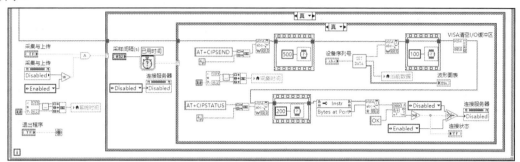

图 7-20　定时采集与上传程序子框图

至此，完整的基于 GPRS 通信技术实现本机采集数据上传至物联网平台相关程序全部完成，对应的程序框图如图 7-21 所示。

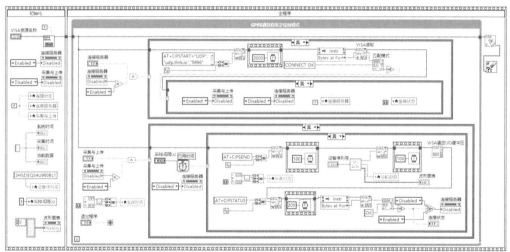

图 7-21　完整程序框图

7.2.7　结果测试

选择连接 GPRS 模块 SIM900A 的串行端口，单击工具栏中的"运行"按钮 ，测试程序功能。在初始状态，串口尚未打开，采样间隔默认设置为 3s，数据采集按钮禁用，波形显示为空，系统时间显示区域为空。对应的程序运行初始界面如图 7-22 所示。

- 单击"连接服务器"按钮，程序建立与 TLINK 物联网平台 UDP 设备的连接，如果连接成功，连接状态指示灯亮，"采集上传数据"按钮解除禁用状态（如未连接成功，可再次单击按钮，断开模块原来保持的连接，重新建立与 TLINK 的连接，亦可进一步改进程序，退出程序前断开当前保持的 UDP 通信链路，退出连接）。
- 单击"采集上传数据"按钮，程序按照指定的采样间隔采集数据，以波形图形式显示 2 路信号值、采集时间等，并将采集的数据上传至 TLINK 物联网平台，结果如图 7-23 所示。

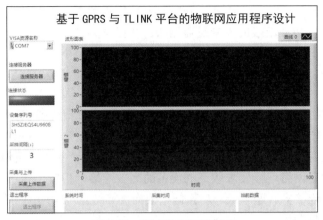

图 7-22　程序运行初始界面

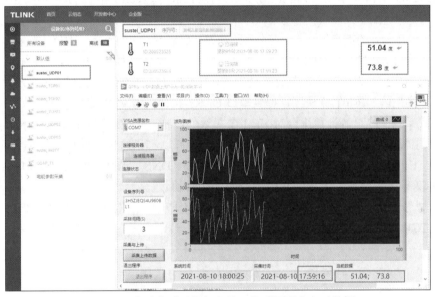

图 7-23　启动定时采集与上传至物联网平台实时数据

　　由于篇幅所限，这里仅仅实现了 GPRS 通信技术中最为核心的 UDP 客户端模式与服务器建立连接并进行数据通信，希望能够起到抛砖引玉的作用，启发读者开发更多精彩应用。

7.3　NB-IoT 通信程序设计

　　本节简要介绍 NB-IoT 通信技术相关基础知识，以基于 NB-IoT 通信技术建立本机与物联网云平台的 MQTT 连接和数据上传程序设计为目标，简要介绍典型 NB-IoT 模块及其使用方法，借助 USB-TTL 模块、UART 接口的 NB-IoT 模块，建立计算机连接物联网云平台的通信链路；基于 LabVIEW 设计程序，给出实现基于 NB-IoT 技术连接的"云、网、端"技术架构下计算机采集数据，并以 MQTT 协议方式上传物联网平台的应用程序实现的完整步骤以及程序运行结果的测试。本节实例可为 NB-IoT 通信技术应用相关程序的设计提供参考和借鉴。

7.3.1　背景知识

　　移动网络作为全球覆盖范围最大的网络，其接入条件可谓"得天独厚"，GSM/GPRS

一度成为远程数据传输的"不二选择"。随着物联网应用范围的不断扩大，低速率、低功耗、广覆盖、长待机、广域网连接的需求日益增长。我国华为公司为此首先推出了物联网窄带技术 NB M2M，后续进一步与爱立信、诺基亚和英特尔推动 NB-LTE 融合，形成 NB-IoT。

NB-IoT 是一种专为万物互联打造的蜂窝网络连接技术。顾名思义，NB-IoT 所占用的带宽很窄，只需约 180kHz，而且与现有移动网络共存，能够直接部署在 GSM、UMTS 或 LTE 网络，即 2G/3G/4G/5G 的网络上，实现现有网络的复用，实际使用中可降低部署成本。目前 NB-IoT 得到了电信运营商和电信设备服务商的支持，有着成熟、完整的电信网络生态系统。

作为低速率业务市场的新兴技术，NB-IoT 支持低功耗设备在广域网的蜂窝数据连接。待机时间长、实现对网络连接要求较高的设备的高效连接。相较于传统 2G 网络，NB-IoT 具有覆盖范围广、连接多、速率低、功耗低、架构优等特点。NB-IoT 同时还提供非常全面的室内蜂窝数据连接覆盖。

因此相较于 Wi-Fi、蓝牙、ZigBee 等无线连接方式，基于蜂窝网络的 NB-IoT 连接技术的前景更加被看好，逐渐作为开启"万物互联时代"的钥匙被商用到物联网行业中。国内的华为、中兴微电子，以及国外的英特尔、高通等公司均研发相关芯片，上海移远、中移物联网、芯讯通等数十家公司推出了成熟、可靠的 NB-IoT 模块，进一步丰富和完善了 NB-IoT 技术生态。

在物联网应用开发中，一般是直接使用 NB-IoT 模块构建系统的联网通信功能。与 GPRS 模块类似，商用的 NB-IoT 模块同样提供串口/UART 接口，借助 AT 指令实现计算机、微控制器、嵌入式系统、PLC 等计算平台对 NB-IoT 模块的控制，实现连接入网、数据传输等功能。

NB-IoT 模块一般提供比较丰富的通信协议支持，以芯讯通生产的微雪 SIM7020C 为例，其提供了 TCP、UDP、HTTP、HTTPS、TLS、DTLS、DNS、NTP、PING、LwM2M、CoAP、MQTT 协议等几乎涵盖主流物联网应用开发的全部协议。

不同型号的模块 AT 指令大同小异，这里以 SIM7020 为例，其典型的 AT 指令包括通用指令、TCP 通信指令、MQTT 协议通信指令……其中通用指令中的部分指令如下。

```
AT                  //AT 测试指令
ATE ATE1            //设置回显，ATE0 表示关闭回显
AT+CSQ              //网络信号质量查询，返回信号值
AT+CGREG            //查询网络注册状态
AT+CGACT            //查询 PDP 状态
AT+COPS?            //查询网络信息
AT+CGCONTRDP        //查询网络状态
AT+CFUN             //关闭 RF
```

如欲控制模块建立 TCP 连接进行数据通信，则主要的 AT 指令如下。

```
AT+CSOC             //创建 TCP 套接字
AT+CSOCON           //连接远端服务器
AT+CSOSEND          //发送数据
AT+CSOCL            //关闭套接字
AT+CSOCON           //检查通信端口和类型
```

其他通信功能实现需要的 AT 指令以及各类 AT 指令具体使用方法和参数设置，请读者自行查阅相关文献。

总的来说，NB-IoT 以其超广覆盖面、超低功耗、超大连接、超低成本等显著优势成为物联网应用领域极为闪亮的通信技术，受到各行各业的广泛关注。表 7-5 给出了其在不同领域的典型应用场景。

表 7-5　NB-IoT 技术典型应用场景

应用领域	应用场景
公共事业	智能水表、智能水务、智能气表、智能热表
智慧城市	智能停车、智能路灯、智能垃圾桶、智能窨井盖
消费电子	独立可穿戴设备、智能自行车、慢性病管理系统
设备管理	设备状态监控，白色家电管理，大型公共基础设施、管道、管廊安全监控
智能建筑	环境报警系统、中央空调监管、电梯物联网、人防空间覆盖
指挥物流	冷链物流、集装箱跟踪、固定资产跟踪、金融资产跟踪
农业与环境	农业物联网、畜牧业养殖、空气实时监控、水质实时监控
其他应用	移动支付、智慧社区、智能家居、文物保护

7.3.2　设计要求

借助 NB-IoT 模块 SIM7020，建立计算机与 TLINK 物联网平台之间的通信链路，实现计算机采集数据能够借助 NB-IoT 通信技术，以物联网常用通信协议 MQTT 协议方式上传至 TLINK 物联网平台，从而实现万物互联目标下的数据共享功能，为后续多终端、多平台实时共享数据，基于数据开发相关应用奠定坚实基础。

计算机 LabVIEW 程序设计要求实现以下功能。

- 可以分别用指令测试、控制 SIM7020。
- 可以模拟数据采集，产生单个传感器的测量数据。
- 可以在本地观测、记录采集的传感器数据。
- 可以将采集的数据封装为 TLINK 物联网平台中 MQTT 协议对应的消息模型。
- 控制指令将消息模型发送至 TLINK 物联网平台。

7.3.3　模块简介

支持 NB-IoT 技术进行远距离无线传输的模块种类繁多，其中微雪 SIM7020 系列可扩展性强，具有丰富的接口，包括 UART、GPIO、I2C 等。模块内置 TCP、UDP、MQTT、HTTP、CoAP 等多种物联网应用系统常用的协议，更是直接提供指令支持中国移动物联网平台 OneNET、中国电信物联网平台电信云相关物联网协议，适用范围极广。

SIM7020 系列是为在各种无线电传播条件下需要低延迟、低吞吐量数据通信的应用程序设计的。该模块具有独特的性能、安全性和灵活性，非常适合 M2M 应用，如计量、资产跟踪、远程监控、电子健康等。该模块外观如图 7-24 所示。

模块的主要引脚说明如表 7-6 所示。

图 7-24　典型 NB-IoT 模块外观

表 7-6　SIM7020C 主要引脚说明

引脚名称	引脚功能	引脚名称	引脚功能
VBAT	锂电池输入正极，3.7V～4.2V	VIN	电源输入正极，5V/1A
GND	锂电池输入负极	GND	电源输入负极
DTR	控制模块休眠和唤醒	PCE	电源使能控制

续表

引脚名称	引脚功能	引脚名称	引脚功能
RI	振铃指示	GPIO1	通用 I/O 口
RTC_GPIO0	PSM 模式指示，在进入 PSM 模式前后，该引脚由高变低	RESET	复位控制
RTC_EINT	PSM 模式唤醒，该引脚由高变低，退出 PSM 模式	TXD	串口发送
SIM_DET	SIM 卡插拔检测输入	RXD	串口接收

　　一般性应用，仅需要 VIN、GND、TXD、RXD 这 4 个引脚，即可进行基于 NB-IoT 技术的物联网通信应用。其他引脚可根据实际需要使用。

　　SIM7020 使用时，必须安装 NB-IoT 专用 SIM 卡（需另行购置，一般采购模块时会搭售），插卡方向如图 7-25 所示。

图 7-25　SIM 卡插卡位置

　　SIM7020 系列通过 AT 指令控制模块工作，模块提供了 TCP/UDP/HTTP/MQTT/CoAP 等多种协议支持，每一类协议均有系列 AT 指令确保完整通信过程正常进行。其中 MQTT 协议相关的主要 AT 指令如表 7-7 所示。

表 7-7　SIM7020 MQTT 协议相关的主要 AT 指令

AT 指令	功能描述
AT+CMQNEW	创建 MQTT
AT+CMQCON	发送 MQTT 连接数据包
AT+CMQDISCON	断开 MQTT 连接
AT+CMQSUB	发送 MQTT 订阅数据包
AT+CMQUNSUB	发送 MQTT 取消订阅数据包
AT+CMQPUB	发送 MQTT 发布信息数据包

　　各指令详细使用方法以及参数说明参见芯讯通公司官方网站提供的相关文档。

7.3.4　通信测试

　　本节测试的目的是借助 NB-IoT 模块 SIM7020 将数据上传至 TLINK 物联网平台中创建的 MQTT 协议设备，因此测试分为 2 个阶段，第一阶段为 TLINK 物联网平台中 MQTT 协议设备的创建与测试；第二阶段为 NB-IoT 模块 SIM7020 基于 MQTT 协议上传数据过程测试。

　　（1）TLINK 物联网平台中 MQTT 协议设备的创建与测试。

　　登录 TLINK 物联网平台，选择左侧导航栏 "设备管理→添加设备"，创建名为 "sustei_MQTT"、协议为 MQTT 的设备，并添加 1 个传感器，如图 7-26 所示。

　　在 TLINK 物联网平台中，选择左侧导航栏 "设备管理→设备列表"，单击 "sustei_MQTT" 设备右侧操作链接 "设置连接"，进入设备通信协议设计界面，首先可见 MQTT 协议需要用到的 IP 地址和端口号，以及设备的序列号，如图 7-27 所示。

　　在 "所有传感器" 一栏，输入自定义的传感器读写标识，勾选 "所有传感器" 下方关于消息模型设置选项"ID"，完成 MQTT 协议设备相关传感器数据上传消息模型生成前的准备，如图 7-28 所示。

图 7-26　TLINK 中创建 MQTT 协议设备

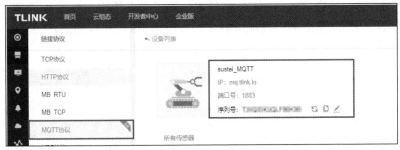

图 7-27　MQTT 协议设备连接参数

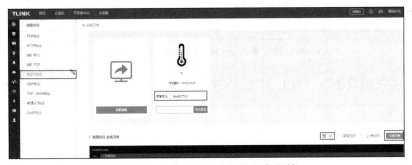

图 7-28　创建 MQTT 协议设备链接

单击"生成示例"按钮，生成的消息模型如图 7-29 所示。

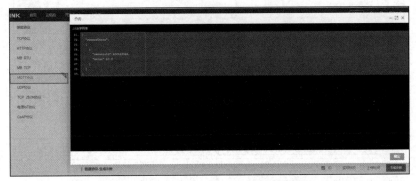

图 7-29　MQTT 协议设备消息模型

复制生成的 MQTT 协议设备消息模型，如下所示。

```
{
  "sensorDatas":
  [
    {
      "sensorsId":200524925,
      "value":10.0
    }
  ]
}
```

这是 JSON 格式（键值对）的消息模型，键"sensorDatas"取值为数组类型，数组中每一个数据元素对应一个传感器。本例中生成前勾选了传感器"ID"，每一个传感器信息由 2 个键值对表征："sensorsId"表示传感器 ID，"value"表示传感器当前测量数据。程序设计时，仅需要改变键"value"对应的取值即可。

由于 MQTT 协议消息格式为 JSON 字符串，为了便于传输，此类消息一般需要设置为 HEX 编码格式。将前面生成的消息模型粘贴到串口调试助手，如图 7-30 所示。

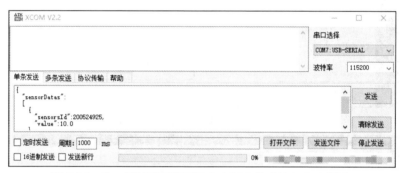

图 7-30　串口调试助手发送区中 ASCII 格式的 MQTT 消息

勾选"16 进制发送"，ASCII 的数据发布指令即可转换为十六进制，如图 7-31 所示。

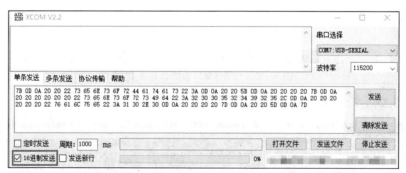

图 7-31　串口调试助手转换 ASCII 格式的 MQTT 消息为十六进制格式

复制出转换结果，删除其中的空格，按照 SIM7020 提供的 MQTT 数据发布指令格式，生成完整的指令如下。

```
AT+CMQPUB=0,"T39Q80K4QLF9BK9B/200524925",1,0,0,192,"7B0D0A20202273656E736F72446174
6173223A0D0A20205B0D0A202020207B0D0A2020202020202273656E736F72734964223A32303035323
43932352C0D0A202020202020202276616C7565223A31302E300D0A202020207D0D0A20205D0D0A7D"
```

发布指令分为 4 部分：第一部分值为 0，表示创建的 MQTT 资源 ID；第二部分值为
"▓▓▓▓▓▓▓▓▓▓▓▓▓▓▓▓▓"，表示发布的主题；第三部分取值 "1,0,0,192"，其中
前 3 个参数 1、0、0 表示发布模式，第四个参数 192 表示消息数据的长度；第四部分取值
正是 TLINK 中 MQTT 协议设备 JSON 格式的数据发布指令对应的十六进制编码结果。

（2）SIM7020 基于 MQTT 协议的数据上传。

打开串口调试助手，依次输入表 7-8 所列的 AT 指令。

表 7-8　SIM7020 MQTT 数据发布 AT 指令

编号	指令	功能
1	AT	设备测试，正常返回 OK
2	AT+CGCONTRDP	查询网络下发的 APN 以及 IP 地址
3	AT+CMQNEW="mq.tlink.io","1883",12000,1024	新建 TLINK 物联网平台的 MQTT 连接
4	AT+CMQCON=0,4,"▓▓▓▓▓▓▓▓▓▓▓▓▓▓",600,0,0,"MQTT","MQTTPW"	发送 TLINK 物联网平台中指定设备的 MQTT 连接请求
5	AT+CREVHEX=1	设置发送数据格式为 HEX（十六进制）
6	AT+CMQPUB=0,"T39Q80K4QLF9BK9B/200524925",1,0,0,192,"7B0D0A20202273656E736F724461746173223A0D0A20205B0D0A202020207B0D0A2020202020202273656E736F72734964223A3230303532343932352C0D0A2020202020202276616C7565223A31302E300D0A202020207D0D0A20205D0D0A7D"	向 TLINK 物联网平台中指定设备及传感器发布消息
7	AT+CMQDISCON=0	关闭 MQTT 连接

依次执行完上述指令，进入 TLINK 物联网平台个人控制台，可见设备名"sustei_MQTT"
颜色由灰色变黑色，监控中心提示设备"已连接"，显示当前测量值就是发布数据中设定的
10！对应的串口调试助手中各个指令的执行结果以及 TLINK 物联网平台监控中心显示
结果如图 7-32 所示。

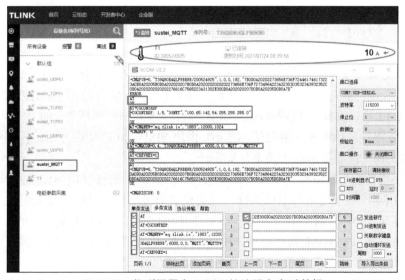

图 7-32　物联网平台 MQTT 协议设备实时数据

测试结果表明，基于 SIM7020 和 TLINK 物联网平台，能够比较简单地实现基于 MQTT

协议的测量数据云端化处理，为后续多终端、多平台数据共享及应用奠定了坚实的基础！

7.3.5　硬件连接

为了实现上述设计，计算机借助 USB-TTL 连接 NB-IoT 模块 SIM7020，计算机采集数据，通过 NB-IoT 模块 SIM7020 将数据上传至 TLINK 物联网平台。计算机与 NB-IoT 模块 SIM7020 的连接关系如表 7-9 所示。

表 7-9　计算机与 SIM7020 模块的连接关系

USB-TTL 引脚	SIM7020 引脚
VCC	VIN
GND	GND
RXD	TXD
TXD	RXD

基于 NB-IoT 的物联网系统主要组成及其连接示意图如图 7-33 所示。

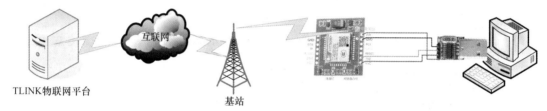

TLINK物联网平台　　　　　　　　　　　基站

图 7-33　基于 NB-IoT 物联网系统主要组成及其连接示意图

7.3.6　程序实现

1. 程序设计思路

为了实现设计意图，程序设计以 TLINK 物联网平台中创建的 MQTT 协议设备为对象，由计算机本地采集数据，控制 NB-IoT 模块 SIM7020，将采集的数据发布于 TLINK 物联网平台中创建的 MQTT 协议设备。

由于使用 NB-IoT 模块需要 AT 指令控制，且使用前需要进行必要的检测和配置工作，因此程序设计将上述需要实现的基本功能分解为：模块自检、MQTT 连接、数据采集与发布等几个基本任务。当模块自检完成确认可用时，再建立 MQTT 连接。如能正确连接 TLINK 物联网平台中创建的 MQTT 协议设备，则按照数据发布指令规程，循环进行现场数据的上传。

为了降低程序设计难度，着眼于 NB-IoT 模块 SIM7020 的使用方法，程序设计采取事件处理结构实现。需要处理的主要事件如下。

- ■ "模块自检"按钮操作事件——单击按钮，计算机通过串口向连接的 NB-IoT 发出 AT 指令，并检查串口返回数据，确认模块的可用性以及网络附着情况。
- ■ "连接 MQTT"按钮操作事件——在 NB-IoT 模块可用的情况下，单击按钮，计算机通过串口发送 AT 指令控制 NB-IoT 模块，以建立与 TLINK 物联网平台中创建的 MQTT 协议设备的连接，并检查串口返回数据，确认连接状态。
- ■ "采集数据"按钮操作事件——在建立与 TLINK 物联网平台中创建的 MQTT 协议设备的连接的情况下，单击按钮，采集数据，并将采集数据封装为 TLINK 物联网平台中创建的 MQTT 协议设备规定的数据格式，向 NB-IoT 模块发送 AT 指令，上传测量数据。

- "停止"按钮操作事件——单击按钮，像串口发布 AT 指令一样，断开 NB-IoT 与 TLINK 物联网平台中创建的 MQTT 协议设备的连接，退出程序。
- "超时"按钮操作事件——设定超时时间为 6000ms，即每 6s 对计算机连接的 NB-IoT 模块与 TLINK 物联网平台中创建的 MQTT 协议设备的联网状态进行检测。如已经断开连接，则提示用户重建 NB-IoT 模块与 TLINK 物联网平台中创建的 MQTT 协议设备的连接。

为了使得程序人机交互效果更加友好，程序结构在循环事件处理结构的基础上，添加顺序结构，将这个程序分为 2 个顺序帧。其中第 1 帧为程序初始化帧，完成程序运行前各类控件的初始化；第 2 帧为主程序帧，即前一步创建的循环事件处理程序结构，完成对程序中典型事件的处理。

2. 前面板设计

根据前述程序设计思路，按照以下步骤完成前面板控件设置。

步骤 1：为了选择设置 NB-IoT 模块对应的串行端口，添加 I/O 控件"VISA 资源名称"（控件→新式→I/O→VISA 资源名称），并选择默认串口号。

步骤 2：为了实现 TLINK 物联网平台中不同 MQTT 协议设备数据发布，添加字符串类控件"字符串显示控件"（控件→新式→字符串与路径→字符串显示控件），修改控件标签为"设备序列号"。

步骤 3：为了实现 TLINK 物联网平台中 MQTT 协议设备数据指定测量参数/传感器 ID 的数据发布，添加数值类控件"数值输入控件"（控件→新式→数值→数值输入控件），修改控件标签为"传感器 ID"，设置其数据类型为 U32。

步骤 4：为了实现用户以指令形式发出 NB-IoT 模块自检命令，添加布尔类控件"确定按钮"（控件→新式→布尔→确定按钮），修改控件标签为"模块自检"，设置其按钮显示文本为"模块自检"。

步骤 5：为了实现用户以指令形式发出连接 TLINK 物联网平台 MQTT 服务器的命令，添加布尔类控件"确定按钮"（控件→新式→布尔→确定按钮），修改控件标签为"连接 MQTT"，设置其按钮显示文本为"连接 MQTT"。

步骤 6：为了实现数据采集以及 MQTT 协议设备中测量数据发布，添加布尔类控件"确定按钮"（控件→新式→布尔→确定按钮），修改控件标签为"采集数据"，设置其按钮显示文本为"采集数据"。

步骤 7：为了确定用户结束程序操作，添加布尔类控件"停止按钮"（控件→新式→布尔→停止按钮），按钮标签与显示文本为默认取值。

步骤 8：为了显示采集数据，添加数值类控件"仪表"（控件→银色→数值→仪表），调整其大小，勾选控件"显示项"中"数字显示"。

步骤 9：为了显示串口接收信息以表征 NB-IoT 模块工作状态，添加字符串类控件"字符串显示控件"（控件→新式→字符串与路径→字符串显示控件），设置标签为"程序状态"。

步骤 10：为了便于用户观测 NB-IoT 模块工作状态，添加 4 个布尔类控件"方形指示灯"（控件→新式→布尔→方形指示灯），标签分别设置为"自检结果""连接结果""上传结果""连接状态"。

进一步调整各个控件的大小、位置，使得操作界面更加和谐、友好。最终完成的程序前面板设计结果如图 7-34 所示。

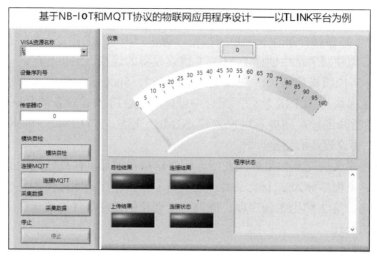

图 7-34　程序前面板

3. 程序框图设计

步骤 1：创建 2 帧的顺序结构，第 1 帧为初始化帧。设置第 1 帧"子程序框图标签"为"初始化"，以便提高程序框图的可读性。

初始化帧中，创建控件"设备序列号"对应的局部变量，并赋予局部变量初始值为"T▯Q80K▯QLF9BK▯B"（在 TLINK 物联网平台中创建 MQTT 协议设备对应的序列号），实现设备序列号取值的显示初始化。

创建控件"传感器 ID"对应的局部变量，并赋予局部变量初始值为"2▯52▯25"（在 TLINK 物联网平台中创建 MQTT 协议设备下传感器对应的 ID），实现传感器 ID 取值的显示初始化。

对方形指示灯"上传结果""自检结果""连接结果""连接状态"，赋以初始值"假常量"（函数→编程→布尔→假常量），实现初始状态指示灯全灭的功能。

创建控件"程序状态"对应的局部变量，赋值空字符串，实现初始状态下控件清空显示的效果。

对应的初始化帧程序子框图设计结果如图 7-35 所示。

步骤 2：顺序结构中，设置第 2 帧"子程序框图标签"为"主程序"，以便提高程序框图的可读性。主程序采用条件结构框架下的"While 循环结构+事件结构"的设计模式。条件结构首先判断连接 NB-IoT 模块的串口是否打开成功，如果打开成功，则进入事件驱动的主程序。

步骤 3：当串口打开出现错误时，对应的条件分支内调用节点"清除错误"（函数→编程→对话框与用户界面→清除错误），清除串口打开时的错误信息，调用节点"单按钮对话框"（函数→编程→对话框与用户界面→单按钮对话框），用以提示程序运行状态信息，其输出端口连接节点"停止"（函数→编程→应用程序控制→停止），实现提示信息确认后程序自动结束运行的目的。对应的程序子框图如图 7-36 所示。

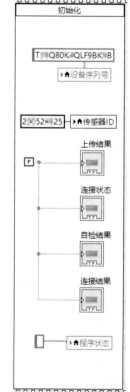

图 7-35　初始化帧程序子框图

步骤 4：当串口打开成功时，对应的条件分支中为程序的核心功能实现部分。本节实例以"While 循环结构+移位寄存器+事件结构"的设计模式，完成应用程序主体功能的实现。While 循环结束后,调用节点"VISA 关闭"(函数→数据通信→协议→串口→VISA 关闭),可实现程序结束后串口资源的释放。主程序处理的事件如图 7-37 所示。

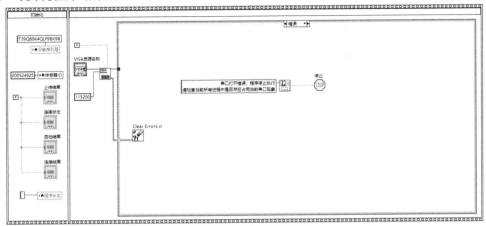

图 7-36 串口打开错误

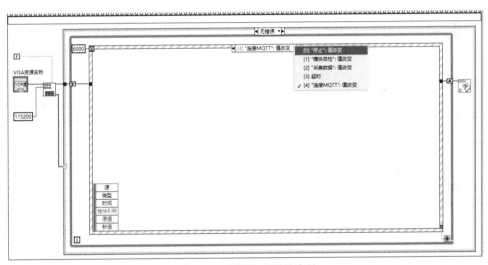

图 7-37 主程序处理的事件

步骤 5:选择"模块自检:值改变"事件处理程序子框图。在该程序子框图中,用户单击"模块自检"按钮,调用自定义 VI"NB-IoT 自检",检查 NB-IoT 模块是否可用。

这里所谓的自检,指的是计算机依次向 NB-IoT 模块发送"AT""AT+CGCONTRDP"指令,如果均能返回"OK",则说明模块可用,且已经附着网络。为了简化程序框图,将自检过程封装为子 VI,其程序框图如图 7-38 所示。

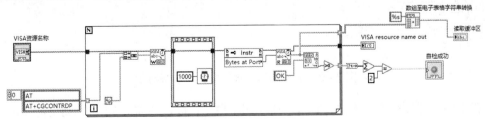

图 7-38 NB-IoT 模块自检子 VI 程序框图

- 在模块自检程序框图中,右击程序框图空白处,选择"选择 VI...",确认调用前面创建的子 VI。

- 创建控件"程序状态"对应的局部变量，连接子 VI 输出端口"读取缓冲区"，用以显示自检过程中模块返回信息。
- 创建控件"自检结果"对应的局部变量，连接子 VI 输出端口"自检成功"，用以显示模块自检结果状态。
- 子 VI 输出端口"VISA 资源名称输出"连接 While 循环右侧 VISA 资源移位寄存器，实现循环过程中 VISA 资源的传递。

对应的程序子框图如图 7-39 所示。

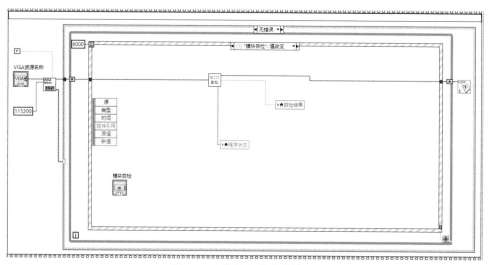

图 7-39　模块自检事件处理

步骤 6：选择"连接 MQTT：值改变"事件处理程序子框图。在该程序子框图中，用户单击"连接 MQTT"按钮，建立 NB-IoT 模块与物联网平台 MQTT 服务器的连接。NB-IoT 模块连接 MQTT 服务器主要是通过串口发送如下指令：

```
AT+CMQNEW="mq.tlink.io","1883",12000,1024
AT+CMQCON=0,4,"T39Q80K4QLF9BK9B",600,0,0,"MQTT","MQTTPW"
```

根据指令执行结果是否包含 OK，检查 NB-IoT 模块是否可用。如果连接成功，则发出用户操作提示信息，否则断开当前连接，发出用户操作提示信息。为了简化程序框图，将连接 MQTT 服务器封装为子 VI，对应的程序框图如图 7-40 所示。

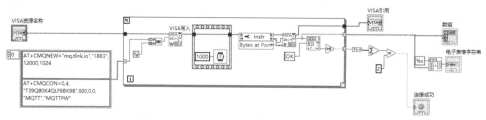

图 7-40　连接 MQTT 服务器子 VI 程序框图

在事件处理程序子框图内，右击程序框图空白处，选择"选择 VI..."，调用前面创建的子 VI，判断该 VI 输出的连接状态信息。如果调用的子 VI 成功连接 MQTT 服务器，则调用节点"单按钮对话框"，实现连接 MQTT 服务器成功后对用户的操作提示，对应的程序子框图如图 7-41 所示。

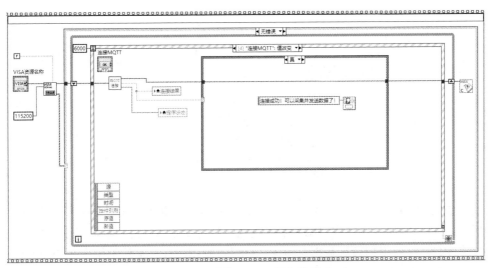

图 7-41　连接 MQTT 服务器成功

如果调用的子 VI 连接 MQTT 服务器失败，则对应的条件结构"假"分支内，发送 AT 指令"AT+CMQDISCON=0"，断开 NB-IoT 模块的连接，调用添加节点"单按钮对话框"，实现成功连接 MQTT 服务器后对用户的操作提示；创建控件"连接结果"对应局部变量，赋值"假常量"，实现控件显示状态复位。对应的程序子框图如图 7-42 所示。

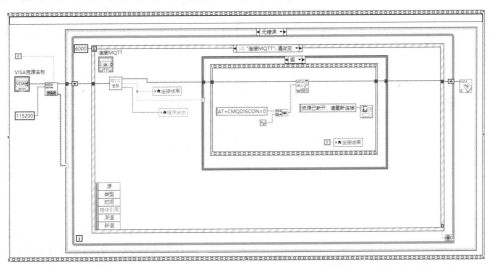

图 7-42　连接 MQTT 服务器失败

步骤 7：选择"采集数据：值改变"事件处理程序子框图。在该程序子框图中，用户单击"采集数据"按钮，完成数据采集过程模拟，产生 MQTT 服务器中拟发布的数据，将采集数据发布于 TLINK 物联网平台中创建的 MQTT 协议设备。

NB-IoT 模块向物联网平台发布 MQTT 报文，最关键的部分在于生成 MQTT 报文。为了简化主程序，将生成 MQTT 报文功能封装为子 VI。该子 VI 按照 TLINK 物联网平台中创建 MQTT 协议设备的 JSON 格式的链接协议，将设备序列号、传感器 ID、测量数据值封装为发布数据对应的指令。对应的子 VI 程序框图如图 7-43 所示。

发布数据前首先通过串口发送 AT 指令"AT+CREVHEX=1"，设置发布数据格式为 HEX 格式，设定等待时长为 500ms，读取串口缓冲区数据，作为控件"程序状态"显示参数。

269

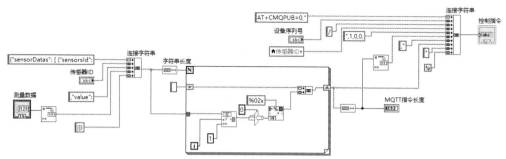

图 7-43　MQTT 消息发布指令生成子 VI 程序框图

调用前面封装的子 VI，将设备序列号、传感器 ID、随机数据模拟的数据采集结果上传数据报文，通过 NB-IoT 模块以 HEX 格式发送，延时 500ms，再判断串口读取数据追踪是否包含 "OK"。如果串口读取数据中包含 "OK"，则指示灯 "上传结果" 亮 2s 后复位，对应的程序子框图如图 7-44 所示。

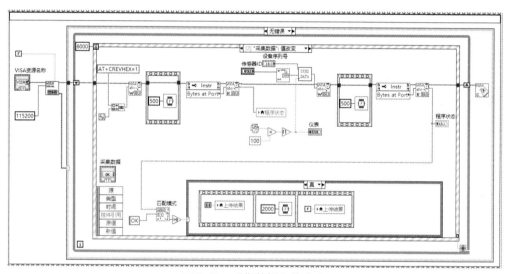

图 7-44　采集数据上传成功

当串口读取数据中未包含 "OK"，表示 MQTT 协议设备数据发布失败，控件方形指示灯 "上传结果" 显示状态复位，并提示用户重新连接 MQTT 服务器，重新采集数据并上传，对应的程序子框图如图 7-45 所示。

步骤 8：选择 "超时" 事件处理程序子框图。NB-IoT 模块连接物联网平台后，当超出设定的保持连接时间范围，且数据通信事件发生时，会自动断开连接。为了确保程序发布数据功能的正确实现，设定超时事件时间参数为 6000ms。即每隔 6000ms 向模块发送 AT 指令 "AT+CMQCON?"，延时 500ms 后接收模块返回数据，如果模块返回信息中包含空字符，则表示网络断开，指示灯提醒用户重新连接。对应的程序子框图如图 7-46 所示。

至此，基于 NB-IoT 通信技术的 TLINK 物联网平台的 MQTT 协议设备数据的发布功能全部实现。程序首先对 NB-IoT 模块进行功能自检，在可用状态下申请连接 TLINK 物联网平台 MQTT 服务器，然后将采集数据以指定格式向指定设备序列号下的指定传感器 ID 进行发送，为后续多终端实时共享电能测量数据，进一步分析、处理数据奠定了坚实的基础。对应的完整程序框图如图 7-47 所示。

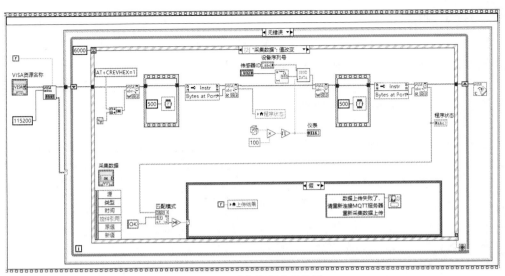

图 7-45　采集数据上传失败

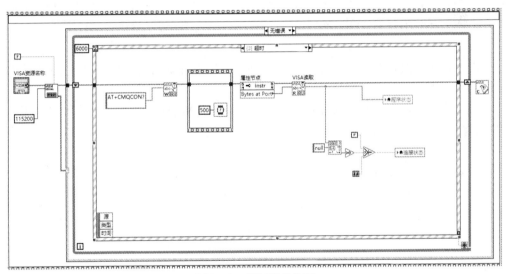

图 7-46　超时事件处理

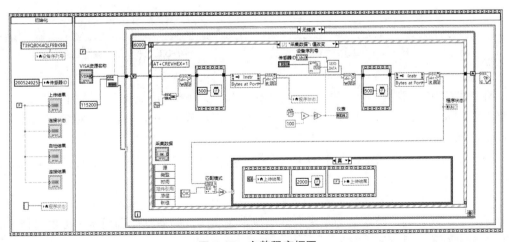

图 7-47　完整程序框图

7.3.7　结果测试

打开程序，选择连接 NB-IoT 模块的串行端口，单击工具栏中的"运行"按钮，测试程序功能。对应的程序运行初始界面如图 7-48 所示。

单击"模块自检"按钮，从控件"程序状态"中可见测试指令发出后 NB-IoT 模块返回的信息，程序运行结果如图 7-49 所示。

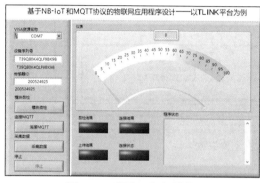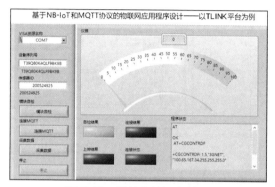

图 7-48　程序运行初始界面　　　　　图 7-49　模块自检运行结果

单击"连接 MQTT"按钮，从控件"程序状态"中可见测试指令发出后 NB-IoT 模块返回的信息，程序运行结果如图 7-50 所示。

单击"采集数据"按钮，从控件"仪表"中可见随机数模拟的数据采集结果，从控件"程序状态"中可见测试指令发出后 NB-IoT 模块返回的信息，程序运行结果如图 7-51 所示。

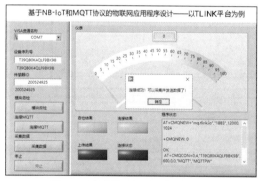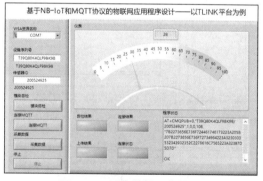

图 7-50　连接 MQTT 运行结果　　　　　图 7-51　采集数据运行结果

打开 TLINK 物联网平台，进入创建的 MQTT 协议设备，可见设备名称由灰色变黑色，传感器当前数据（28）与本地采集数据完全一致，表示基于 NB-IoT 通信技术正确地实现了设备连接、数据发布，结果如图 7-52 所示。

限于篇幅，这里并未给出基于 NB-IoT 模块实现 MQTT 协议设备消息订阅功能的实现过程，读者可以自行探索。

计算机采集的数据能够基于 MQTT 协议发布于物联网平台，实现了数据的云端存储，奠定了"云、网、端"技术架构下更大规模技术系统实现的基础，因而本节提供的技术还具有更大的扩展应用空间。

图 7-52　物联网平台 MQTT 协议设备实时数据

7.4　LORA 通信程序设计

本节简要介绍 LORA 通信技术相关基础知识，以多点电能计量集中监测程序设计为目标，简要介绍典型 LORA 模块及其使用方法，借助 USB-TTL 模块、UART 接口的 LORA 模块，以及连接 LORA 模块的电能计量模块形成 LORA 测量网络；计算机作为监测系统主机，连接 LORA 模块的电能计量模块作为从机，形成主从式技术架构的无线监测系统。基于 LabVIEW 设计程序，完成 LORA 测量网络中有关数据的采集以及基于 UDP 将采集数据上传至物联网平台的功能，给出应用程序实现的完整步骤以及程序运行结果的测试。本节实例可为"云、网、端"技术架构下 LORA 通信技术应用相关程序的设计提供参考和借鉴。

7.4.1　背景知识

LORA 是一种基于扩频技术的远距离无线传输技术，其实也是诸多 LPWAN 通信技术中的一种，最早由美国 Semtech 公司采用和推广。这一方案为用户提供一种简单的能实现远距离、低功耗无线通信的手段。目前 LORA 主要在 ISM 频段运行，主要包括 433MHz、868MHz、915MHz 等。

LORA 是物理层或无线调制用于建立长距离通信链路，它保持了像 FSK 调制相同的低功耗特性，但明显地增加了通信距离。LORA 网络主要由终端（可内置 LORA 模块）、网关（或称基站）、网络服务器以及应用服务器组成，应用数据可双向传输。LORA 网络架构是一个典型的星形拓扑结构，在这个网络架构中，LORA 网关是一个透明传输的中继，连接终端设备和后端中央服务器。终端设备采用单跳与一个或多个网关通信。所有的节点与网关间均是双向通信。

LORA 的终端节点可能是各种设备，这些节点通过 LORA 无线通信首先与 LORA 网关连接，再通过 3G 网络或者以太网络，连接到网络服务器中。网关与网络服务器之间通过 TCP/IP 通信。LORA 网络将终端设备划分成 A、B、C 这 3 类。

- A 类：双向通信终端设备。这一类的终端设备允许双向通信，每一个终端设备上行传输会伴随着两个下行接收窗口。终端设备的传输时隙是基于其自身通信需求的，其微调基于 ALOHA 协议。
- B 类：具有预设接收时隙的双向通信终端设备。这一类的终端设备会在预设时间中开放多余的接收窗口。为了达到这一目的，终端设备会同步从网关接收一个信标（Beacon），通过信标将基站与模块的时间进行同步。
- C 类：具有最大接收窗口的双向通信终端设备。这一类的终端设备持续开放接收窗口，只在传输时关闭。

LORA 技术优势比较显著，具有通信距离远、工作功耗低、组网节点多、抗干扰性强、成本低等特点。同时，其缺点也比较突出，主要表现在 LORA 传输数据有效负载比较小，有字节限制，而且需要用户自己组建网络，代价较大。另外，随着 LORA 的不断发展，LORA 设备和网络部署不断增多，相互之间会出现一定的频谱干扰，这也是不得不考虑的一个重要问题。

　　总的来说，在过去的几年中，有许多通信技术可用于物联网设备之间的交互连接。在这些技术中，曾经最受欢迎的有 Wi-Fi 技术和蓝牙技术，由于通信距离、接入点限制和高功耗等问题，其应用具有一定的局限性。而以 LORA 为代表的低功耗、远距离网络技术的出现，有机会打破物联网在互联方面的瓶颈，促进物联网端对端的成本大幅下降，也促进物联网的大规模应用。

　　在物联网应用开发中，一般借助 LORA 模块实现远距离无线通信功能。目前市面上 LORA 模块种类繁多，多为 UART 接口，以串行通信方式进行控制使用。一般情况下，LORA 模块的使用分为以下两个阶段。

　　第一阶段为配置阶段，这一阶段使用 AT 指令设置 LORA 模块工作参数，特别是设置模块的设备地址、无线速率与信道、发送模式、工作模式、串口参数等。以正点原子出品的 ATK-LORA-01 为例，其配置 AT 指令如下。

```
AT                  //测试模块响应情况
AT+MODEL            //查询设备型号
ATE1/ATE0           //指令回显/不回显
AT+RESET            //模块重启
AT+DEFAULT          //恢复出厂设置
AT+FLASH            //参数保存
AT+ADDR?            //查询设备地址
AT+ADDR=            //设置设备地址
AT+CWMODE           //配置工作模式
AT+TMODE            //配置发送状态（透明或定向）
AT+WLRATE           //配置无线速率和信道
AT+UART             //配置串口参数
```

　　第二阶段为数据通信阶段，将模块视为无线串口，按照模块使用规则，将发送数据进行编码、组帧，完成串口发送工作；或者接收串口数据，进行解码分析，获取有用数据。实际部署前可先批量进行模块的配置操作，部署后直接按照无线串口使用即可，亦可在部署中通过 AT 指令控制模块切换模式。

　　总的来说，LORA 以其低功耗、远距离、多节点、低成本等显著优势广泛应用于各种场合的远距离、低速率物联网无线通信领域。表 7-10 给出了 LORA 技术在不同领域的典型应用场景。

表 7-10　LORA 技术典型应用场景

应用领域	解决方案
农业信息化	LORA 实现了农业节点的互联，无通信费用、低功耗、低成本、远距离传输等特点，使它在农业现场的大规模应用成为现实。比如在水质、二氧化碳浓度、温度、湿度、病虫害的监测上，采集设备信息可以通过 LORA 模块传递给控制调度中心，根据实时的数据分析，采取自动灌溉、自动喷药等措施
环境监测	环境监测是一个系统且庞大的工程，采用传统人力监测会造成巨大浪费并带来高复杂性，LORA 技术的应用正好解决了这个问题。将 LORA 模块安装到环境中，对温度、风速、水位、流量、泥沙等数据进行实时的数据监控与传输，充分利用了它低功耗、远距离、多节点、低成本的特点
公共事业	LORA 模块在城市智能抄表中也有着广泛的应用。配电箱中的数据采集设备，把每家每户每月的用电量信息传递给 LORA 模块，LORA 模块再通过网关，把数据传递给远程控制中心。其中 LORA 模块低成本的特点使其可以进行大规模推广，有利于智慧城市的建设
电力系统	所有同一区域无线覆盖的 LORA 模块与其网关组成星型网络，传输电线上的各类传感器和检测设备（如导线温度传感器、风偏监测器、杆塔倾斜传感器和覆冰探测器等）检测的数据，通过 LORA 无线网络将数据汇总到网关，最终由网关封装数据包通过 GPRS 或 LORA 传送到远端监控中心。LORA 凭借超远距离、低功耗特性，解决了数据在复杂环境中的超远距传输问题，有利于及时准确掌握线路的实时运行情况，有效降低巡视维护成本

7.4.2 设计要求

现有 2 个电能计量模块 IM1281B，模块地址分别设置为 01、02，并连接正点原子出品的 LOAR 通信模块 ATK-LORA-01 计算机作为主从式测量系统的主机，连接 LORA 通信模块 ATK-LORA-01。

主机依次通过 LORA 模块向从机发出测量指令，从机则借助所连接的 LORA 模块接收来自主机的命令，指令地址与电能测量模块地址一致，则向主机返回当前测量结果，实现了测量系统远距离无线监测的功能。更进一步地，在 TLINK 物联网平台创建 2 个设备，能将主机监测的 2 个电能测量模块的测量数据上传至物联网平台中创建的云端设备。因此，计算机 LabVIEW 程序设计要求实现以下功能。

- 根据用户操作，能够设定主控计算机连接 LORA 模块的工作状态参数。
- 可以控制 LORA 模块切换 AT 指令模式和数据通信模式。
- 可以根据界面操作选择不同设备，发布读取从机数据的命令。
- 能够接收到来自从机的数据帧，并解析出数据帧中对应的测量值。
- 每一类操作可以观测发出去的命令，可以观测模块返回的数据。
- 能够按照 TLINK 中创建的 UDP 下电能测量模块的数据规约，将现场测量数据上传至云端。

7.4.3 模块简介

市面上 LORA 通信模块种类繁多，其中 ATK-LORA-01 是 ALIENTEK 推出的一款小体积、微功率、低功耗、高性能、远距离的 LORA 无线串口模块。模块设计采用高效率的 ISM 频段射频 SX1278 扩频芯片。ATK-LORA-01 模块工作频率范围为 410MHz～441MHz，以 1MHz 频率为步进信道，共 32 个信道，可通过 AT 指令在线修改串口速率、发射功率、空中速率、工作模式等各种参数，并且支持固件升级功能。

ATK-LORA-01 支持空中唤醒功能，接收灵敏度达−136dBm，传输距离为 3000m，而且能够自动分包传输，保证数据包的完整性。

该模块目前在无线抄表、无线传感、智能家居、工业遥控、遥测、智能楼宇、智能建筑、高压线检测以及其他无线传输中具有广泛应用。ATK-LORA-01 无线串口模块外观如图 7-53 所示。

图 7-53 ATK-LORA-01 无线串口模块外观

模块通过一个 1×6 的引脚同外部电路连接，各引脚的详细说明如表 7-11 所示。

表 7-11 ATK-LORA-01 引脚说明

序号	名称	引脚方向	功能说明
1	MD0	输入	（1）配置进入参数设置 （2）上电时与 AUX 引脚配合进入固件升级模式
2	AUX	（1）输出 （2）输入	（1）用于指示模块工作状态，用户唤醒外部 MCU （2）上电时与 MD0 引脚配合进入固件升级模式

续表

序号	名称	引脚方向	功能说明
3	RXD	输入	TTL 串口输入，连接外部设备 TXD 输出引脚
4	TXD	输出	TTL 串口输出，连接外部设备 RXD 输入引脚
5	GND	—	模块供电地线
6	VCC	—	3.3V～5V 电源输入

将该模块的 MD0、AUX 引脚按不同状态设置的组合，可完成 3 种不同的功能，如表 7-12 所示。

表 7-12　模块功能设置

序号	功能	说明	进入方法
1	配置功能	用 AT 指令进行参数配置	上电后 AUX=0（悬空），MD0=1
2	通信功能	无线通信	上电后 AUX=0（悬空），MD0=0（悬空）
3	固件升级	刷新模块底层软件	上电后 AUX=1，MD0=1，保持 1s 以上

在通信功能状态下，模块具有如表 7-13 所示的 4 种工作模式。

表 7-13　通信功能状态下的 4 种工作模式

序号	模式	说明	备注
1	一般模式	无线透明，定向数据传输	接收方必须处于一般模式或者唤醒模式
2	唤醒模式	和一般模式的唯一区别就是数据包发送前自动增加唤醒码，这样才能唤醒处于省电模式的接收方	接收方可以处于一般模式、唤醒模式、省电模式
3	省电模式	串口接收关闭，无线处于唤醒模式，收到无线数据后，打开串口，发出数据	发射方必须处于唤醒模式。该模式下串口接收关闭，不能进行无线发射
4	信号强度模式	查看双方信号强度	接收方必须处于一般模式或者唤醒模式

注　工作模式需要模块进入配置功能并发送 AT 指令才能切换。

上电后，当 AUX 为空闲状态（AUX=0），MD0 设置为高电平（MD0=1）时，模块会工作在"配置功能"，此时无法发射和接收无线数据。在"配置功能"下，串口需设置：波特率"115200"、停止位"1"、数据位"8"、奇偶校验位"无"。同时，通过 AT 指令设置模块的工作参数。根据模块不同的参数配置，常用的传输模式有透明传输、定向传输 2 类。

（1）透明传输。

透明传输根据实际应用又分为点对点、点对多、广播监听 3 类透明传输模式。

1）点对点。

地址相同、信道相同、无线速率（非串口波特率）相同的 2 个模块，一个模块发送，另一个模块接收（必须是一个发送，另一个接收）。每个模块都可以进行发送/接收。数据完全透明，所发即所得。其传输模式如图 7-54 所示。

图 7-54　点对点透明传输模式

例如：设备 A、B 地址均为 0x1234，信道为 0x12，速率相同。

设备 A 发送：AA BB CC DD。

设备 B 接收：AA BB CC DD。

2）点对多。

地址相同、信道相同、无线速率（非串口波特率）相同的 N 个模块，任意一个模块发送，其他 N–1 个模块接收（必须是一个发送，N–1 个接收）。每个模块都可以进行发送/接收。数据完全透明，所发即所得。

与点对点模式下 2 个模块地址、信道、速率相同的参数设置不同，点对多模式是多个模块地址、信道、速率相同。其传输模式如图 7-55 所示。

例如：设备 A～F 地址为 0x1234，信道为 0x12，速率相同。

设备 A 发送：AA BB CC DD。

设备 B～F 接收：AA BB CC DD。

3）广播监听。

如果某一模块地址为 0xFFFF，则该模块处于广播监听模式，发送的数据可以被具有相同速率和信道的其他所有模块接收到（广播）；同时，可以监听相同速率和信道上所有模块的数据传输（监听）。

与点对点、点对多模式不同，广播监听模式下多个模块的信道、速率相同，但是地址可以不同。其传输模式如图 7-56 所示。

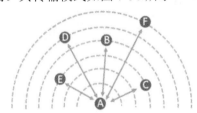

图 7-55 点对多透明传输模式

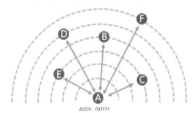

图 7-56 广播监听透明传输模式

例如：设备 A 地址为 0xFFFF，设备 B～F 地址不全部一样；设备 A～F 信道和速率相同。设备 B 与 C 地址为 0x1234，设备 D、E、F 地址为 0x5678。

因此，设备 A 发送数据时处于广播模式，其他设备发送数据时，设备 A 可以监听接收信息。

■ 广播模式工作示例如下所示。

设备 A 广播：AA BB CC DD。

设备 B～F 接收：AA BB CC DD。

即设置为广播模式的设备发出的信息，会被通信范围内同一速率和信道下的所有设备接收到。

■ 监听模式工作示例如下。

设备 B 向 C 发送：AA BB CC DD。

设备 A 监听：AA BB CC DD，但是 D、E、F 不会接收到任何信息。

设备 D 向 E、F 发送：11 22 33 44。

设备 A 监听：11 22 33 44，但是 B、C 不会接收到任何信息。

即设置为广播地址的设备可以接收到通信范围内同一速率和信道下任意设备发出的信息。

（2）定向传输。

定向传输必须发送地址、信道以及数据，模块发送时可修改地址和信道，用户可以任意指定数据发送到的地址和信道。因而定向传输可以实现组网和中继功能。定向传输根据实际应用分为点对点、广播监听 2 类传输方式。

1）点对点。

进行点对点定向传输时，模块地址可变，信道可变，但是速率必须相同。其传输模式如图 7-57 所示。

例如：设备 A 地址为 0x1234，信道为 0x17；设备 B 地址为 0xABCD，信道为 0x01；设备为 C 地址为 0x1256，信道为 0x13。

- 设备 A 发送 AB CD 01 AA BB CC DD 时，由于地址为 0xABCD，信道为 0x01，因此设备 B 接收 AA BB CC DD。而设备 C 未接收到任何信息（地址、信道不同）。
- 设备 A 发送 12 56 13 AA BB CC DD 时，设备 B 未接收到任何信息（地址、信道不同），而设备 C 接收 AA BB CC DD。

注	发送数据时虽然需要指定地址、信道参数，但是符合条件的设备接收时会自动滤除地址和信道参数，仅保留发送数据。

2）广播监听。

当模块地址为 0xFFFF 时，则该模块处于广播监听模式，发送的数据可以被具有相同速率和信道的其他所有模块接收到（广播）；同时，可以监听相同速率和信道上所有模块的数据传输（监听）；广播监听无须地址相同，如图 7-58 所示。

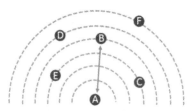

图 7-57　点对点定向传输模式

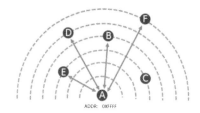

图 7-58　广播监听模式

当发送模块（1 个）发送数据格式为 "0xFFFF+信道+数据" 时，同一信道下所有模块（N 个）均会接收到发送模块所发数据。

当发送模块（1 个）发送数据格式为 "地址（非 0xFFFF）+信道+数据" 时，只有地址相同、信道相同的模块会接收到数据。任何时刻，任何设备发送信息时，地址为 0xFFFF 的设备如果在同一信道，也会接收到其发送的数据，即监听模式的结果。

例如：设备 A 地址为 0xFFFF，信道为 0x12；设备 B、C 地址为 0x1234，信道为 0x13；设备 D 地址为 0xAB00，信道为 0x01；设备 E 地址为 0xAB01，信道为 0x12；设备 F 地址为 0xAB02，信道为 0x12。

- 设备 A 广播 FF FF 13 AA BB CC DD 时，设备 B、C 接收 AA BB CC DD。
- 设备 A 发送 AB 00 01 11 22 33 44 时，只有设备 D 接收 11 22 33 44（定向，指定地址）。
- 设备 E 发送 AB 02 12 66 77 88 99 时，对象设备 F 接收 66 77 88 99，同时，设备 A 监听结果为 66 77 88 99。

7.4.4　通信测试

1. LORA 模块技术测试

为了模拟基于 LORA 通信技术的多片区部署的主从技术架构应用，这里使用 5 个 LORA 模块，分别命名为模块 1、模块 2、……、模块 5。测试时采取 1 台计算机扩展 USB 接口连接 5 个 LORA 模块的方式。为了简化测试过程，LORA 模块的其他工作参数均采用默认值，不做改动。

设置模块 1 地址为广播地址 FFFF，信道为 1，空中速率为 19.2（对应设定值为 5），相关配置指令及其执行结果如图 7-59 所示。

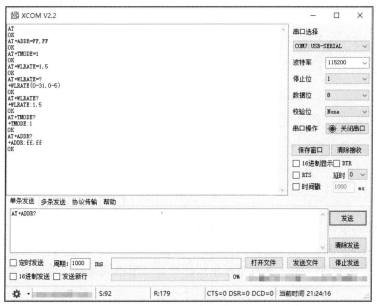

图 7-59　用 AT 指令设置 LORA 模块工作参数

采取同样的方法，设置模块 2 地址为 1001，信道为 1，空中速率为 19.2；配置模块 3 地址为 1002，信道为 1，空中速率为 19.2；设置模块 4 设备地址为 2001，信道为 2，空中速率为 19.2；配置模块 5 地址为 2002，信道为 2，空中速率为 19.2。

至关重要的一点：以上配置完成后，需要调用指令"AT+FLASH=1"实现工作参数的"永久"保存。

进入通信模式，广播主机配置为信道 1，发送信道 1 广播命令，模块 2、模块 3 接收数据，结果如图 7-60 所示。

图 7-60　信道 1 广播命令及接收情况

广播主机配置为信道 2，发送信道 2 广播命令，模块 4、模块 5 接收数据，结果如图 7-61 所示。

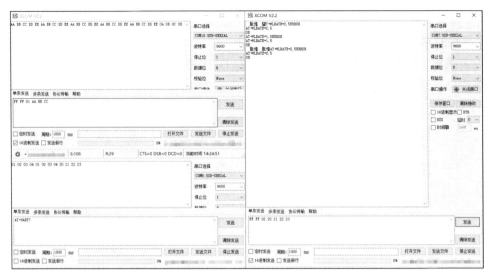

图 7-61　信道 2 广播命令及接收情况

2. TLINK 物联网平台 UDP 设备创建与测试

登录 TLINK 物联网平台，选择左侧导航栏"设备管理→添加设备"，创建名称为"E01"、协议为"UDP"的设备，并批量添加 8 个传感器，对应电能测量模块的 8 个测量数据，如图 7-62 所示。

图 7-62　在 TLINK 中创建 UDP 设备

设置每一个传感器的精度、单位，单击界面最下方"保存设备"，完成物联网平台设备创建。

在 TLINK 物联网平台中，选择左侧导航栏"设备管理→设备列表"，单击"E01"设备右侧操作链接"设置连接"，进入设备通信协议设计界面，如图 7-63 所示。

图 7-63 创建物联网设备通信协议

图 7-63 中设计设备数据协议为 ASCII 通信
方式，每一帧数据对应数据帧头为@，数据帧尾
为 0D0A（回车换行），8 个测量参数为 ASCII 字
符串类型，测量参数依靠间隔符"-"分隔。

按照 TLINK 物联网平台 UDP 通信规定，建
立 UDP 通信连接后，发送数据格式为"设备序
列号+符合设备自定义的数据协议"的通信数据。

打开网络调试助手，相关设置如图 7-64
所示。

特别注意：图 7-64 的步骤④中，发送数据
需含有回车换行。单击"发送"按钮，登录
TLINK 物联网平台，进入监控中心，选择设备
"E01"，显示结果如图 7-65 所示。

图 7-64 网络调试助手发送 UDP 数据包

图 7-65 TLINK 平台 UDP 设备实时数据

从显示结果可看出网络调试助手中发送的 8 个测量数据均成功上传！

7.4.5 硬件连接

为了实现上述设计，硬件连接由 3 部分组成。

（1）计算机借助 USB-TTL 连接正点原子出品的 LORA 通信模块 ATK-LORA-01。计算
机作为主从式架构的主控设备，向从机发出测量指令。对应的连接关系如表 7-14 所示。

表 7-14　电能计量模块与 LORA 连线方式

电能计量模块引脚	ATK-LORA-01 引脚
V+	VCC
V−	GND
RXD	TXD
TXD	RXD

（2）电能计量模块 IM1281B 与 LORA 模块的连接。IM1281B 作为主从式架构的从机设备，接收主控计算机发出的测量指令，当指令地址与本机地址一致时，做出响应，返回当前测量结果。电能计量模块 IM1281B 与 LORA 模块连接如表 7-15 所示。

表 7-15　电能计量模块 IM1281B 与 LORA 模块连接关系

IM1281B 引脚	ATK-LORA-01 引脚
V+	VCC
V−与 ATK-LORA-01 引脚 GND 共地	GND 与 IM1281BV−共地
RXD	TXD
TXD	RXD

注　连接主控计算机、电能测量模块的 LORA 模块统一设置为透明传输模式、信道 1、地址 0x1234，以实现"1 对 N"的广播通信功能。

（3）计算机通过无线热点或者路由器接入互联网。

这里计算机具有双重身份，一为基于 LORA 通信技术的主从式测量系统的主控计算机，二为向 TLINK 物联网平台上传数据的客户端。计算机通过 LORA 通信技术获取电能测量数据后，借助 UDP 通信技术将采集数据上传至 TLINK 物联网平台。所以计算机必须具备连接互联网的条件，而且不限接入互联网的方式，如无线网卡、有线网络，根据实际情况进行接入配置即可。

基于 LORA 的物联网系统主要组成及其连接示意图如图 7-66 所示。

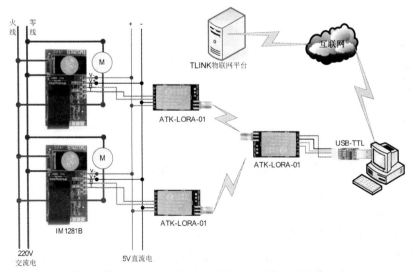

图 7-66　基于 LORA 的物联网系统主要组成及其连接示意图

7.4.6 程序实现

1. 程序设计思路

为了实现设计意图，将 LORA 模块全部设置为透传模式，通信信道为 1，地址均为 0x1234，以便实现"1 对 N"的广播监听。为了简化硬件设计，选用 2 个电能测量设备进行技术原型开发，LabVIEW 程序设计采取事件结构，程序响应不同事件，实现预设功能。程序需要处理的事件如下。

- "采集数据 1"按钮操作事件——单击按钮，计算机通过连接 LORA 模块发出地址为 1 的电能计量模块读取测量数据的指令，并接收电能计量模块返回的数据，对返回的数据进行解析，显示测量结果。
- "采集数据 2"按钮操作事件——单击按钮，计算机通过连接 LORA 模块发出地址为 2 的电能计量模块读取测量数据的指令，并接收电能计量模块返回的数据，对返回的数据进行解析，显示测量结果。
- "清空发送"按钮操作事件——单击按钮，程序清空用于显示历次发送指令的文本框。
- "清空接收"按钮操作事件——单击按钮，程序清空用于显示历次接收数据的文本框。
- "停止"按钮操作事件——单击按钮，退出程序。

为了使得程序的人机交互效果更加友好，在循环事件处理结构的基础上，为程序结构添加顺序结构，将这个程序分为 2 个顺序帧。其中第 1 帧为程序初始化帧，完成程序运行前各类控件的初始化；第 2 帧为主程序帧，即前面创建的循环事件处理程序结构，完成对程序中典型事件的处理。

在真实应用场景中，可以在此基础上，借助数据库功能进一步扩展程序功能，以便管理更多设备，实现更大范围部署设备的远程监测。

2. 前面板设计

根据前述程序设计思路，按照以下步骤完成前面板控件设置。

步骤 1：为了选择设置蓝牙通信对应的串行端口，添加 I/O 控件"VISA 资源名称"（控件→新式→I/O→VISA 资源名称），并选择默认串口号。选中控件，可根据需要调整控件大小与字体。

步骤 2：为了实现用户以指令形式发出设备控制命令，添加布尔类控件"确定按钮"（控件→新式→布尔→确定按钮），修改控件标签为"采集数据 1"，设置其按钮显示文本为"采集数据 1"。

步骤 3：为了实现用户以指令形式发出设备控制命令，添加布尔类控件"确定按钮"（控件→新式→布尔→确定按钮），修改控件标签为"采集数据 2"，设置其按钮显示文本为"采集数据 2"。

步骤 4：为了显示历次用户发出的控制指令，添加字符串类控件"字符串显示控件"（控件→新式→字符串与路径→字符串显示控件），设置标签为"发送指令一览"。

步骤 5：为了根据需要清空发出的指令信息，添加布尔类控件"确定按钮"（控件→新式→布尔→确定按钮），修改控件标签为"清空发送"，设置其按钮显示文本为"清空发送"。

步骤 6：为了根据需要清空接收的指令信息，添加布尔类控件"确定按钮"（控件→新式→布尔→确定按钮），修改控件标签为"清空接收"，设置其按钮显示文本为"清空接收"。

步骤 7：为了确定用户结束程序操作，添加布尔类控件"停止按钮"（控件→新式→布尔→停止按钮），修改按钮显示文本为"停止程序"。

步骤 8：为了显示 2 个监测点的 8 个数据，添加 2 个数值类型的数组控件（控件→新式→数组、矩阵与簇→数组），数组框架内添加数值显示控件，设置数据类型为 DBL，数组标签分别设置为"数组 1""数组 2"。

步骤 9：为了便于用户观测，根据电能测量模块 IM1281B 通信协议的相关约定，以文字注释形式添加数组 1、数组 2 中 8 个数据的含义、数值单位。

步骤 10：为了显示串口接收信息，添加字符串类控件"字符串显示控件"（控件→新式→字符串与路径→字符串显示控件），设置标签为"接收数据一览"。

步骤 11：双击前面板，添加字符串"基于 LORA 通信技术的电能参数无线监测程序设计"，并调整其字体、字号、显示位置等参数。

进一步调整各个控件的大小、位置，使得操作界面更加和谐、友好。最终完成的程序前面板设计结果如图 7-67 所示。

图 7-67　程序前面板

3. 程序框图设计

步骤 1：创建 2 帧的顺序结构，第 1 帧为初始化帧。设置第 1 帧"子程序框图标签"为"初始化"，以便提高程序框图可读性。

初始化帧中，调用节点"VISA 配置串口"（函数→数据通信→协议→串口→VISA 配置串口）。

> **注**　该节点"启用终止符"端口连接布尔类型"假常量"，以避免因接收数据中包含默认的终止符而中止数据接收。

调用节点"获取队列引用"（函数→数据通信→队列操作→获取队列引用），创建队列应用。设置队列数据元素的数据类型为字节数组，以实现生产者/消费者设计模式下生产者与消费者之间的数据共享。

调用节点"打开 UDP"（函数→数据通信→协议→UDP→打开 UDP），设置其输入参数"端口"为整型数值常量 8888，以实现 TLINK 物联网平台上 UDP 设备服务器的通信连接。

创建控件"数组 1""数组 2"对应的局部变量，以浮点型一维数组常量完成局部变量初始赋值操作。

创建控件"发送指令一览"对应的局部变量，创建控件"接收数据一览"对应的局部变量，以空字符串常量完成局部变量初始赋值操作。

对应的初始化帧程序子框图设计结果如图 7-68 所示。

步骤 2：顺序结构中，设置第 2 帧"子程序框图标签"为"主

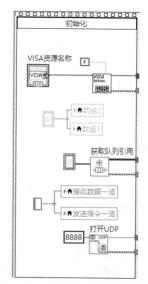

图 7-68　初始化帧程序子框图

程序"，以便提高程序框图的可读性。主程序为生产者/消费者设计模式。第一个线程为用户界面事件处理线程，扮演生产者角色，以"While 循环结构+事件结构"的程序结构监听处理程序界面用户操作事件，采集上传物联网平台的电能数据；第二个线程为通信数据处理线程，扮演消费者角色，将生产者线程中采集的数据上传至物联网平台 TLINK。对应的主程序基本结构如图 7-69 所示。

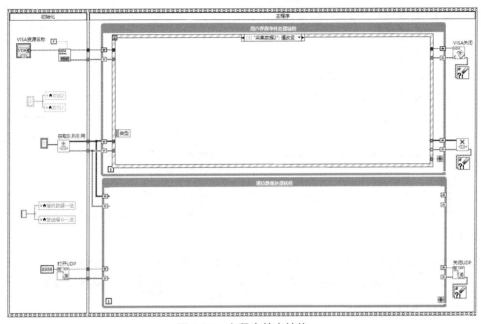

图 7-69　主程序基本结构

步骤 3：在"用户界面事件处理线程"中，编辑程序需要处理的事件，包括"采集数据：值改变""清空发送：值改变""清空接收：值改变""停止：值改变"等事件，对应的主程序中"用户界面事件处理线程"子框图如图 7-70 所示。

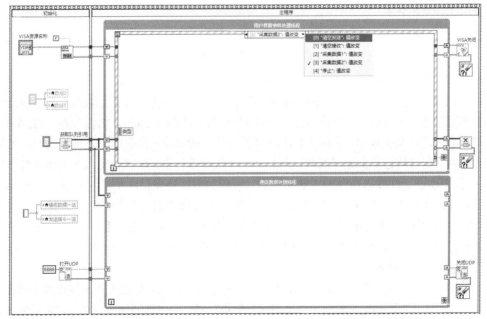

图 7-70　用户界面事件处理线程事件处理清单

步骤 4：在第 2 帧"用户界面事件处理线程"中选择"清空发送：值改变"事件处理子框图，字符串控件"发送指令一览"赋值空字符串常量，实现控件显示内容的清空功能。对应的事件处理程序子框图如图 7-71 所示。

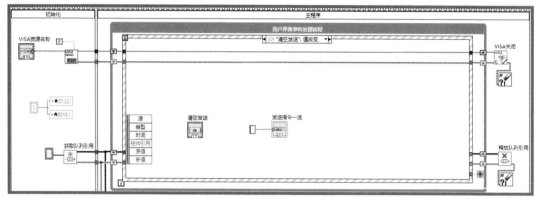

图 7-71 "清空发送"按钮事件处理

步骤 5：在第 2 帧"用户界面事件处理线程"中选择"清空接收：值改变"事件处理子框图，字符串控件"接收数据一览"赋值空字符串常量，实现控件显示内容的清空功能。对应的事件处理程序子框图如图 7-72 所示。

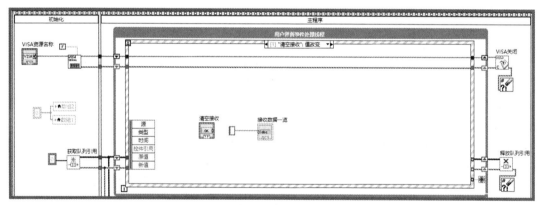

图 7-72 "清空接收"按钮事件处理

步骤 6：在第 2 帧"用户界面事件处理线程"中选择"采集数据 1：值改变"事件处理子框图，首先调用节点"VISA 清空 I/O 缓冲区"清空串口缓冲区，创建地址为 1 的电能计量模块读取数据指令（字节数组，数据内容为"01 03 00 48 00 08 C4 1A"），调用节点"VISA 写入"发送该指令，延时 500ms 后，读取串口缓冲区模块返回的数据，将电能计量模块返回的数据加入队列，为消费者线程提供处理对象，同时将发送指令进行格式转换，写入字符串控件"发送指令一览"，实现历次发送指令的记录和显示。对应的事件处理程序子框图如图 7-73 所示。

步骤 7：在第 2 帧"用户界面事件处理线程"中选择"采集数据 2：值改变"事件处理子框图，其子程序实现方法与步骤 6 中的方法基本一致，唯一的区别仅仅在于发送指令的不同，即 2 号地址电能测量模块对应的指令为"02 03 00 48 00 08 C4 29"。对应的事件处理程序子框图如图 7-74 所示。

步骤 8：在第 2 帧"用户界面事件处理线程"中选择"停止：值改变"事件处理子框图，完成按钮控件"停止"控制用户界面事件处理线程结束任务，同时连通该事件中 VISA 资源、队列资源的传递，确保多线程程序可以"优雅"地结束。对应的事件处理程序子框图如图 7-75 所示。

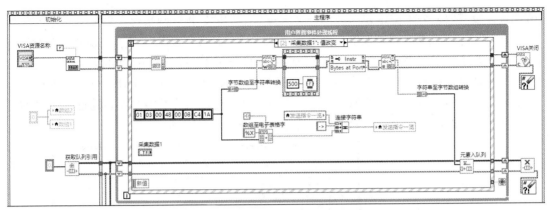

图 7-73 "采集数据 1"按钮事件处理

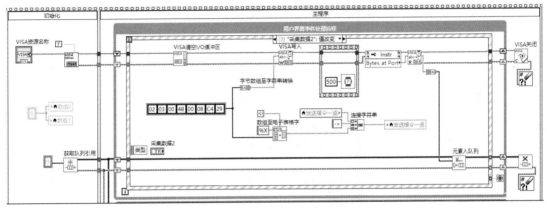

图 7-74 "采集数据 2"按钮事件处理

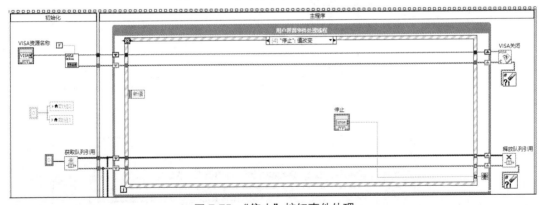

图 7-75 "停止"按钮事件处理

步骤 9：在第 2 帧"通信数据处理线程"中提取队列中的数据，解析返回字节数组中对应的 8 个参数取值，并根据测量参数对应的设备地址不同将其上传至 TLINK 物联网平台对应的设备，实现测量数据的物联网云端共享。这一任务按照如下步骤完成。

首先，由于电能计量模块返回的数据为 37 个字节的数组数据，因此首先编写自定义 VI，按照模块通信协议，对模块返回的 37 个字节进行解析，生成返回数据 ID、8 个测量数据对应的数组，以及全部采集数据对应的字符串。子 VI 对应的程序框图如图 7-76 所示。

然后调用前面封装的子 VI，解析消费者线程中的出队数据，获取采集数据 ID、8 个采集数据对应的数组，以及采集数据对应的十六进制模块返回数据；借助条件结构对数据 ID 进行判断。

在条件结构"1"分支中，对地址为 1 的电能测量设备返回的数据进行处理，创建字符串常量，设置取值为"░░░░░░░░░░░░░░"（TLINK 物联网平台中创建的设备的序列号）；创建字符串常量，设置取值为"@"，添加节点"连接字符串"（函数→编程→字符串→连接字符串），连接上述 3 个字符串，生成符合 TLINK 物联网平台创建的设备对应的通信协议的数据格式；调用节点"写入 UDP"（函数→数据通信→协议→UDP→写入 UDP），将地址为 1 的电能计量模块采集的数据上传至物联网平台。对应的测量设备地址为 1 时通信数据显示、物联网平台上传功能相关的程序子框图如图 7-77 所示。

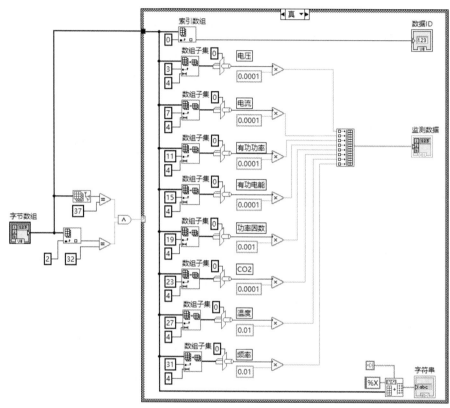

图 7-76　解析电能计量模块返回数据子 VI 程序框图

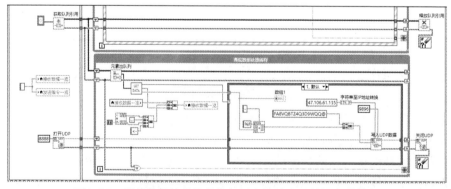

图 7-77　通信数据处理线程中解析出地址为 1 的设备的数据

在条件结构分支"2"中，对地址为 2 的电能测量设备返回的数据进行处理。由于 TLINK 物联网平台中地址 1、地址 2 设备测量数据的类型完全相同，数据协议完全相同，因此，其程序功能实现方法可直接复制分支"1"，唯一需要修改的就是发送数据的前缀码（TLINK 物联网平台中创建的设备 2 对应的设备序列号），设置其取值为 TLINK 中设备 2 的序列号

"▨▨▨▨▨▨▨▨▨▨",即可完成计算机获取地址为 2 的点测量设备数据,并完成测量数值显示、物联网平台数据上传功能。

对应的测量设备地址为 2 时通信数据显示、物联网平台上传功能相关的程序子框图如图 7-78 所示。

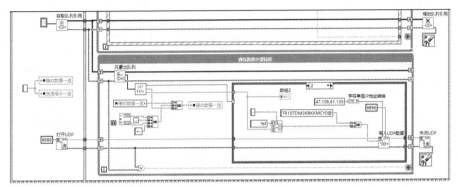

图 7-78 通信数据处理线程中解析出地址为 2 的设备的数据

至此,完成基于 LORA 通信技术的多点电能参数无线监测,并将采集数据上传至物联网平台,实现多终端实时共享电能测量数据,为后续进一步分析、处理监测数据奠定了坚实的基础。对应的完整程序框图如图 7-79 所示。限于篇幅,这里仅仅给出了 2 个监测点的物联网应用程序实现,读者可以结合数据库应用进一步扩展、优化主控计算机借助 LORA 发送给更多地址编码的监测设备,实现更大规模的物联网应用系统。

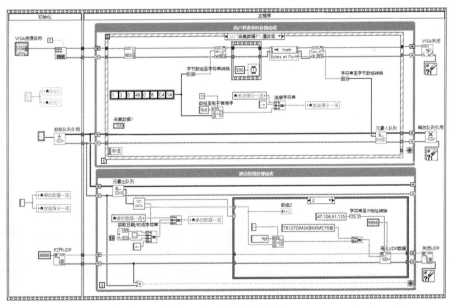

图 7-79 完整程序框图

7.4.7 结果测试

单击工具栏中的"运行"按钮 ⬚,测试程序功能。对应的程序运行初始界面如图 7-80 所示。

设置计算机连接 LORA 模块的串口号,单击"采集数据 1""采集数据 2"按钮,程序运行结果如图 7-81 所示。

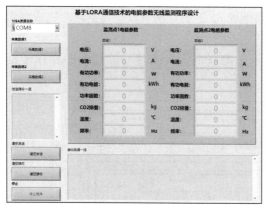

图 7-80 程序运行初始界面

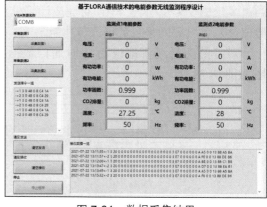

图 7-81 数据采集结果

限于篇幅，且为了简化开发，本例中电能计量模块并未连接实际负载，但是这并不影响该模块测量温度值以使模块工作正常。正如图 7-81 所示，计算机通过连接的 LORA 模块向 2 个分别连接 LORA 模块的电能测量设备发出测量指令，在接收到的返回信息中，2 个测量模块的温度值体现了实际测量结果的不同。

此时，打开 TLINK 网站个人账号控制台下的监控中心，即可观测到 TLINK 物联网平台中创建的 E01、E02 这 2 个设备的 8 个测量参数结果，如图 7-82 所示。

图 7-82 物联网平台 UDP 设备实时数据

至此，基于 LORA 通信技术构建了本地 "1 对 N" 的测量网络，实现了主从式技术架构下的多点无线测量网络。主控计算机再借助 UDP 通信技术将测量网络的多点测量结果上传至物联网平台，进而实现了广域网条件下多终端监测系统技术原型，达到不同类型物物之间数据信息的共享（在 TLINK 物联网平台中创建的设备对应的测量数据，可以通过 HTTP 访问，获取最新测量值实现远程监测，或者获取历史测量数据进行分析处理）。

附录

本书使用的主要电子模块

编号	名称
1	Modbus RTU1 路继电器模块
2	电能计量模块 IM1281B
3	GPS 模块 ATK1218-BD
4	RFID 读写模块 M4255-HA 型
5	蓝牙通信模块 HC05
6	蓝牙开关 YS-BLK
7	ZigBee 模块 DL-20
8	Wi-Fi 模块 ATK-ESP-01
9	GPRS 模块 SIM900A
10	NB-IoT 模块 SIM7020C
11	LORA 模块 ATK-LORA-01
12	USB-TTL
13	USB-RS485